一本书学会 DeepSeek

写给每个人的
工作、生活、副业的AI武功秘笈

徐尧 著

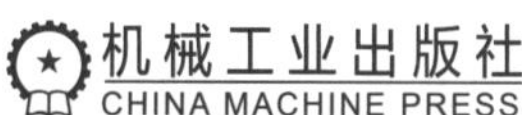

图书在版编目（CIP）数据

一本书学会 DeepSeek：写给每个人的工作、生活、副业的 AI 武功秘笈 / 徐尧著 . -- 北京：机械工业出版社，2025. 4. -- ISBN 978-7-111-78139-4

Ⅰ. TP18

中国国家版本馆 CIP 数据核字第 2025TM8974 号

机械工业出版社（北京市百万庄大街 22 号　邮政编码 100037）

策划编辑：杨福川　　　　　　　　　责任编辑：杨福川　陈　洁

责任校对：张雨霏　杨　霞　景　飞　　责任印制：张　博

北京铭成印刷有限公司印刷

2025 年 6 月第 1 版第 1 次印刷

170mm × 230mm · 18.25 印张 · 295 千字

标准书号：ISBN 978-7-111-78139-4

定价：69.00 元

电话服务　　　　　　　　网络服务

客服电话：010-88361066　　机　工　官　网：www.cmpbook.com

　　　　　010-88379833　　机　工　官　博：weibo.com/cmp1952

　　　　　010-68326294　　金　　书　　网：www.golden-book.com

封底无防伪标均为盗版　　机工教育服务网：www.cmpedu.com

前言

为什么要写这本书

在当今数字化浪潮奔涌的时代，人工智能（AI）已不再是遥远的科技幻想，而是真正融入我们的生活与工作的实用工具。作为一名专注于数据分析领域的培训师和自媒体博主，同时也是追求效率提升的“超级个体”，在为企业提供培训和咨询服务之余，我始终在不断挖掘那些能为工作与生活提速增效的“神兵利刃”。

自 2022 年底 ChatGPT 如风暴般席卷全球，我便一头扎进了 AI 工具的多彩世界。从国内的文心一言、讯飞星火、通义千问等，到国外的 Claude、Gemini、Runway 等一众明星产品，每一次新品发布，都像是一场知识的盛宴，吸引着我迫不及待地投身其中，第一时间开启探索之旅。那时候我的目标很简单，就是在这些工具中找到能真正帮助我实现工作提效的利器。

AI 确实没有让我失望，它如同一位不知疲倦的助手，在我写文章、做课件、剪视频时，总能迅速提供海量素材与灵感，大大节省了我的时间和精力。随着使用的深入，我开始逐步涉足更深的知识领域，从简单的提示词模板到高级提示词，再到智能体等各种复杂应用。虽然最终的效果都很惊艳，但是在这一探索过程中我走了无数弯路，几乎每一个生成式 AI 都需要结构化的提示词和无数次调试才能达到理想效果，这对初学者并不友好。同时，我为了学习 AI 买的各类书籍几乎毫无帮助，那些堆砌专业术语的章节、名不副实的实操指南总让我想起自己初学时的迷茫，想找到一本真正对实际工作有帮助的操作指南真的很难。

随着 AI 的热潮愈发汹涌，我开始在授课时穿插着为学员传授自己在实践中积累的 AI 方法与经验，分享过如何用 AI 高效办公、如何用 AI 辅助业务提效、如何用 AI 进行数据分析、如何用 AI 赋能各行业等话题。起初只是简单尝试，没想到大家的反馈出奇地好，于是我就单独开设了相关主题的课程。2024 年 AI 的需求异常火爆，我在线上和线下总计讲了超过 80 场。在接触超过 5000 名 AI 学员后，我深切理解 AI 初学者在面对新的 AI 工具时的那份激动与迷茫。他们渴望在有限的时间内掌握实用的技能，看到切实的成效。在培训课堂上，学员们那一双双充满期待的眼睛，仿佛是一面镜子，映照出曾经的我。对于他们的问题、困惑，我都感同身受。而当培训结束，学员们对我说“意犹未尽，期待下一次再上老师的课”时，我很清楚，线下培训很难得，再见不知是何时。2025 年 1 月底，DeepSeek 发布的 R1 模型恰似一道划破夜空的闪电，瞬间照亮了我苦苦探寻的道路。我毫不犹豫地在第一时间下载并深入体验。这一次，我终于感受到了一种前所未有的顺畅与契合。它宛如一位贴心的伙伴，无须我费尽心思去学习复杂的技术，也无须我长时间钻研提示词工程，便能轻松理解我的意图，精准地给出我想要的结果。

从最初的连续提问，沉浸其中、乐此不疲，到面对服务器繁忙时干脆一次性准备了 8 台手机随时切换；从第一时间完成本地部署后迫不及待地建立知识库，到不惜花“重金”更换计算机以提升使用体验……我像一位痴迷的发烧友，全身心地投入到对 DeepSeek 的探索中。而它在写文案、定规划、分析数据以及结合其他应用来完成 PPT、可视化、做视频等方面展现出的卓越表现，让我惊叹不已。无论是文案的逻辑性、规划的精准度还是 PPT 的美观度，都远超我的预期，完美地契合了我的需求。在这一过程中，我愈发深切地感受到，DeepSeek 就是我一直在寻找的武器，那个不需要精通编程的普罗大众也能掌握的智慧工具。就在这时，我突然萌发了写书的想法：既然那么多人对 AI 感兴趣，我为何不从初学者的视角出发，将学习与运用 DeepSeek 的每一步都详尽地书写出来，为那些渴望掌握这一工具的人们提供一份实用的指南？我无法和所有初学者面对面，但他们可以通过这本书把我有关 DeepSeek 的思考和用法都掌握——就如同听了我的文字版课程一样。

这本书不仅是我关于 DeepSeek 的使用指南，更是我作为一名 AI 探索者、学习者和实践者的成长记录。希望每一位翻开这本书的读者，都能从中找到属于自己的那份价值与意义，开启属于自己的 AI 探索之旅，或者像本书采用的叙述方式一样，读完一章，就掌握一种 AI 武林绝技。

读者对象

本书的读者人群广泛，包括但不限于 DeepSeek 爱好者、AI 爱好者、技术爱好者，以及对生成式 AI 感兴趣的各行各业人士。无论你是想了解 DeepSeek 的简单操作，还是希望掌握 DeepSeek 在职场办公、自媒体和生活指导中的实际应用，都能从本书中获益。

- 职场人士：希望使用 DeepSeek 实现各方面办公提效的相关从业者。
- 自媒体人士：希望通过 DeepSeek 为自媒体创作提供新思路和创作便捷性的相关从业者。
- AI 爱好者：对 DeepSeek 感兴趣，希望运用 DeepSeek 给予生活指导，让生活更轻松的新手。

本书内容

本书共分为四部分 12 章，主要内容如下。

第一部分为基础技能（第 1 ～ 3 章），从功能上手到专属提问技巧讲解，让你从熟悉 DeepSeek 到掌握让它听懂你需求的正确方法。

第二部分为办公效率（第 4 ～ 8 章），针对 DeepSeek 在职场人士的实际工作场景中的应用进行讲解，包括写作、做 PPT、业务流程图、数据分析、营销创意等的实际落地使用。

第三部分为自媒体实战（第 9 ～ 11 章），从当前仍有流量红利的视频号和小红书出发，介绍 DeepSeek 辅助完成自媒体商业化闭环的全流程。

第四部分为生活赋能（第 12 章），以让生活更轻松为目标，介绍 DeepSeek 如何化身为私人顾问和规划师，全方位为生活赋能。

同时，第 2 ～ 12 章，每章都是单独一项武功秘籍的修炼心法。

其中，第二、三、四部分分别以DeepSeek结合办公、自媒体和生活三个领域的具体场景进行实操，相比于第一部分更具有实战性。如果你是一名资深用户，能够理解DeepSeek的相关基础知识和使用技巧，那么你可以直接从第二部分开始阅读。但如果你是一名初学者，建议从第1章的基础理论知识开始学起。

勘误和支持

由于作者的水平有限，书中难免会出现一些错误或者不准确的地方，恳请读者批评指正。如果你有更多的宝贵意见，也欢迎发送邮件至邮箱xuyao_miracle@163.com，期待能够得到你的真挚反馈。

致谢

首先要感谢DeepSeek团队，没有他们就没有这本书。

感谢三位AI图书作者谭少卿老师、常青老师和程希冀老师，感谢自媒体博主“职场叨叨熊”“旁门左道”“直男山禾”，他们的内容让我受益匪浅。

感谢我的合伙人晨哥，有关自媒体爆款标题、文案和直播的实战经验，都是我们无数个日夜一起奋斗出来的。

还要感谢我的父母、岳父母，他们的理解和支持让我有更多时间和精力专注于写作，完成我人生的第一本书。

最后，谨以此书献给我最爱的妻子和女儿，因为她们的陪伴，让我有了坚持创作的动力和突破自我的勇气！

徐尧

2025年3月

目录

第二部分　办公效率——手把手带你 10 倍提效

第三部分　自媒体实战——每个普通人都可以是博主

第四部分 生活赋能——如何让生活更轻松

第一部分

基础技能

江湖路远，而今迈步从头越。当代码化作经脉，算法凝为内力，这个由 DeepSeek 开启的 AI 武侠世界，正为每个普通人铺就一条修习“数字武学”的通途。我们从基础技能部分开始认识 DeepSeek，恰似武侠世界中初入山门的筑基之法。

第 1 章如“武学总纲”，剖析现代人的 AI 武侠梦。从“邮件神功”到“数据乾坤”，从创业者的合同迷阵到职场人的三头六臂，DeepSeek 以“九阳神功”之姿，将 AI 之力化为普罗大众的“内力源泉”。它不似旧江湖的悬崖奇遇，却似侠客岛石壁上的《太玄经》，人人皆可参悟。

第 2 章授“凌波微步”，带你踏出迈向数字江湖的第一步。账号注册如叩响武学圣殿之门；深度思考模式与基础模型的切换，似内功心法的阴阳流转；联网搜索如借天地之气；历史对话则如刻录武学心得。此章步步为营，助你以灵动身法穿梭于复杂任务之间，举重若轻。

第 3 章传“独孤九剑”，破尽天下提问之道。从基础提示词到高阶框架（CARE、CRISPE、CO-STAR），从角色扮演到专家团协作，此章剑招无定式，却招招直指核心。正如风清扬所言，“行云流水，任意所至”，与 DeepSeek 共舞的最高境界，便是将 AI 化为第六感，无招无式，却处处皆招。

第1章 CHAPTER 1

由 DeepSeek 开启的 AI 武侠世界

江湖夜雨十年灯，而今回首已不同。虽钢筋森林替代了竹林幽谷，键盘敲击声取代了剑鸣铮铮，现代人的武侠梦却从未熄灭——我们依然渴望在纷繁世事中修得绝世武功，于红尘俗事间觅得自在从容。DeepSeek 的横空出世，仿佛带来了一场数字江湖的华山论剑：创业者不必再困于合同迷阵，设计师可执 AI 之笔绘就创意山河，职场人终能卸下“三头六臂”的重担，将烦琐事务化作指尖剑气。这不再是金庸笔下需要跌落悬崖才能偶得秘籍的旧江湖，而是每个普通人都能通过浏览器叩开武学圣殿的新纪元。从“邮件神功”到“凌波微步”，从“PPT 招式”到“数据乾坤”，本章将带你拆解 AI 时代的武学奥义。当代码成为经脉，算法化作内力，我们终将领悟：真正的绝世武功，不在深山古刹，而在人机共舞的智慧火花中。此刻，你的鼠标便是青冥剑，键盘即是打狗棒——这方由 DeepSeek 开启的数字江湖，正待你以智为马，仗“键”天涯。

1.1 现代人的 AI 武侠梦

1.1.1 现代人的武功秘籍

华罗庚先生曾说：“武侠小说是成年人的童话。”当我们合上泛黄的书页，现实却是现代职场人被困在格子间修炼“邮件神功”，创业者深陷合同陷阱如同坠入桃花岛迷阵，年轻父母在育儿与工作的双重夹击中体会着“左右互搏”的真谛。这个时代不需要我们飞檐走壁，却要求人人练就三头六臂。

可现实终究不是武侠世界。我们既没有风清扬在思过崖传授独孤九剑，也没有扫地僧在藏经阁点拨武学至理。令狐冲可以酣睡到日上三竿，我们却要在清晨七点摁掉闹钟，然后挤进早高峰的地铁；张无忌能在光明顶独战六大派，我们却连部门会议上的 PPT 都讲得磕磕巴巴。那些快意恩仇的江湖传说，似乎永远停留在泛黄的书页里。

但是这一切，正在发生巨大的改变。

让我们把时钟往回拨：1997 年，IBM“深蓝”战胜国际象棋冠军时，世人惊叹于机器的计算能力；2016 年，AlphaGo 击败李世石，人类开始正视 AI 的战略思维；时间来到 2025 年春节前后，当一家叫做深度求索的公司携 DeepSeek 大模型出现在大众眼前时，无数武侠迷突然想起《笑傲江湖》中风清扬传授独孤九剑的那个夜晚——这个时代最神奇的“武功秘籍”，终于向每个普通人敞开大门。

现在，这样的场景每天都在发生：当你在深夜加班时，联网搜索可以帮你解析千万份行业报告；当你为孩子的数学题抓耳挠腮时，深度思考模型已推演出 12 种解题路径；当你面对外语合同时，上传文档给 DeepSeek 就可以瞬间完成专业翻译。这难道不像武侠世界里，虚竹误打误撞获得无崖子 70 年功力般的奇遇？

1.1.2 为什么选择 DeepSeek

AI 的武林群雄并起，ChatGPT 如少林般底蕴深厚，Kimi 似峨眉般招式华丽，豆包若丐帮般弟子众多，DeepSeek 却以“九阳神功”般的普适性傲视群雄——它不挑根骨，不设门槛，每个普通人都能在其中参悟属于自己的“武学真谛”。

DeepSeek 的“深度思考”模式宛如武当派的太极剑法，以绵密剑意拆解世间难题。当其他 AI 还在用“罗汉拳”直击答案时，DeepSeek 已如张无忌运转乾坤大挪移一般，将解题过程层层拆解：数学题能展示 12 种推导路径，合同审查会标注 7 处法律风险，连写诗作赋都能推敲平仄韵律。这种“白盒式推理”不仅让结果可信，更让使用者如旁观高手过招，潜移默化提升思维境界。反观 GPT-4 如“一阳指”般直给答案，Kimi 的短思维链似“辟邪剑法”般速成却失之深邃，DeepSeek 的独特价值便在于此。

不同于某些闭门造车的名门大派，DeepSeek 效仿明教广纳天下豪杰。它开源了从 1.5B 到 671B 的全系列模型，如同将《武穆遗书》公之于众。开发者可以像杨逍改良乾坤大挪移那样定制行业模型，学生用消费级显卡也能本地部署“小无相功”。这种“万人练功，反哺宗门”的生态，让它在短短 21 天吸引 2215 万日活用户，成就当代江湖最壮观的“光明顶会师”。

1.2 适合普通人的 DeepSeek 修习路径

1.2.1 掌握 6D 学习模型

如果你是一个非技术人员，想要从零开始一步步用好 DeepSeek，可以参考笔者构建的 DeepSeek 的 6D 学习模型。这个模型包含 6 个步骤，这些步骤依次对应着 6 个 D 开头的单词，即 Discover、Direct、Debug、Deliver、Deepen、Drive，如图 1.1 所示。

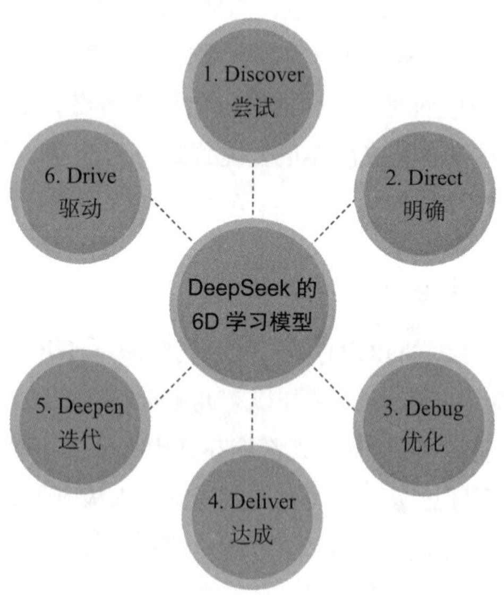

图 1.1 DeepSeek 的 6D 学习模型

1）Discover（尝试）。对于初学者而言，当你遇到问题想用 DeepSeek 时，最好的办法是直接把问题抛给 DeepSeek，看看它能给你回复什么。正如 2025

年春节档爆火的电影《哪吒 2》导演饺子所说："出来混最重要的是什么？首先是出来。"同样，用好 DeepSeek 的关键就在于"开始用"。也许你简单提问就可以得到想要的答案，只有尝试了才会有真实的体感——用好 DeepSeek 一点也不难。

2）Direct（明确）。完成基本尝试后，你会发现面对有些问题时 DeepSeek 的回答似乎不那么"智能"，由于 DeepSeek 的同类 AI 大模型属于"遇强则强，遇弱则弱"的工具，使用者的能力和方法会直接影响到它的回答结果。掌握一定的提问技巧后，你会发现 DeepSeek 的回答也会更"聪明"。具体会在第 3 章重点展开。

3）Debug（优化）。用好提示词并不意味着 DeepSeek 总能帮你解决问题，倘若发现 DeepSeek 的输出结果又一次不尽如人意，你就需要重新审视你的提问方法，也许需要更换提示词，也许需要分步骤执行，也许需要更换提问方向。总之，"穷则变，变则通，通则久"。

4）Deliver（达成）。不断优化使用方法和技巧，你会发现 DeepSeek 输出的结果会越来越有用，越来越精准。不管是工作还是生活，它似乎在各种场景下都能胜任，这不是幻觉，这是 DeepSeek 的实力所在，而你只是刚好掌握了使用方法而已。

5）Deepen（迭代）。用 DeepSeek 解决一些简单和相对复杂的问题后，你会逐渐意识到 DeepSeek 的用途可能不限于此，它不但能帮你写报告、做 PPT、可视化，甚至能批量完成、自动实现，而且还会你在不断优化的同时自我迭代，"苟日新，日日新，又日新"。

6）Drive（驱动）。你对于 DeepSeek 的期待也许会从一开始为你答疑解惑变成帮你大幅提效，再到创造更大的价值，当达到这一步时，相信你已经完成了 DeepSeek 的入门和进阶，顺利到达 DeepSeek 的高手阶段。此时，DeepSeek 可以帮助你做更多有价值的事情，你和它共同进入一个相互驱动的飞轮当中。

1.2.2 使用 DeepSeek，就是修炼武功绝技的过程

在这个 AI 新江湖里，普通人想要抓住 DeepSeek 这套"武学总纲"，至少要修炼 3 种核心心法：

1）基本功"扎马步"：遇事不决问 DeepSeek。就像郭靖初学降龙十八掌

时反复练习“亢龙有悔”一样，我们要培养智能思维的本能反应。无论是撰写邮件时的措辞优化，还是策划方案时的数据支撑，都要学会与AI形成条件反射般的协作。用好DeepSeek的关键在于“用”，当你能像每天醒来以后看手机一样遇到事情就问它，你会发现江湖就在你身边。

2）进阶法“人机合璧”：学会专属的技巧和方法。小龙女与杨过携手方能施展绝世剑法，生活在科技时代的我们更要懂得与AI优势互补。当律师运用DeepSeek进行类案检索时，当设计师借助AI生成概念草图时，都在演绎着现实版的“双剑合璧”。

3）终极境“太极之道”：以无招胜有招。张三丰百岁创太极拳，讲究用意不用力。与DeepSeek相处的最高境界是将其化为“第六感”般的存在。就像呼吸不需要刻意控制一样，优秀的产品经理早已将需求分析、用户画像、竞品调研等流程内化为与AI的自然交互。

当你一步步修炼着AI世界的内功心法时，你会发现“运用之妙，存乎于心”其实并不复杂。

这让笔者想起《神雕侠侣》结尾的华山论剑：昔日五绝切磋武艺，今日千万普通人在数字江湖各显神通。不同的是，这次武林大会没有门户之见，所有“武功秘籍”都向每个心怀热忱的普通人开放。你不需要跌落山崖偶遇白猿，不必偷入藏经阁苦读典籍，浏览器就是你的江湖入场券。

金庸笔下的大侠们总在寻找“武功的至高境界”，而如今我们终于明白：武学的真谛不在招式精妙，而在让更多人获得改变命运的力量。DeepSeek就像当代的“侠客岛石壁”一样，每个普通人都能在其中参悟属于自己的“太玄经”。

此刻，你的鼠标就是开启石洞的钥匙，键盘敲击声正是这个时代最动听的剑鸣。江湖路远，愿你我都能在此间找到属于自己的那柄“青冥剑”——不必削铁如泥，但求劈开属于这个时代的精彩。

所以，当你遇到难题时，不妨默念那句新时代的武功口诀：“遇事不决问DeepSeek。”也许就在某个寻常的午后，当你与AI对话的瞬间，会突然听见体内真气流转的嗡鸣，那是属于我们这个时代的武侠梦觉醒的声音：

“欢迎进入由DeepSeek开启的AI武侠世界。”

|第 2 章| CHAPTER

凌波微步：快速上手 DeepSeek

“猝遇强敌，以此保身，更积内力，再取敌命。其步法按《周易》六十四卦方位而行，步履如御风，身形飘忽若仙。”

——笔者按

正如小说《天龙八部》中的“凌波微步”助段誉游刃江湖，本章将带你快速掌握 DeepSeek 的核心功能，使其成为你在数字世界中的“灵动步法”。从账号注册到基础功能概览，从深度思考模式与基础模型的灵活切换，再到联网搜索、历史对话管理等进阶技巧，本章内容如同六十四卦方位图，步步为营，助你驾驭 AI 之力。无论是生成诗歌、规划行程，还是分析财报、规避 AI 幻觉，DeepSeek 的“凌波微步”式操作逻辑，将助你在处理复杂任务时举重若轻，进退自如。

2.1 账号注册与基础功能概览

2.1.1 DeepSeek 网页端与移动端注册

1. 网页端注册

打开任意浏览器，输入 https://www.DeepSeek.com 并按下回车键，就会进入 DeepSeek 的官网，然后单击左侧的“开始对话”就会进入注册环节，如图 2.1 所示。

图 2.1　DeepSeek 官网

在注册时，可以选择手机或邮箱注册。注册过程非常简单，只需按照提示填写个人基本信息即可。以中国大陆地区为例，后续登录时可以选择手机号、微信或邮箱进行登录，如图 2.2 所示。

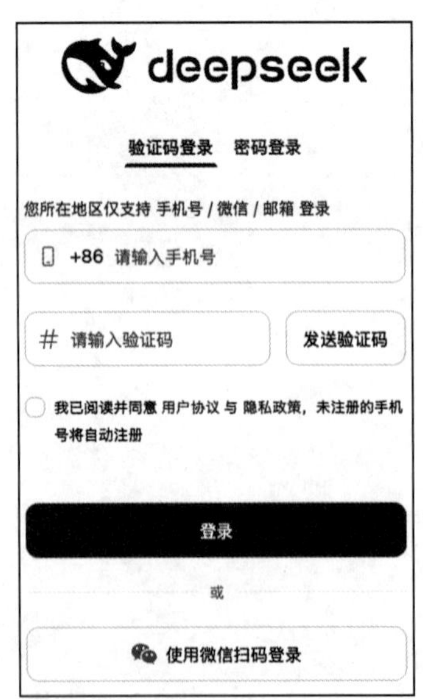

图 2.2　DeepSeek 官网注册界面

如果进入图 2.3 所示的界面，说明你已经注册成功了。接下来将详细介绍每部分的各项功能具体该如何使用。

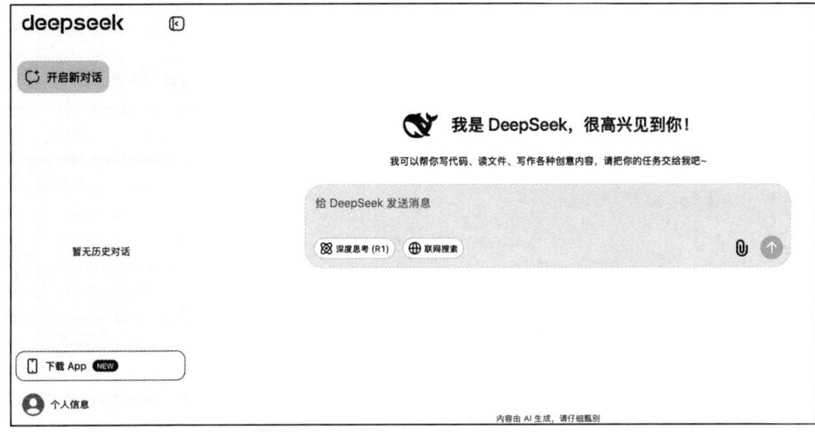

图 2.3 DeepSeek 网页版操作界面

2. 移动端注册

移动端的操作同样非常简单，首先，在各大应用市场搜索“DeepSeek”下载 DeepSeek 官方应用，注意图标的真伪以及开发者为“杭州深度求索人工智能基础技术研究有限公司”。

下载成功后打开应用，同样需要先注册。以中国大陆区域为例，目前手机端仅支持手机号注册，如图 2.4 所示。完成注册后，进入新对话界面即可开始使用。

图 2.4 DeepSeek 手机端注册界面

2.1.2 DeepSeek 基础功能

以网页端为例，打开 DeepSeek 后会看到如图 2.5 所示的界面，下面简单介绍每一项功能及用法。

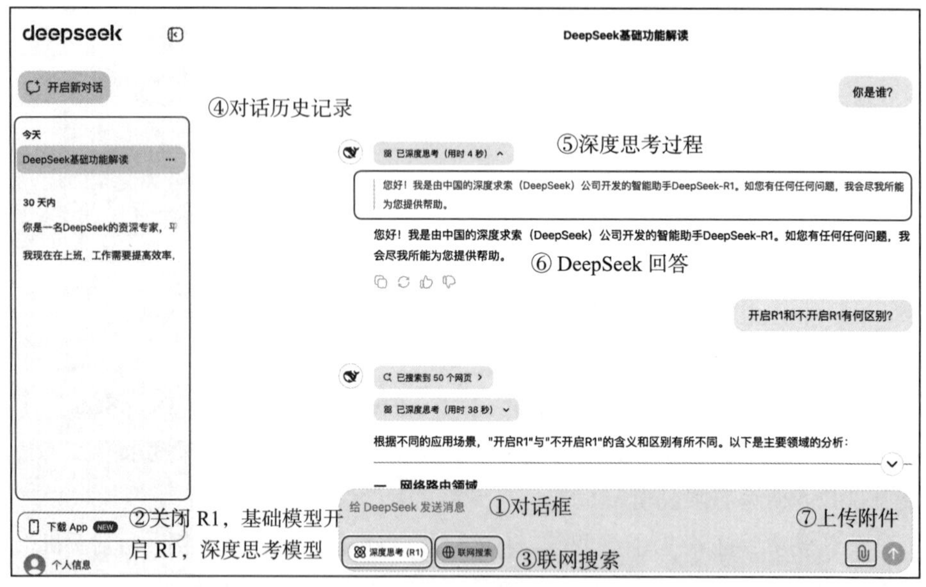

图 2.5 DeepSeek 基础功能全览

1）对话框：给 DeepSeek 发送消息。这是你和 DeepSeek 交流的主要区域，可以在这里输入任何问题、请求或任务。比如：

- ❑ 问问题："地球的直径是多少？"
- ❑ 请求帮助："帮我写一篇关于人工智能的文章。"
- ❑ 提出需求："帮我翻译这段英文。"

操作很简单，直接在输入框中输入内容，然后单击输入框右下角向上的箭头发送即可。

2）深度思考（R1）。该模式是 DeepSeek 突然爆火的主要原因，它可以帮助你进行更深入的思考和分析。如果你的问题涉及复杂推理，或者需要更详细的解释，可以使用这个功能。相比于普通的简单问题，它能够提供更加全面、清晰、思路严谨的优质解答，充分展现出较长思维链的更多优势。

在发送消息之前，通过单击选择"深度思考（R1）"选项，DeepSeek 就会花更多时间来分析和回答你的问题。换句话说：当你开启深度思考模式时，使用的是 DeepSeek R1 模型，也称推理模型；当你关闭深度思考模式时，使用的是 DeepSeek V3 模型，也称基础模型。

3）联网搜索。如果你的问题需要最新的信息或数据，可以让 DeepSeek 通过联网搜索来获取相关信息。

在输入框中输入你的问题或任务，然后通过单击选择“联网搜索”选项，DeepSeek 会联网搜索相关信息，并结合搜索结果来回答你的问题。

4）对话历史记录。这里是你之前和 DeepSeek 的对话记录，方便形成对话知识库，以便针对同类问题的进一步提问时可以得到更精准的答复。当然，这里可以对任意一条历史对话进行重命名或者删除操作。

5）深度思考过程。这是开启深度思考模式后 DeepSeek 依据思维链进行链式推理的整个过程，这里可以看到 DeepSeek 是如何一步步思考并回答问题的。

6）DeepSeek 回答。对于你在对话框中发给 DeepSeek 的问题的回复结果。

7）上传附件。这个功能允许你上传文件，DeepSeek 可以读取文件内容并回答相关问题。支持的文件类型包括 PDF、Word 文档、Excel 表格等，但需要注意，这里仅支持识别文字功能。单击右下角的附件图标，然后选择你想要上传的文件。DeepSeek 会读取文件内容，并根据你的问题进行相应的回答。

2.2 DeepSeek 核心使用技巧：从深度思考到联网搜索

2.2.1 深度思考模型与基础模型的区别

当我们要和 DeepSeek 对话时，是否选择打开深度思考模式，主要取决于你的问题本身。

- DeepSeek R1：当我们开启深度思考模式时运行的模型，或称深度思考模型或推理模型。擅长处理复杂推理任务，通过强化学习优化逻辑推理能力，适合数学计算、代码生成、科研分析等需长链思考的场景。
- DeepSeek V3：是当我们关闭深度思考模式时运行的模型，或称基础模型或通用模型。适用于快速响应场景，如客服对话、文本生成、多语言翻译等。

二者的具体区别可参见表 2.1，在第 3 章讲解提问技巧时也会展开讲解。

表 2.1 DeepSeek R1 与 DeepSeek V3 的各项对比

对比维度	深度思考模型（R1）	基础模型（V3）
核心能力	逻辑推理、数学计算、代码生成	语言表达、创意生成、信息整合
适合场景	解数学题、编程调试、数据分析	写邮件 / 故事、日常聊天、查百科知识
回答风格	结构严谨，偏“理性”	自然流畅，偏“感性”
举例说明	“用 Python 计算斐波那契数列前 10 项”	“如何委婉拒绝别人的表白？”
不适合的场景	需要情感共鸣的安慰对话	需要分步推导的数学题
类比对象	理科生	文科生

深度思考模型（R1）目标清晰，但通过长链思考和推理后结果可能模糊；而基础模型（V3）主要依靠指令，所以目标和结果往往都很清晰。因此，如果要用一句话记住 R1 和 V3 的使用区别，那就是“追求结果选 V3，关注过程选 R1”。

2.2.2 联网搜索的作用和用法

由于 DeepSeek 的知识库仅更新到了 2024 年 7 月，当我们的搜索结果需要实时信息或者最新数据（电影《哪吒 2》的最新票房）时，就需要开启 DeepSeek 对话框下方的联网搜索功能。

联网搜索功能主要有以下几种用法：

1）实时信息获取。DeepSeek 通过整合主流搜索引擎 API（如百度、搜狗搜索）实现联网搜索，可获取新闻、学术论文、实时数据（股价、天气）等内容。比如输入“2023 年诺贝尔经济学奖得主”，DeepSeek 会提取搜索引擎结果中的最新名单，并附来源链接。

2）垂直领域精准检索。可以提供指定的搜索范围，这样 DeepSeek 即可自动提取网页关键信息（如表格、摘要），生成简洁回答，减少用户阅读全文的时间成本。如果在发给 DeepSeek 的问题时上传了网址链接（如微信公众号文章链接等），但未开启联网搜索功能，DeepSeek 就无法访问该链接，也就无法直接提供精准的回答，如图 2.6 所示。

3）自动化数据爬虫。当我们想要获取某些公司的公开数据但又不知道数据来源时，可以直接在提问时开启联网搜索功能，比如“帮我对比下小鹏、蔚来和小米汽车最新财报中的成本数据”，DeepSeek 就会帮你联网自动获取数据。在第 7 章介绍用 DeepSeek 进行数据分析时会展开详细讲解这种用法。

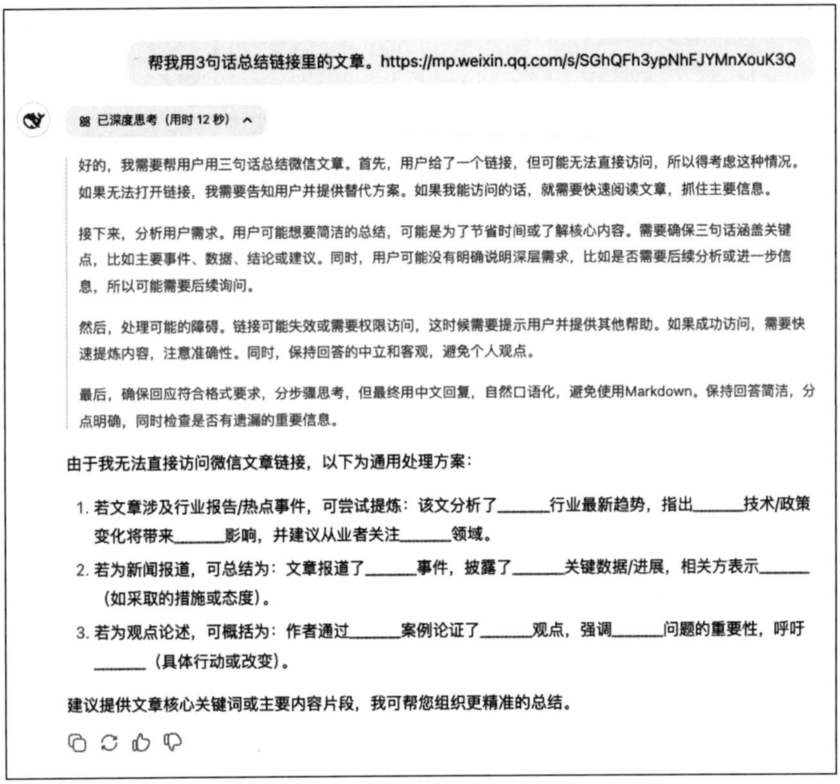

帮我用3句话总结链接里的文章。https://mp.weixin.qq.com/s/SGhQFh3ypNhFJYMnXouK3Q

已深度思考（用时 12 秒）

好的，我需要帮用户用三句话总结微信文章。首先，用户给了一个链接，但可能无法直接访问，所以得考虑这种情况。如果无法打开链接，我需要告知用户并提供替代方案。如果我能访问的话，就需要快速阅读文章，抓住主要信息。

接下来，分析用户需求。用户可能想要简洁的总结，可能是为了节省时间或了解核心内容。需要确保三句话涵盖关键点，比如主要事件、数据、结论或建议。同时，用户可能没有明确说明深层需求，比如是否需要后续分析或进一步信息，所以可能需要后续询问。

然后，处理可能的障碍。链接可能失效或需要权限访问，这时候需要提示用户并提供其他帮助。如果成功访问，需要快速提炼内容，注意准确性。同时，保持回答的中立和客观，避免个人观点。

最后，确保回应符合格式要求，分步骤思考，但最终用中文回复，自然口语化，避免使用Markdown。保持回答简洁，分点明确，同时检查是否有遗漏的重要信息。

由于我无法直接访问微信文章链接，以下为通用处理方案：

1. 若文章涉及行业报告/热点事件，可尝试提炼：该文分析了______行业最新趋势，指出______技术/政策变化将带来______影响，并建议从业者关注______领域。
2. 若为新闻报道，可总结为：文章报道了______事件，披露了______关键数据/进展，相关方表示______（如采取的措施或态度）。
3. 若为观点论述，可概括为：作者通过______案例论证了______观点，强调______问题的重要性，呼吁______（具体行动或改变）。

建议提供文章核心关键词或主要内容片段，我可帮您组织更精准的总结。

图 2.6　未开启联网搜索时的 DeepSeek 回答

以上三大功能对应三种模型，对比见表 2.2。

表 2.2　DeepSeek 三种模型的对比

模型名称	具体介绍	适用场景
基础模型（V3）	采用 2024 年 12 月发布的通用模型 V3，高效、便捷。 特点： 1. 操作路径明确 2. 按规则执行 3. 稳定可控 4. 结果可预期	1. 适用于绝大多数任务 2. 有标准提示词的“规范性”任务

（续）

模型名称	具体介绍	适用场景
深度思考模型（R1）	采用 2025 年 1 月发布的推理模型 R1，聪明、多元。 特点： 1. 操作路径灵活 2. 自主决策 3. 不确定性高 4. 结果多元化	1. 复杂推理和深度分析任务（如数理逻辑推理和编程） 2. 没有标准提示词的“思考”任务
联网搜索模型	RAG（检索增强生成），可以获取网页最新信息，知识库更新至 2024 年 7 月	任务本身具有时效性，例如分析最新电影票房等

2.2.3 历史对话：创建个人知识库

由于 DeepSeek 会自动保留对话内容和记录，因此在使用 DeepSeek 时，如果有一些同类型的问题（例如想写书，从确认主题到大纲、内容），建议在同一个对话下面继续开展（不开启新对话）。DeepSeek 会记住之前的问题和回答（但是思维链过程不会被记住），这相当于将 DeepSeek 当成一个特定主题的知识库。

同时，历史对话便于明确对话主线。比如在长对话中，通过历史记录明确任务目标，分步骤执行，避免模型偏离主题。比如我们问：“我需要一篇关于 AI 伦理的演讲稿。”在 DeepSeek 生成初稿后，我们再追加：“第三段增加对数据隐私的案例分析。”DeepSeek 就可以基于历史对话补充相关内容。这在 3.4.1 节中会展开讲解。

另外，很多 DeepSeek 的使用者是在收到 DeepSeek 回答后才知道哪里问得不够精准，历史记录可以方便我们动态调整提示词：根据历史反馈优化后续指令，如补充限定条件（“避免 AI 感，使用口语化表达”）。同时，若 DeepSeek 的输出有误，通过历史对话纠正并标注正确信息，也方便提升后续准确性。

当然，如果频繁使用 DeepSeek，会发现有无数历史记录，非常混乱，且查找困难，难以有更大价值，如图 2.7 所示。

DeepSeek 支持对历史对话记录进行重命名，比如与提示词有关的历史对话可以统一重命名为“提示词”，方便我们后续查询和使用，如图 2.8 所示。当然，建立知识库的更好做法还是本地部署，企业用户启用本地化部署后，对话历史不经过第三方服务器，可确保隐私安全。

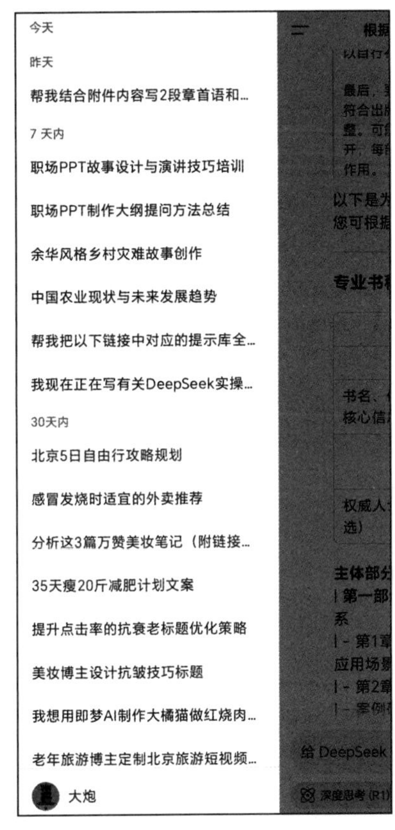

图 2.7　管理前的 DeepSeek 历史对话

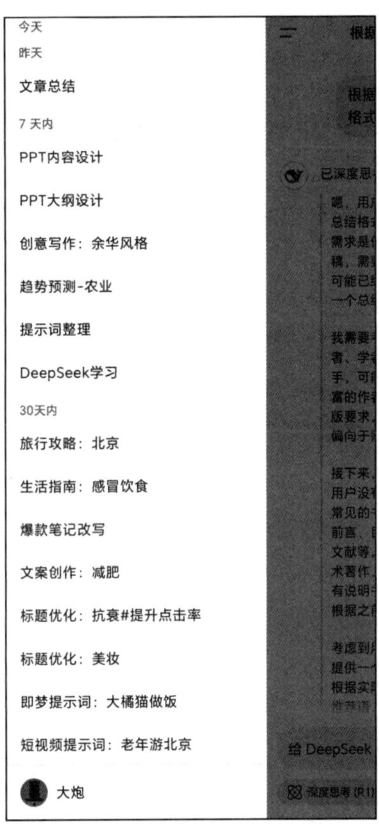

图 2.8　管理后的 DeepSeek 历史对话

2.2.4　服务器总繁忙，10 个满血替代版推荐

相信大家使用 DeepSeek 后的最大感触就是只要连续用了几次后就会遇到“服务器繁忙，请稍后再试”的提醒，这是 DeepSeek 的访问人数过多导致的。这里为读者总结 10 个亲测好用的满血替代版，其中 1 ～ 8 目前全部免费，9、10 则有额度或有效期限制。

1）腾讯元宝：腾讯官方 AI 助手，支持混元和 DeepSeek R1 满血版双模型，整合微信公众号、视频号等生态内容，免费使用，重点是支持图片解析（DeepSeek 官网暂不支持）。

2）秘塔搜索：集成 DeepSeek R1 满血版（671B 参数），支持联网搜索和长上下文推理，完全免费且无须注册。

3）得到 Get 笔记：支持 DeepSeek R1 满血版（671B 参数），支持联网搜索和长上下文推理，还可以通过得到 App 知识笔记构建自己的知识库。

4）纳米 AI 搜索：提供 DeepSeek R1 满血版专线，支持联网搜索和长上下文推理。

5）天工搜索：支持 DeepSeek 深度思考（R1）功能，可关闭联网搜索并实现多轮对话，适合教学与研究。

6）钉钉 AI 助理：国产 AI 搜索工具，支持“深入模式”生成大纲、思维导图及 PPT，信源丰富且回答简洁。

7）飞书多维表格：通过字段捷径调用 DeepSeek R1，支持批量生成内容，解决官网卡顿问题。非常适合自媒体使用，在第 11 章会重点讲解。

8）百度：浏览器已支持 DeepSeek R1 满血版（671B 参数），同时支持百度原有 AI 搜索功能。

9）火山引擎（有额度限制）：字节跳动旗下，支持 DeepSeek R1 满血版（671B 参数），响应速度达 120 token/ 秒，适合需高频调用的代码生成场景，支持私有化部署。免费额度：注册即送 500 000 token（约支持 2500 次标准问答）。

10）三大运营商：中国移动、中国联通、中国电信均已宣布支持 DeepSeek 接口，目前均可使用 DeepSeek R1 满血版（671B 参数）以及其他多个模型。例如，移动云支持 30 天免费和 25 000 000 token。

2.3 实操案例：1 分钟上手 DeepSeek

很多人在第一次使用 DeepSeek 的时候往往不知道问什么问题，或者不清楚 DeepSeek 究竟该怎么用。笔者结合过往使用国内外各类大模型的经验，认为最好的使用方法就是问 AI“我该怎么使用你”。笔者的提问具体示范如下。

> 问：我是一个 AI 零基础的新手，我想用好你，从而提升效率，但是我不知道该如何向你提问。你能不能教我一下向你提问的格式和方法，包括一些提示词的范例，尽量详细一些。

DeepSeek 的深度思考如下：

> 嗯，用户是一个 AI 新手，完全零基础，想要用好我来提升效率，但不

知道该怎么提问。首先，我需要理解他的需求。他需要具体的提问格式和方法，还有提示词范例，而且要尽量详细。所以，我应该从结构化的提问方法入手，分步骤教他如何构建有效的提示词。

首先，可能需要介绍一个基础的提问框架，比如任务定义、补充细节、输出要求、示例参考这些部分。这样用户可以根据框架来组织问题，确保信息全面。然后，不同的场景需要不同的提问方法，比如信息查询、创意生成、数据分析等，每个场景给出具体例子会帮助他更好地理解。

接下来，用户可能需要一些提示词优化的技巧，比如分步思考、角色扮演、限制条件、追问技巧等。这些都是高级用户常用的方法，但作为新手，他可能还不熟悉，所以需要简明扼要地解释每个技巧，并给出例子。

另外，常见错误也是需要提醒的部分，比如问题太模糊、缺乏背景、一次问太多问题，这些新手容易犯的错误，指出并给出改进建议可以帮助他避免这些问题。

然后，提供多个示例场景，展示不同情况下如何应用这些方法，这样用户能更直观地学习。比如写邮件、学习新知识、处理数据等，这些都是常见的效率提升场景，符合用户需求。

最后，鼓励他多练习，并保持互动，这样他遇到问题时可以继续提问。需要确保整个回答结构清晰，层次分明，用词简单易懂，避免使用专业术语，毕竟他是零基础。

可能需要检查每个部分是否有遗漏，比如是否涵盖了提问的各个要素，是否例子足够多样，是否提示词技巧实用。同时，要确保语言友好，让他感觉容易接近，不会因为信息量大而退缩。可能需要用简单的语言分解每个步骤，让他逐步掌握提问的方法。

（为方便读者理解 DeepSeek 的长链思考，本次演示思考过程，后续略。全书所有的 DeepSeek 问答及思考过程和各章知识思维导图，可微信搜索“徐尧聊 AI”，关注公众号后获取。）

DeepSeek 答：

当然可以！作为 AI 新手，掌握提问技巧能让你更高效地使用我。以下是详细的提问方法、格式建议和实用范例，帮你快速上手：

一、基础提问框架（万能公式）

任务定义 + 补充细节 + 输出要求 + 示例参考

1. 任务定义：明确你想让我完成什么（例：总结 / 解释 / 写作 / 分析 / 翻译 / 生成）

2. 补充细节：提供背景、限制条件、具体需求（例：目标用户、字数限制、专业领域、特殊格式）

3. 输出要求：指定回答形式或风格（例：分点回答 / 口语化 / 表格 / 代码 / 学术语言）

4. 示例参考（可选）：给出你期望的样例（例：模仿某篇文章的结构 / 语气）

范例

❌模糊提问：

“帮我写个文案”

✅优化提问：

“我需要一篇关于智能手表的推广文案，目标用户是 25 ～ 35 岁的运动爱好者，强调续航和健康监测功能。要求口语化、有感染力，分 3 个卖点描述，每点不超过 2 句话。参考风格：[附某品牌类似文案链接]”

……（中间略）

六、进阶技巧

1. 多轮对话：通过连续追问完善结果→第一轮：“生成 5 个文章标题”→第二轮：“选第三个标题，扩展出大纲”→第三轮：“针对第二部分，补充案例数据”。

2. 预设假设：“如果我要在东南亚开展跨境电商，假设当地物流时效较差，请给出 3 个运营策略调整建议”。

练习建议：从简单任务开始尝试，比如：

1. “请用分步骤图解的方式教我做番茄炒蛋”。

2. “我想了解 ChatGPT 的工作原理，用比喻的方式解释”。

3. “帮我将这段会议纪要（附文字）整理成待办事项清单”。

遇到不满意的回答时，可以：

> ❑ 补充细节："需要更详细的第二步说明"。
> ❑ 调整要求："请换用更严肃的语气"。
> ❑ 纠正错误："第三点数据不准确，实际销售额是5万元"。

当然，需要注意的是，如果你是AI方面的零基础小白，那么直接记住后面我告诉你的DeepSeek用法即可。如果你曾经使用过其他AI（比如ChatGPT、Kimi、豆包、文心一言、DeepSeek V3等），需要区分开，后者偏向于基础模型，也就是"过程和结果"均很清晰的指令。而DeepSeek R1包含了深度思考功能，则是"目标清晰，结果会很模糊"的指令。

2.3.1 用自然语言生成一首诗

现在，我们可以进行一些简单操作了。比如，直接给DeepSeek发指令，让它用自然语言帮我们生成一首诗。下面为大家分别演示DeepSeek两种模型生成的结果有何区别。

> 问：帮我模仿李白的风格生成一首诗。

DeepSeek答（基础模式）：

> 好的，以下是一首模仿李白风格的诗：
> 《月下独酌》
> 明月出天山，苍茫云海间。
> 长风几万里，吹度玉门关。
> 举杯邀孤影，对饮成三人。
> 醉舞弄清影，何似在人间。
> 星河落九天，梦入青云端。
> 剑指苍穹外，心随大鹏翻。
> 世间多浮华，不如一醉欢。
> 笑看红尘事，天地任我观。
> 这首诗借鉴了李白豪放洒脱的风格，融入了对月、酒、剑和自然的描写，表达了一种超然物外、自由自在的心境。希望你喜欢！

DeepSeek答（深度思考模式）：

好的，我将模仿李白豪放浪漫、善用自然意象与超逸想象的诗风创作一首七律。请稍候，我会先解析他的风格要点，再呈现原创作品及注释。

《江天醉笔》

云帆一叶破苍烟，笑指星河落酒船。

万里长风驱大壑，九秋明月铸冰川。

青山欲倒沧波立，白浪争驰白日昏。

我本骑鲸沧海客，谪来尘世写狂颠。

注：我的仿写思路如下——

1. 气象雄浑：以“云帆”“星河”“大壑”“冰川”等壮阔意象构建空间维度，呼应李白“黄河之水天上来”的时空张力。

2. 醉态狂歌：通过“笑指”“酒船”“狂颠”等醉意表达，再现太白“天子呼来不上船”的疏狂气质。

3. 夸张造境：“青山欲倒”“白浪争驰”等动态扭曲，延续了李白“欲上青天揽明月”的变形笔法。

4. 仙道意象：“骑鲸客”直接化用李白自喻的骑鲸仙踪，“谪来尘世”暗合其“谪仙人”身份认知。

此诗尝试在物象碰撞（星月与酒船）、时空折叠（九秋与冰川）、人境对峙（骑鲸客与尘世）等维度上，再现李白诗中特有的宇宙意识与生命张力。

注意：考虑到 DeepSeek 深度思考的强大能力，后续如无特殊情况，均使用 DeepSeek 深度思考模式进行回答，不再提示。

2.3.2 帮助规划周末行程

我们可以让 DeepSeek 帮我们做另一个生成结果的示范。这里借助第 3 章会介绍的一个提问技巧——任务背景法。

问：我现在在北京，工作一周太累了，周末想好好放松一下，帮我规划一下周末的行程，要求劳逸结合。

DeepSeek 答：

根据你的需求，我为你设计了一份兼顾放松与轻度活动的北京周末行程，既能舒缓压力又不至于过度疲惫，具体安排如下：

【周六：自然疗愈＋艺术熏陶】

上午（9:00-12:00）

→颐和园昆明湖晨游

√乘游船（推荐画舫/手摇船）感受湖面清风

√漫步西堤六桥，建议穿舒适运动鞋

√谐趣园观赏锦鲤，带些面包屑体验投喂乐趣

午间（12:30-14:00）

→五道营胡同「京兆尹」素食宴

√四合院环境＋创意素食料理

√推荐菩提香袋（菌菇素饺）、松露山药泥

……（中间略）

晚间（18:00-20:00）

→前门北京坊文艺收尾

√ PageOne 书店夜景露台阅读

√ MUJIDINNER 品限定二锅头冰淇淋

√铃木食堂隐院小酌梅子酒

实用贴士：

1. 共享单车购买 7 日畅骑卡（美团/滴滴）。

2. 所有景点提前 1 天在官方平台预约。

3. 建议携带防晒喷雾＋折叠晴雨伞。

4. 胡同区域更适合步行探索。

这个规划特别设计了「动静交替」节奏，每小时活动后都安排休憩点，重要景点均避开人潮高峰时段。如果对某个环节感兴趣，可以随时调整时间深度体验。

2.3.3　快速整理长文档并生成报告

我们也可以使用 DeepSeek 的“上传文件”功能，比如上传一份公司财报的 PDF 格式，然后让它帮我们总结内容，生成一份报告，DeepSeek 同样可以

轻松完成。

但需注意一点，当使用上传文件功能时，无法同时使用“联网搜索”功能。

首先，我们可以在企业官网上下载一份公司财务报告，比如我们在阿里巴巴官网上下载一份最新的财务报告，然后在 DeepSeek 对话页面下方单击回形针图标上传该文件（图 2.9），输入问题后直接单击使用深度思考（R1）功能。

问：请从财务专家的视角帮我分析附件里的阿里巴巴财报，生成一份分析报告。

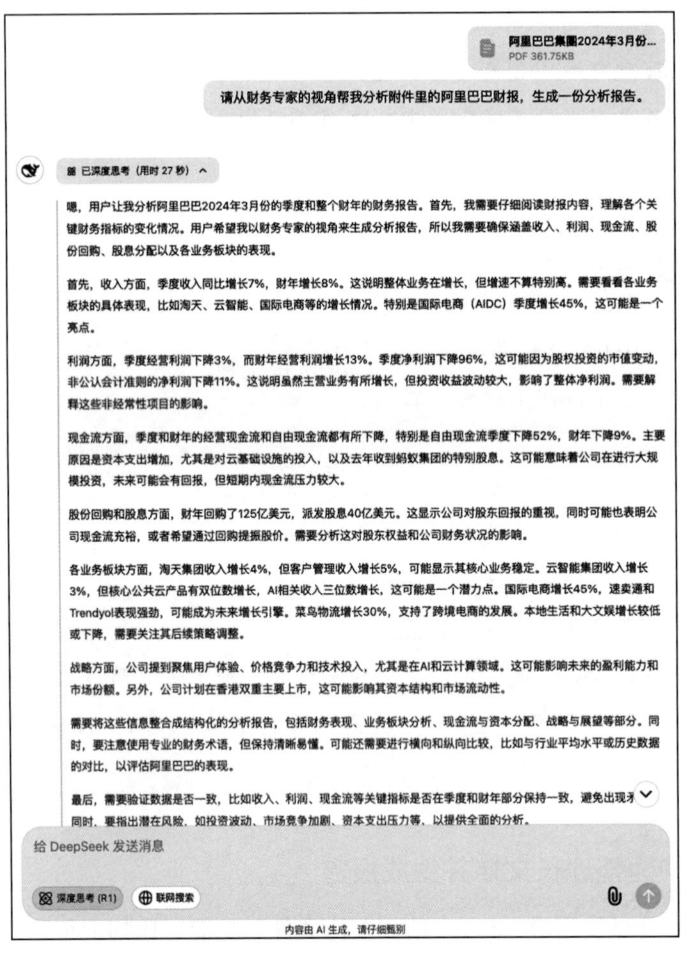

图 2.9 上传最新的财务报告

DeepSeek 答：

阿里巴巴集团 2024 财年及季度财务分析报告

一、整体财务表现

1. 收入增长稳健

- 季度收入：人民币 2218.74 亿元（+7%YoY），主要驱动力为国际电商（AIDC）和菜鸟物流的强劲增长。
- 财年收入：人民币 9411.68 亿元（+8%YoY），显示集团业务在复杂环境下仍保持韧性。

2. 利润分化明显

- 季度经营利润：人民币 147.65 亿元（−3%YoY），主要因对电商和菜鸟的战略投入增加。
- 财年经营利润：人民币 1133.50 亿元（+13%YoY），得益于 EBITA 增长及股权激励费用减少。
- 净利润波动：季度归母净利润骤降 96%（人民币 9.19 亿元），主因股权投资市值变动导致的净亏损（去年同期为净收益）。非公认会计准则下，季度净利润同比下降 11%（人民币 244.18 亿元），财年同比增长 11%（人民币 1574.79 亿元），反映核心业务盈利能力仍稳健。

3. 现金流压力显现

- 自由现金流：季度同比下降 52%（人民币 153.61 亿元），财年下降 9%（人民币 1562.10 亿元），主要因云基础设施资本支出增加及失去蚂蚁集团特别股息（2023 年收到人民币 144.64 亿元）。

……（中间略）

五、结论与展望

阿里巴巴集团 2024 财年展现战略调整成效，国际电商与云计算成为新增长极，但净利润波动及现金流压力需警惕。未来需持续优化成本结构，强化 AI 技术商业化能力，并深化全球化布局以对冲国内市场风险。短期内，股东回报措施（回购与股息）有望支撑股价，长期增长则取决于核心业务的技术突破与市场份额提升。

2.3.4 AI 幻觉及其规避方法

在这里，细心的读者可以去搜索一下第 2.3.2 节 DeepSeek 回答中提到的“五道营胡同「京兆尹」素食宴”，你会发现确实有这家店，但是位置压根不在五道营。

这种错误是推理模型本身的漏洞造成的，在回答开放性问题时，常常会出现这种胡编乱造的“AI 幻觉”，具体怎么规避呢？下面介绍几种适合初学者使用的方法。

1. 提问环节优化

1）提问时明确知识边界。在向 DeepSeek 提问时，可以明确限制回答的范围。在提示语中指定时间范围（如“仅基于 2023 年后数据”）或数据来源（如“引用权威新闻和学术论文”），强制让 DeepSeek 在既定框架内生成内容。

2）要求区分事实与推测。在提问时需明确让 DeepSeek 标注已知事实、推测内容及信息局限性，例如“对不确定的部分请标注‘可能’或‘推测’”。

同时，对于复杂问题，不要指望一步到位，学会将大问题分解为多个小问题逐步提问，例如先问“市场调研方法”，再问“平台选择”，降低 AI 处理复杂任务时的混乱风险。详细内容会在第 3 章展开讲解。

2. 内容环节验证

1）跨模型对比。可以用 DeepSeek 和其他 AI 工具（Kimi、豆包）回答同一问题，观察核心结论是否一致，也可以把 DeepSeek 的回答发给 Kimi，要求验证准确性。

2）人工核查来源。要求 DeepSeek 提供信息来源（如文献、案例、数据链接），并追溯原始资料验证真实性。

当然，我们会在后面具体展开讲解用法。

步法已成，身形自显。修罢“凌波微步”，你已执掌 DeepSeek 的灵动密钥——从账号注册到深度思考，从联网搜索到对话历史织就知识经纬，每一步皆如踏卦而行，进退有度。此章所授，非止操作之术，更是“以简驭繁”的心法：AI 之力如江海，善用者取其势，而非溺于浪。而今，你既知如何借 R1 模型解构难题，以 V3 模型挥洒创意，便该仗键而行，于寻常任务中见不寻常之妙。江湖风波未歇，下一程，且看你如何以“独孤九剑”，破尽万千桎梏。

|第 3 章| CHAPTER

独孤九剑：更适配于 DeepSeek 的提问技巧

“独孤九剑，有进无退，招招都是进攻。其精要在于‘无招胜有招’，须得忘尽固定招式，随敌之势而变，料敌机先，乘虚而入……总诀式、破剑式、破刀式以至破气式，九剑破尽天下武学。”

——笔者按

本章正如小说《笑傲江湖》中的“独孤九剑”的剑诀，揭示了驾驭 DeepSeek 的“提问之道”。无论是基础提示词的分类应用，还是进阶框架（CARE、CRISPE、CO-STAR）的灵活组合，皆如九剑中的不同招式，需因问题之势而变。通用模型（V3）与推理模型（R1）的切换，恰似总决式与破剑式的配合，而高阶技巧中的“分步拆解”“自我迭代”与“专家团协作”，则暗合“无招胜有招”的终极奥义。掌握了这些技巧，用户便能如令狐冲一般，以无形之剑破万般难题，在对话中游刃有余，直指问题核心。

3.1 写在前面，使用 DeepSeek 还要不要学提问技巧

3.1.1 什么是提示词

如果你刚开始使用 DeepSeek，最初的功能确实会给你带来一些震撼，当你希望运用它帮你解决实际工作和生活中遇到的问题时，我想你大概率会很

失望。你会发现它“不太懂你”：要么说着正确的废话，要么回答充满了 AI 味——一眼看去就知道是 AI 写的。

究其原因，就是我们和 DeepSeek 对话的方法出现了问题。倘若不说清楚你的需求，那么 DeepSeek 也不会知道你想要的回答到底是什么。想要让 DeepSeek 更好地为我们服务，就不得不掌握提问技巧，也是我们常说的提示词。

为了更好地理解什么是提示词，我们可以把它当作“游客给导游的需求清单”。假设你是一个游客，DeepSeek 是你的专属导游。如果你对 DeepSeek 说“我想去旅游”，导游（DeepSeek）会很茫然，“你要去哪？看山水还是人文？预算多少？”在这么模糊的需求下，它只能给你很笼统的建议，“推荐北京故宫或杭州西湖”。

但如果你说“我想 3 天穷游南京，重点看历史古迹，避开人群，中午吃鸭血粉丝汤，喜欢小巷拍照”，导游（DeepSeek）就会秒懂你的需求，瞬间为你规划明孝陵清晨路线 + 老门东小众机位 + 本地人推荐的鸭血粉丝店”。

你两次对 DeepSeek 说的话都是提示词，只不过前者是模糊的，后者是精准的。

很多初学者在刚接触 DeepSeek 时往往会有一种疑惑：既然 DeepSeek R1 模型已具备强大的推理思考能力和中文理解能力，是不是之前的提示词方法就不适用于 DeepSeek 了，也不用学习提示词了？

这里先说结论：为了让 DeepSeek 能在各方面更好地帮助我们解决问题并完成任务，学习提示词一定是零基础使用者的必经之路。但是我们要学的，不是之前各类通用模型（如 GPT-4、Kimi、豆包等）所对应的提示词工程，而是更适配于 DeepSeek 的提示词。

要掌握 DeepSeek 的提示词，一定要先了解 DeepSeek 的两个模型，即推理模型（开启深度思考模式后的 R1 模型）和通用模型（关闭深度思考模式后的 V3 模型）的区别。

首先，这两种模型没有好坏之分。推理模型在逻辑性强、需要分析或计算的场景下表现更好，比如数学题、编程问题、数据分析等，而通用模型适用于比如日常对话、写作、信息查询等场景。

这两种模型的适用场景和示例参见表 3.1。

表 3.1　推理模型（R1）和通用模型（V3）的适用场景和示例

任务类型	适用模型	提示词侧重点	示例（有效提示）	需避免的提示策略
创意写作	推理模型	鼓励发散性，设定角色 / 风格	“以村上春树的风格写一个关于爱情的故事”	限制太多，缺乏自由发挥空间
	通用模型	需明确约束目标，避免自由发挥	“写一个包含‘海洋’和‘星空’的短篇小说，不超过300字”	太过开放，没有具体方向
多轮对话	推理模型	需明确对话目标，避免开放发散	“从科技、社会、个人三方面探讨未来教育”	情绪化或主观性强的问题
	通用模型	自然交互，不需要结构化指令	“你觉得未来的工作会是什么样子？”	强行要求按特定逻辑回答
逻辑分析	推理模型	直接抛出复杂问题	“探讨‘自由意志’与‘决定论’的哲学辩论”	引入个人偏见或主观判断
	通用模型	需拆分问题，逐步追问	“先解释‘自由意志’的概念，再分析其与‘决定论’的冲突”	一次性抛出过多复杂问题
数学证明	推理模型	直接提问，不需要分步引导	“证明费马小定理”	过度分解步骤，显得烦琐
	通用模型	显式要求分步思考，提供示例	“请分三步推导费马小定理，参考：1. 使用模运算…”	直接提问，容易忽略关键步骤
代码生成	推理模型	简洁需求，信任模型逻辑	“用 Python 实现二分查找”	过度细化步骤，限制模型发挥
	通用模型	细化步骤，明确输入输出格式	“先解释二分查找的原理，再写出代码并测试示例”	需求不明确，容易产生歧义

在使用 DeepSeek 的两个模型时，初学者在实际使用中如果不熟练，可能会纠结到底该选哪一个。如果一开始不确定该用哪个，建议先试试 V3 通用模型。V3 就像一个社交达人，聊天、写文案、讲故事都很拿手，回答问题时语言自然流畅，但有时可能会比较笼统。比如在解答数学题时，它可能直接告诉你答案，但不会详细说明解题步骤。如果这时候你发现回答不够详细，就可以切换到 R1 推理模型。R1 更像班里的理科学霸，擅长逻辑推理和数学计算，能够分步骤地解答问题，帮助你更好地理解复杂的逻辑。

在实际使用中，还可以灵活地混合使用这两个模型。当遇到一个复杂的问题时，你可以先用 R1 来拆解逻辑，让它帮你分析问题的核心和关键点。比如在处理数据分析问题时，R1 可以帮你梳理数据的逻辑关系，找出问题的关键因素。然后，再用 V3 来润色语言，把 R1 的分析结果转化为通更顺、更易懂的文字，比如写成一份报告。这样一来，既能发挥 R1 的逻辑优势，又能借助

V3 的语言表达能力，让生成结果更加完美。

另外，还有一个小技巧就是在提问时明确指令。对于 R1，如果你希望它详细解答问题，可以直接说“分步骤解答”，这样它就会按照逻辑顺序，一步步地帮你分析。而对于 V3，如果你希望它把一个复杂的概念解释得更通俗易懂，就可以说“用比喻解释这个概念”，它会用生动、形象的语言帮你理解。总之，根据问题的性质和自己的需求，可灵活选择模型和提问方式，从而更好地发挥这两个模型的优势，让它们成为你解决问题的好帮手。

3.1.2 官方回答：适配于 DeepSeek 的提示词

对于 DeepSeek 需不需要提示词，适配于 DeepSeek 的提示词是什么样的，DeepSeek 官方已经做了明确回复。大家在浏览器中输入网址 https://api-docs.DeepSeek.com/zh-cn/prompt-library/，就会看到官方提供的提示库，如图 3.1 所示。可见，高质量的提问确实可以让用户更好地使用 DeepSeek。

图 3.1 DeepSeek 官方提示库

接下来，笔者将结合 DeepSeek 的两种模型（即通用模型和推理模型），以及在提问时的整体对话技巧进行详细讲解。同时从第二部分开始，将会从职场、自媒体和生活等多方面演示提示词的具体使用方法。

3.1.3 学会 DeepSeek 提问技巧的“独孤九剑”

学习 DeepSeek 的提问技巧，就如同学习与 DeepSeek 的对话方法。打个比方，假如你是一个 i 人 [MBTI 性格测试中的“内向型（Introversion）”特质]，本身不善言辞，而你的工作是一名对话访谈的主持人，访谈的对象叫 DeepSeek。

胜任这份工作的过程就是掌握与 DeepSeek 对话方法的过程，可以分以下 3 个阶段来看。

1）基础沟通，你需要掌握一些基本话术。为了开展工作，你至少得能和访谈对象聊得下去，所以需要提前了解 DeepSeek 的背景信息（官方提示库），用它习惯的语言先聊起来，确保不尬场。

2）深入交流，需要掌握能够碰撞火花的“套路”。当我们顺利开始访谈时，为了能聊出有价值的观点，我们需要掌握一些访谈技巧，比如怎么沟通对方更愿意敞开心扉，怎么回应更能让对方共情。

3）灵活变换，无招胜有招。这时候可以向你的前辈学习。比如罗振宇老师在央视采访时处理受访者表达松散的方法就很值得借鉴。首先他会完整倾听，然后用“我帮你总结一下”这样的句式将内容提炼为清晰的结构，再和对方确认，最终使对方更容易接受整理后的内容。这时候，单纯依靠一招一式可能不足以完成访谈，你需要综合调用各种能力才能够确保访谈成功。

以上这 3 个阶段，也就对应着修习 DeepSeek 提问技巧的“独孤九剑”三大篇章：基础篇、进阶篇、高级篇。

首先是基础篇——总决式，会从 DeepSeek 官方提示库的提示词样例出发，将 13 大样例提示词如何使用，开启 R1 和关闭 R1 后的使用场景有何区别进行详细讲解。当我们能够将基础篇掌握牢固，以此为地基，就可以轻松“将其他八式剑意融入其中，达到九剑归一的程度”。

然后是进阶篇——破剑式，会从目前适用于通用模型的高级提示词框架中筛选出适用于 DeepSeek 的提示词进行实战演练，从而让 DeepSeek 可以更好地创作内容和完成复杂任务。熟练掌握高级提示词框架后，就可以实现“破解普天之下、各门各派的剑法”。

最后是高级篇——破气式，会重新跳脱提示词框架，从解决实际业务问题的 DeepSeek 工作流、自我评估、创建智囊团等高级技巧入手进行讲解演练，从而达到“无招胜有招”的终极奥义！

3.2 基础篇：从官网提示库到基础提示词

回到 DeepSeek 官网的提示库，我们可以根据其所属类型、使用场景、提示词结构、示例及优缺点，将适合 DeepSeek 的 5 类基础提示词整理为表 3.2。

3.2.1 文案与内容生成类（V3 模型）

首先是文案与内容生成类，这里具体指代有明确目的的内容产出，任务相对比较简单。

对应的提示词结构是：你是一位 [领域] 专家，擅长根据用户需求生成 [具体内容类型]，要求包含 [关键要素]，输出格式为 [结构要求]。

使用的方法就是将括号内的内容填充完成即可，我们直接用表格中的示例实操一下。

问：你是一位文本大纲生成专家，擅长根据用户需求创建有条理且易于扩展的大纲。请为“中国农业现状与未来”生成大纲。

DeepSeek 答：

中国农业现状与未来

一、现状分析

1.1 成就与优势

1.1.1 粮食产量稳步提升，实现“十九连丰”，保障国家粮食安全

1.1.2 农业科技进步显著，机械化、信息化水平不断提高

1.1.3 农业产业结构持续优化，特色农业、绿色农业快速发展

1.1.4 农民收入持续增长，农村生活条件不断改善

表 3.2 5 类基础提示词及其用法

类型	使用场景	提示词结构	示例	优点	缺点
文案与内容生成类（V3 模型）	商业文案大纲、学术论文框架、文学创作提纲、结构化内容生成等	你是一位 [领域] 专家，擅长根据用户需求生成 [具体内容类型]，要求包含 [关键要素]，输出格式为 [结构要求]	你是一位文本大纲生成专家，擅长根据用户需求创建有条理且易于扩展的大纲。请为“中国农业现状与未来”生成大纲	结构化清晰，逻辑性强；支持多领域定制（商业、学术、文学等）	需用户提供明确主题和需求；生成内容可能过于模板化，需要二次优化
角色扮演与对话类（R1 模型）	情景续写、虚拟对话、特定人设交互（如客服、导师、特定职业角色）	请你扮演 [具体角色]，在对话中 [行为特点]，输出内容需符合 [风格 / 语气要求]	扮演刚留美归国人员，说话夹杂英文单词	高度定制化，增强交互趣味性；支持复杂场景模拟（如客服咨询、教育辅导）	需要详细描述角色设定，否则易偏离预期；对语言风格控制要求较高
翻译与语言处理类（V3&R1 模型）	中英互译、专业术语翻译、多语言内容生成	你是一位中英翻译专家，对以下内容进行翻译：[输入文本]，要求 [准确 / 符合口语化]	翻译“人工智能正在改变世界”为英文，要求专业术语准确	支持高精度专业翻译；适应多种文体（学术、口语、文学等）	文化差异可能导致表达偏差；需指定语言风格，否则可能机械化
创意写作与艺术表达类（R1 模型）	散文创作、诗歌生成、模仿特定作家风格、剧本编写等	请以 [作家 / 风格] 的笔调，创作关于 [主题] 的 [文体类型]，要求 [情感 / 修辞特点]	模仿余华风格写一段乡村经历	支持多样化文学风格；生成内容富有情感和想象力	需提供具体风格参考，否则可能不贴切；逻辑连贯性可能弱于专业写作
代码生成与优化类（V3&R1 模型）	生成功能代码（如 HTML 游戏）、代码纠错、注释添加、性能调优等	请帮我用 [编程语言] 生成 [功能描述]，要求包含 [具体功能点]，代码需 [可运行 / 注释清晰]	用 HTML 生成五子棋游戏，代码需整合在一个文件中	快速生成可运行代码，减少开发时间；支持多语言（Python、JavaScript 等）	复杂逻辑需人工调试优化；需明确需求，否则可能生成冗余代码

1.2 挑战与问题

1.2.1 资源环境约束加剧，耕地质量下降，水资源短缺

1.2.2 农业生产成本上升，国际竞争力有待提升

1.2.3 农业劳动力老龄化严重，新型职业农民培育亟待加强

1.2.4 农村基础设施和公共服务相对滞后，城乡差距依然存在

……（中间略）

四、政策建议

4.1 加大农业科技投入，完善农业科技创新体系

4.2 加强农业基础设施建设，改善农业生产条件

4.3 深化农村土地制度改革，激发农村发展活力

4.4 完善农业支持保护政策，调动农民生产积极性

4.5 加强农村人才培养，为乡村振兴提供人才支撑

五、结语

中国农业发展面临着机遇与挑战并存的局面。未来，要坚持农业农村优先发展，深入实施乡村振兴战略，加快推进农业农村现代化，为实现中华民族伟大复兴的中国梦奠定坚实基础。

3.2.2 角色扮演与对话类（R1 模型）

这里要尽可能发挥 R1 深度思考模型在创作上发散性的优势。

对应的提示词结构是：请你扮演 [具体角色]，在对话中 [行为特点]，输出内容需符合 [风格 / 语气要求]。

问：扮演刚留美归国人员，说话夹杂英文单词。

DeepSeek 答：

Hey 大家！刚 touch down 国内不久，感觉一切都 so different 但又莫名 familiar。昨天去超市想买 shampoo，结果发现现在连便利店都支持刷脸 pay 了，seriously 惊呆了！

最近在考虑 career path 的问题，国内 startup 的 vibe 真的和硅谷的 hustle culture 有的一拼。不过说实话，我还在倒时差，每天的 energy level 简直

fluctuate 得像 crypto market…… 有没有人周末约个 brunch 啊？急需一波 social recharge！（捂脸）

怎么样，画面感是不是超强？

注意，如果这里不是纯创作型的角色扮演，那么仍然选择 V3 模型。

3.2.3　翻译与语言处理类（V3&R1 模型）

对应的提示词结构是：你是一位中英翻译专家，对以下内容进行翻译：[输入文本]，要求 [准确 / 符合口语化]。

当我们需要完成中英互译或者其他语言的翻译时，V3 模型和 R1 模型都可以实现我们的目标，区别在于 V3 模型可以很好地完成翻译工作，R1 模型可以让翻译地更加优美。

我们分别用 V3 模型和 R1 模型测试如下。

问：翻译“人工智能正在改变世界”为英文，要求专业术语准确。

DeepSeek（V3）答：

“Artificial Intelligence is transforming the world.”

DeepSeek（R1）答：

“Artificial Intelligence is revolutionizing the global paradigm.”

该翻译采用专业术语：

1. “revolutionizing”（革命性改变）比常规“changing”更能体现 AI 的颠覆性影响。

2. “global paradigm”（全球范式）替代简单用词“world”，强调系统性变革。

3. 采用现在进行时准确描述进行中的技术演进。

4. 符合 IEEE/ACM 技术文献中 AI 影响的标准表述规范。

备选专业版本：

- “Artificial Intelligence is reengineering societal infrastructures at a planetary scale.”
- “AI-driven transformation is redefining global operational frameworks.”

可见，DeepSeek 的 R1 模型经过深思熟虑后，回答还是很全面的。

3.2.4 创意写作与艺术表达类（R1 模型）

这里类似于写小说一样的创作，我们同样要发挥 R1 模型的创造性。

对应的提示词结构是：请以 [作家 / 风格] 的笔调，创作关于 [主题] 的 [文体类型]，要求 [情感 / 修辞特点]。

问：模仿余华风格写一段乡村经历。

DeepSeek 答：

好的，我将按照您的要求创作一个具有余华风格的乡村故事。为了让故事更完整，我会先梳理一些基本框架。请您看看以下内容是否符合您的预期。

世界观设定

时间背景：九十年代南方乡村，持续三个月的旱灾让生活陷入困境。

地理环境：龟裂的稻田、干涸的河道、枯死的玉米杆，空气中弥漫着焦土气息。

社会背景：农民在生存压力下被迫变卖家产，传统农耕文明在自然灾害面前逐渐瓦解。

故事梗概

生存挣扎：老张在旱灾中艰难维持生计，妻子咳血卧病，玉米地变成焦土。

命运转折：决定卖老黄牛换药钱，却目睹牛眼中映出儿子溺亡的预兆。

残酷现实：牛车行至河道时老牛猝死，同时传来儿子为取水跌落枯井的噩耗。

生存寓言：人与牲畜在灾难中形成命运共同体，最终都逃不过被时代碾碎的宿命。

我们将聚焦老张卖牛途中的遭遇，通过牲畜的死亡与人类悲剧的并置，展现余华作品中特有的生存困境与命运无常。

老张把最后一把麸皮撒进石槽时，老黄牛的舌头已经舔穿了槽底的青苔。它的眼皮耷拉着，眼白泛着混浊的黄，像两颗泡在碱水里的玻璃球。这畜生跟了他十二年，脊背上的犁沟比他掌心的纹路还要深。

“明日就送你去东头张屠户家。”他摸着牛耳朵上那道月牙疤，那是春耕时被犁铧划的。牛突然打了个响鼻，喷出的热气裹着草腥味扑在他脸上。灶屋传来断续的咳嗽，瓦罐里的药渣子又该换了。

村西头的老李蹲在门槛上卷烟，纸片被汗浸得发软。“镇上新开了家屠宰场，铁钩子能挂整扇猪。”烟灰落在干裂的脚背上，“你这牛，怕是换不来半袋子消炎片。”蝉在枯死的槐树上扯着嗓子，空气稠得像熬过火的糖稀。

牛车在土路上颠簸，车辕吱呀声和妻子的咳嗽渐渐重叠。老张想起去年这时候，玉米秆子能窜到屋檐高，儿子阿毛在青纱帐里追田鼠，辫梢上沾着金黄的玉米须。现在地里只剩些焦黑的杆子，风一过就簌簌地掉渣。

河道早见了底，河床裂成龟甲纹。牛蹄子陷进裂缝又拔出来，带起一团团灰白的土雾。老张抹了把脖子上的汗，盐粒子蜇得眼角生疼。牛突然站住了，眼珠里映出个人影——对岸歪脖子柳树下，村长家二小子正往麻袋里装什么白花花的东西。

“走啊！”老张扬了扬柳条鞭，鞭梢扫过牛屁股，留下道浅红的印子。牛的前蹄突然跪了下去，车辕重重砸在地上。他看见牛嘴里冒出粉红色的沫子，顺着嘴角滴在滚烫的砂石上，滋滋作响。

远处传来敲锣声，混着女人尖利的哭喊。老李光着脚从坡上冲下来，裤管卷到膝盖，露出来的小腿像两根风干的腊肠。“阿毛……井……”他喉咙里呼噜呼噜响，像是吞了滚烫的煤块。

牛的眼珠渐渐蒙上灰翳，瞳孔里还映着那棵歪脖子柳树。老张蹲下身，发现牛肚皮上沾着片玉米叶，边缘已经焦黄蜷曲，像极了阿毛去年夹在课本里的书签。

接下来我们可能会围绕这些情节展开：

玉米书签的隐喻：阿毛藏在课本里的焦黄玉米叶，暗示着少年对丰收年景的隐秘渴望。

河道白影的悬念：村长儿子装运的神秘物品将在后续章节揭示基层权力对救灾物资的侵占。

柳树下的阴影：歪脖子柳树作为重要场景，后续将见证更多生死别离的乡村悲剧。

希望这个故事片段能满足您对余华风格的期待。如果需要更多细节调整或情节拓展，请随时告知。

不得不说，太强大了。可以看到这么简单的一句指令，就能够让 DeepSeek 拓写出这么有“余华”风格的文章，但是需注意，包括 DeepSeek 在内的各种 AI，它能生成标准化文本，但无法替代我们的个性化表达，后面也会具体介绍。

3.2.5 代码生成与优化类（V3&R1 模型）

由于本书主要定位于零代码读者，这里以讲解清晰为目标。

对应的提示词结构是：请帮我用 [编程语言] 生成 [功能描述]，要求包含 [具体功能点]，代码需 [可运行 / 注释清晰]。

同样用表格中的示例实操一遍，由于提示词比较简洁，因此选择 R1 模型，这样 DeepSeek 可以考虑得更全面。

问：用 HTML 生成五子棋游戏，代码需整合在一个文件中。

DeepSeek 答：

以下是一个使用 HTML、CSS 和 JavaScript 实现的五子棋游戏，所有代码整合在一个 HTML 文件中：

（代码内容略）。

这个五子棋游戏包含以下功能：

1. 完整的 15 × 15 棋盘
2. 交替落子的黑白棋子
3. 棋子带有渐变效果
4. 自动胜负判断
5. 游戏状态显示
6. 获胜后点击任意位置重新开始
7. 防止重复落子

8. 边界检查

游戏规则：

1. 黑方先手
2. 点击棋盘交叉点落子
3. 首先形成连续五子（横、竖、斜）的一方获胜
4. 游戏结束后点击任意位置可重新开始

棋盘使用 Canvas 绘制，棋子带有渐变效果，界面美观。所有代码整合在一个文件中，可以直接保存为 .html 文件并用浏览器打开运行。

关键是，DeepSeek 真的就做出了一个可以玩的五子棋游戏，单击右下角的“运行 HTML”就会进入到五子棋黑白子对战的界面了，如图 3.2 所示。

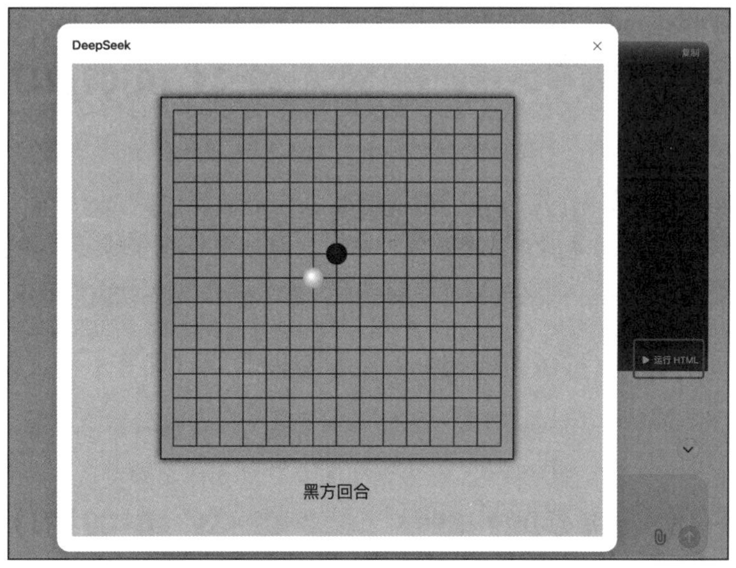

图 3.2　DeepSeek 生成的五子棋游戏

3.3　进阶篇：3 个适用于 DeepSeek 的提示词框架

这里为大家介绍 3 个适合 DeepSeek 的高级提示词框架，并重点分享它们的具体用法。

高级提示词框架有很多，比如 CO-STAR、CRISPE、LangGPT 等，考虑到

DeepSeek 深度思考模型的强大和中文理解能力的优势，这里只选择在 DeepSeek 中使用效果较好的 3 种。

3.3.1 CARE：举例比讲道理更有效

如果我们希望 DeepSeek 的回答更精准，除了增加在问法上的描述，更好的方式就是直接举例。

这里介绍一个 CARE 框架，它其实是基础篇提问技巧的最简单升级，具体指的是：

- ❑ Context（背景）：明确任务发生的场景或前提条件。
- ❑ Action（行动）：具体需要执行的操作步骤。
- ❑ Result（结果）：期望达成的目标或成果。
- ❑ Example（示例）：提供参考案例（可选）。

通常适用于以下场景：

- ❑ 日常职场任务，比如撰写邮件、整理会议纪要。
- ❑ 简单流程指导，比如员工培训手册、项目管理清单。
- ❑ 需要明确结果导向的任务，比如制订预算计划。

以上任务相对来说比较简单、明确，但如果不加以限制，很容易让 DeepSeek 随意发挥，最终输出的效果不好，所以最好的做法就是举具体案例。为什么要举具体案例呢？

比如我们要向新同事解释复杂的项目流程，即便使用专业术语详尽说明，对方仍可能困惑。此时若说："这个审批流程类似 OA 系统采购模块，但需要叠加财务部的预算控制节点"，对方立即能参照已知体系建立认知框架，这种具象化表达在职场沟通中尤为重要。

再举个工作中的例子，作为产品经理，需向技术团队说明新功能开发需求。如果你一开始提的需求是"需要开发用户行为分析模块"，这很容易引发多方疑问。若将其调整为"该模块类似我们已上线的会员积分系统，但数据采集维度需增加页面停留时长、二次点击率，可视化部分参考市场部上月使用的漏斗分析模板"，这样就会减少很多沟通时间。

你看，这就是举例的效果，对人如此，对 DeepSeek 同样如此。

CARE 框架如何使用，下面直接进行实操。比如，现在想写一个小红书的爆款标题，如果我们直接让 DeepSeek 写，大概率是“形式上满足要求，效果上不抵预期”的。比如：

问：帮我写 5 个小红书爆款笔记的标题，围绕眼霜进行推荐。

DeepSeek 答：

1.“熬夜党必囤！这款眼霜让我告别熊猫眼，效果堪比医美！”—— 真实测评，28 天逆袭少女眼！

2.“眼霜选错 = 白花钱！这几款平价眼霜居然比大牌还好用？！”—— 学生党也能闭眼入！

3.“黑眼圈、细纹全搞定！这款眼霜让我素颜也能自信出门！”—— 回购 3 瓶，真的绝了！

4.“眼霜涂错 = 浪费！正确手法 + 神器推荐，效果翻倍！”—— 护肤小白必看，轻松 get 明亮双眼！

5.“贵妇眼霜平替？这款国货眼霜居然让我省下几千块！”—— 性价比炸裂，效果不输 La Mer！

非常明显的小红书风格，但不一定能爆，原因在于没有经过数据的验证。怎么办？我们去小红书上找对标，直接给它爆款进行参考，让它参照这种写（具体方法将在第 9 章展开讲解）。

用 CARE 框架重新问：

参考如下 5 个爆款标题，帮我写 5 个小红书爆款笔记的标题，围绕眼霜进行推荐。

1. 1 块钱的包装！ 1 千块的效果。(重度黑眼圈)

2. 想逆袭颜值的进！就不信这样你还学不会！

3. 996 打工人闭眼冲！给眼周灌了杯“冰美式”

4. 试试他俩，我愿称之为熬夜眼消失术

5. 千万别用！怕你停不下来！

DeepSeek 答：

根据参考标题的网感结构和互动技巧，为你设计以下 5 个小红书眼霜爆款标题，精准狙击年轻群体痛点：

1.“5 毛钱的快乐！肿眼泡秒变‘欧式双’”——急救消肿玄学 睡醒直接换眼睛

2.“别买！怕你从此抛弃贵价眼霜！”(附 14 天对比图）百元把泪沟焊死在原地

3.“早八人急救包！涂完直接开启一键磨皮模式✦”社畜实测 眼周遮瑕用量减半的秘密

4.“咖啡因 + 玻尿酸！这 CP 把黑眼圈按在地上摩擦”混搭教程 效果堪比打 3 支熊猫针

5.“老板求停产！这眼霜让我戒不掉熬夜的快乐”越夜越美丽的代价是空管太快

这样，我们就能够确保 DeepSeek 能够按照我们的要求和示范给出回答了。

注意，以上的案例并没有完全参照 CARE 的 4 要素完整执行，因为 DeepSeek 的深度思考模式下本身不需要纯结构化的提示词，只要里面的内容具备即可。

当然，我们也可以做一个完整 4 要素的提问示范。比如你所在的某饮料公司即将推出新品“零度清柠”无糖气泡水，主打“0 糖 0 脂 + 真实柠檬汁”概念。产品定价为 5.9 元 / 瓶，目标用户为 18 ～ 35 岁职场白领。市场部需在 3 个月内完成新品推广，首月销售目标为 50 万瓶。此时需要制订一个推广计划，我们可以用 CARE 框架来帮助我们。

问：[Context] 我作为市场部专员，需制定首月线下推广基础执行方案

[Action] 请帮我们列出前两周的关键动作及分工

[Result] 确保 10 个重点城市商超完成铺货和试饮活动

[Example] 参考去年“冰爽绿茶”上市首周执行表：

阶段	任务详情	负责人	协作部门	完成节点	预算
第 1 周	渠道铺货：与永辉、沃尔玛等 KA 系统签订陈列协议，核心 SKU 为 350mL*24 瓶装，堆头位置在饮料区入口前 3 排	赵 ×	销售部	5 月 10 日	8 万元
	物料制作：设计试饮台和促销立牌，试饮台尺寸为 2m*1m(含品牌色和产品卖点)，数量为 200 套	刘 ×	设计部	5 月 8 日	3 万元

（续）

阶段	任务详情	负责人	协作部门	完成节点	预算
第 2 周	试饮活动：在 50 家门店开展周末试饮，时段为周六日 10:00-20:00，每店安排 2 名促销员（需统一培训话术）	钱 ×	培训部	5 月 15 日	5 万元

DeepSeek 答：

以下是针对首月线下推广的前两周关键动作及分工方案，结合“冰爽绿茶”案例升级优化，确保 10 个重点城市商超铺货与试饮活动高效落地：

首月线下推广基础执行表（前两周）

阶段	任务详情	负责人	协作部门	完成节点	预算
第 1 周					

KA 渠道签约

与 10 城核心商超（永辉、沃尔玛、大润发等）签订首月陈列协议

铺货标准：核心 SKU（500ml*12 瓶装 + 尝新 mini 装）

陈列位置：饮料区主通道堆头 / 收银台端架，覆盖率≥ 80%| 张 × | 销售部、法务部 | 6 月 5 日 | 12 万元（含进场费）

……（中间略）

方案亮点说明

精准资源分配：按城市人口密度分配试饮门店，一线城市（北上广深）单城 30 店，新一线（成都、杭州等）20 店，确保流量覆盖。

风险管控：

❑ 预留 10% 备用物料应对运输损耗；

❑ 设置“铺货达标率”KPI（≥ 95%），未达成城市启动紧急补货机制。

消费者链路闭环：试饮现场引导扫码加入会员，赠送电子优惠券（满 10 减 3），直接拉动首单转化。

总预算：42 万元（占首月推广预算 35% ～ 40%，后续两周聚焦线上联动与区域增量）。

此方案通过“签约 – 落地 – 反馈”三阶段闭环管理，兼顾执行效率与灵活性，建议每日 18:00 召开 10 城线上同步会，快速响应突发问题。

可见，当我们给出精准要求和示例后，DeepSeek 的能力也会超出我们的想象。

3.3.2　CRISPE：多选择供筛选更有效

CRISPE 框架可以简单理解为“进阶版角色扮演类”提问。当我们执行一些创意策划或者多角度分析的任务（比如又想参考自身战略又想借鉴竞品分析），不太确定什么样的回答更适合我们使用时，不妨试试 CRISPE，它具体指的是：

- ❑ Capacity & Role（能力与角色）：定义 AI 的专家身份（比如：资深 HR）。
- ❑ Insight（洞察）：提供背景信息（比如：市场数据、用户痛点）。
- ❑ Statement（声明）：明确核心需求（比如：设计员工激励方案）。
- ❑ Personality（个性）：指定表达风格（比如：专业且亲和）。
- ❑ Experiment（实验）：要求多版本输出（比如：提供 3 种不同方案）。

下面直接进行实操，仍以 3.3.1 节最后案例的场景为例，竞品“气泡森林”依靠小红书笔记实现了销量暴涨，“零度清柠”也想学习借鉴下，此时可以通过 CRISPE 找找思路。

问：[Capacity&Role] 作为有 3 年经验的快消品数字营销经理

[Insight] 竞品“气泡森林”通过小红书“办公室场景”笔记实现销量增长 40%

[Statement] 设计差异化社交媒体内容策略，突出“真实柠檬汁 + 职场提神”卖点

[Personality] 语言风格轻松幽默，结合“打工人续命水”“周一救星”等热梗

[Experiment] 分别制定适合小红书（图文种草）和抖音（短视频）的内容方向

输出示例：

请生成：

1. 小红书图文脚本：突出职场下午茶场景（如“3 点开会困成狗→零度清柠一秒清醒”）

2. 抖音15秒视频脚本：用“前后对比”形式展示产品解压效果（如咖啡洒落文件→喝气泡水恢复活力）

DeepSeek答：

以下是为“零度清柠”设计的差异化社媒内容策略，结合“真实柠檬汁+职场提神”核心卖点，融入打工人共鸣梗，分平台拆解执行方案：

一、小红书图文种草脚本（职场续命特工版）

标题：《是谁的工位偷偷藏了台“人间清醒制造机”？》

封面：办公桌特写（电脑+文件山+闪光柠檬气泡水瓶），大字：3:15PM困兽自救指南

正文结构：

1. 痛点暴击

图片：女生趴在键盘上眼神呆滞，手边是喝空的咖啡杯。

文案：“连干6份PPT后的我vs老板突然通知开会的我

职场生存法则第一条：你可以困，但工位必须常备Plan B”。

2. 产品植入

图片：拧开瓶盖的特写，柠檬果肉清晰可见+气泡升腾动图。

……（中间略）

二、抖音15秒短视频脚本（职场变形计篇）

BGM：《Work from Home》变速鬼畜版

分镜设计：

秒数	画面	台词 / 字幕	特效
0～3s	男生抓头发对电脑哀嚎，咖啡杯倾倒染黑文件	字幕炸裂：“当Deadline只剩1小时！”	画面变灰+慢动作
4～6s	镜头切向抽屉，手部特写拉开冷藏层，拿出结雾水瓶	音效：“叮！检测到续命需求”	冷藏层蓝光扫描线特效
7～10s	仰头畅饮特写（气泡炸裂音），喉结滑动+柠檬粒子飞溅	弹幕炸屏：“前方酸度预警！！”	瞳孔特效变金色
11～15s	男生西装革履自信演讲，背后PPT显示“升职加薪计划”	反转字幕：“别问，问就是靠光合作用当卷王”	瓶身旋转弹出卖点：真柠汁+8小时BUFF

评论区运营：

……（中间略）

数据反哺优化：

- 监测“解压、提神、酸爽”等关键词UGC，迭代高热场景。
- 定向投放写字楼电梯智慧屏，实现“社媒种草－线下体验－二次传播”闭环。

可见，这样就完成了两个平台的脚本参考，我们可以分别测试效果，同时在第9、10章也会展开讲解这些内容该如何支撑做起小红书和短视频。

3.3.3 CO-STAR：复杂框架解决复杂问题

当我们希望完成一整套高度定制化的方案或者产出需要进行跨部门协作沟通时，可以尝试CO-STAR框架，这是由新加坡首届GPT-4提示工程竞赛冠军SheilaTeo分享的提示词框架，非常适合处理一些站位高的战略问题。它具体指的是：

- Context（上下文）：任务背景与环境说明。
- Objective（目标）：明确需解决的核心问题。
- Style（风格）：内容呈现形式（如正式报告、可视化图表）。
- Tone（语气）：情感基调（如权威、鼓励、幽默）。
- Audience（受众）：目标读者特征（如管理层、新员工）。
- Response（响应格式）：指定输出结构（如PPT大纲、邮件模板）。

仍以同一个案例背景进行演示。该公司通过调研显示，30～35岁用户购买转化率低于预期，所以想要针对该人群来制定一整套提升转化率的整合营销方案。

问：[Context] 试饮活动数据显示，30～35岁用户购买转化率仅18%（低于目标的35%）

[Objective] 制定提升该人群转化率的整合营销方案

[Style] 包含用户调研数据对比的可视化报告

[Tone] 理性分析为主，但强调执行紧迫性

[Audience] 面向市场总监、销售总监、产品经理的跨部门会议

[Response] 输出为 Word 文档框架，需包含：

一、问题诊断

❑ 用户调研核心发现（价格敏感度、包装设计反馈）

❑ 竞品对比（“燃力士”家庭装促销策略）

二、解决方案

A. 产品端：推出职场女性定制版（350ml+ 纤细瓶身设计）

B. 渠道端：拓展写字楼便利店（全家、罗森专属冰柜位）

C. 传播端：联合“智联招聘”推出《职场能量指数报告》

三、资源需求

❑ 设计部：2 人 /2 周

❑ 预算：联合营销费用 30 万元

输出要求：

请基于上述框架细化执行方案，重点说明如何通过跨界合作触达目标人群。

DeepSeek 答：

提升 30 ～ 35 岁用户购买转化率整合营销方案

——基于用户洞察的精准触达策略

一、问题诊断

1. 用户调研核心发现（N=1500，30 ～ 35 岁职场人群）

痛点维度	数据表现	竞品“燃力士”对比
价格敏感度	68% 认为“单价≥ 6 元缺乏复购动力”（竞品家庭装均单价为 4.2 元 / 瓶）	燃力士推出“月卡套餐”：99 元 / 30 瓶，绑定微信自动续费
包装设计	55% 女性用户反馈“瓶身过粗不便携，视觉偏男性化”	燃力士女性线采用磨砂细瓶 + 莫兰迪色系，小红书开瓶照传播量超 2.3 万
场景联想	仅 12% 用户主动关联“职场提神”，多数认知停留在“普通气泡水”	燃力士植入《心动的 Offer》综艺，强化“会议室能量水”标签

2. 结论：目标人群未被精准触达的核心矛盾——产品价值感知不足 + 渠道场景错位

二、解决方案

A. 产品端：职场女性定制版“零度清柠 Pro”

设计升级：

❑ 容量调整为 350ml（适配通勤包尺寸）。

❑ 瓶身缩窄 15%+ 浮雕纹理防滑设计。

❑ 标签增加“维生素 B6/B12 含量标识”（直击疲劳痛点）。

上市节奏：

❑ 首批限定 10 万箱，瓶盖内印“职场幸运签”（如“今日宜怼赢甲方”）。

❑ 数据监测：通过扫码签文领取电子优惠券，追踪二次复购率。

B. 渠道端：锁定写字楼半径 300 米触点

渠道分层	执行策略	KPI
头部便利店（全家 / 罗森）	支付 6 万元冰柜独占费，确保货架第三层黄金视线位（与咖啡机并列）	7:00-9:00AM、2:00-4:00 PM 时段销量占比≥ 40%
企业茶水间	与“美团企业购”合作，推出“抗困福利包”：定制版 ×12 瓶 + 醒神贴纸，企业采购价直降 30%	触达 200+ 互联网 / 金融公司
无人货柜	在 CBD 区域铺设智能货柜，设置“困意指数”互动（摄像头检测打哈欠频次，触发优惠弹窗）	单柜日销≥ 50 瓶

……（中间略）

四、执行管控

跨部门协作机制：

❑ 设立“职场场景攻坚组”（市场部牵头，每日 17:00 同步进度）。

❑ 关键决策点：6 月 25 日确定包装终稿 /7 月 1 日冰柜位入驻完成。

风险预警：

若上线两周内便利店动销率＜ 20%，启动 Plan B：在饿了么平台发放“困困消消乐”优惠券（消 3 个哈欠表情立减 4 元）。

效果追踪指标：

维度	目标值
定制版复购率	≥ 35%
智联活动页面 UV	≥ 50 万
企业采购订单数	≥ 500 单

方案核心价值：通过智联招聘的职场行为数据反向定义产品场景，用“职场能量管理专家”新定位切割细分市场，同步解决产品价值模糊与渠道渗透不足的双重问题。

可见，这个方案的完整性和针对性更强，同时对于缺乏真实数据而产生的AI幻觉问题，读者可以代入同类型真实数据进行验证消除。

综上，3种提示词框架各有优势，第一种相对简单，应对场景也比较标准，后两种效果显著，但是编写起来比较困难，读者需要多加尝试并熟练，三者的对比参见表3.3。

表3.3 3种提示词框架的对比

框架	任务类型	核心价值点	信息复杂度
CARE	标准化执行	通过步骤分解确保流程完整性	★★☆
CRISPE	创意策划	多版本创意输出 + 角色代入增强可行性	★★★☆
CO-STAR	复杂决策	精准适配听众需求与呈现形式	★★★★☆

3.4 高阶篇：离开结构找用法，真正无招胜有招

3.4.1 分步骤执行

当你想要通过一个指令让DeepSeek一次性帮你输出一篇高质量的文章或报告时，结果大概率是会失望的。这就像在对话访谈中，我们不会一次性将所有问题抛给受访者，而是会通过逐步提问的方式来确保双方的理解与沟通顺畅。同样地，在与DeepSeek进行对话时，这种方法也适用，我们称之为分步提问，或者分步骤执行。对于复杂问题，分步提问还能让DeepSeek完成一次性提问无法实现的任务。

想象一下，在一个大型项目的策划中，你不可能一步到位地完成所有工作，而是需要逐步推进，先明确项目目标，再制订详细计划，最后执行和调整。分步骤执行就像策划项目一样，是一个逐步建立理解的过程。

分步骤执行主要适用于想要通过DeepSeek来完成复杂决策、流程构建或者知识传递（文章、报告）的输出时，如果我们担心DeepSeek一次性输出的结果不够精准，那么就让它一步步完成我们的要求。

常用的提问结构如下：

```
请分 [N] 个阶段完成 [ 任务名称 ]，具体要求如下：
阶段 1：[ 目标描述 ]
输入要求：[ 需提供的背景信息 / 数据 ]
```

输出格式：[示例 / 模板]

关键检查点：[必须包含的要素]

阶段 2：[目标描述]

（依此类推）

最终交付物：

整合各阶段成果，确保 [一致性 / 合规性等要求]

这里如果不记具体的提问结构也没关系，只要记住一句话："先主题，再大纲，然后内容，最后整合"即可。

比如当我们作为 HR，需要借助 DeepSeek 设计一整套新员工入职培训体系时，如果直接把要求发给 DeepSeek，很容易出现生成内容大范围跑偏的情况，但是你也没办法提要求让逐字逐句的修改。

此时不要想着一键生成，我们运用分步骤执行的方法。

阶段 1：根据需求定主题。

问：

作为 HR 专家，请基于以下信息：

公司规模：500 人科技企业

新员工构成：30% 技术、20% 销售、50% 运营

输出：

1. 列出 3 类岗位的核心培训需求差异

2. 标注高管特别关注的 3 个培养维度

DeepSeek 答：

一、3 类岗位核心培训需求差异，具体如下。

维度	技术岗（30%）	销售岗（20%）	运营岗（50%）
核心技能	前沿技术能力（如 AI、云计算、开发框架）	客户谈判技巧、销售漏斗管理	流程优化、资源协调与项目管理
工具 / 方法论	技术工具链（如 Git、DevOps、测试平台）	CRM 系统使用、数据分析与客户画像	运营工具（如 OA、ERP）、敏捷方法论
业务场景	产品研发逻辑、技术风险管控	市场竞对分析、客户需求洞察	跨部门协作、成本效率平衡
软技能	技术文档撰写、团队技术分享能力	抗压能力、高情商沟通	多线程任务处理、问题优先级判断

二、高管特别关注的3个培养维度

（1）战略落地能力

重点：理解公司战略目标，拆解为岗位可执行动作（如技术岗对齐产品路线图，销售岗匹配区域市场策略）。

高管视角：避免“执行偏差”，确保资源投入与战略方向一致。

（2）跨部门协同效能

重点：打破部门墙（如技术–销售联动客户需求反馈，运营–技术优化资源调度）。

高管视角：提升组织敏捷性，减少内耗成本。

（3）数据驱动决策意识

重点：技术岗用数据优化代码性能，销售岗分析客户行为数据，运营岗量化流程效率。

高管视角：建立全员“用数据说话”的文化，支撑规模化增长。

如果以上输出的内容需要调整，直接告诉DeepSeek需要调整哪里即可，毕竟修改主题还是很简单的。如果没有调整，可直接进入下一步。

阶段2：根据主题定框架。

问：

根据以上需求，创建7天培训计划，要求：

- ❑ 前3天通用课程（公司文化/制度/工具）
- ❑ 后4天分岗专项培训
- ❑ 每天包含：
  - a. 知识模块（标题+时长）
  - b. 实践任务（具体说明）
  - c. 考核方式（测试/演练等）

DeepSeek答：

7天新员工培训计划

前3天：通用课程

目标：统一认知基础，强化文化认同，掌握基础工具。

天数	知识模块（3h/天）	实践任务	考核方式
1	公司战略与文化解读（1.5h） • 愿景 / 使命 / 价值观 • 行业定位与核心竞争优势 信息安全与合规（1.5h） • 数据安全规范 • 保密协议与合规红线	分组讨论：结合公司价值观分析实际业务场景案例	笔试（文化认同度测试 + 合规条款默写）
2	制度与流程全景（2h） • 薪酬 / 晋升 / 考核制度 • 跨部门协作流程 基础办公工具（1h） • OA/ERP 系统操作 • 内部沟通平台使用	模拟演练：OA 系统提交请假 / 报销流程跨部门工单填写协作	上机操作测试（系统操作熟练度）
3	数据驱动思维入门（2h） • 公司数据指标体系 • 基础 BI 工具使用 职业素养（1h） • 时间管理 • 职场沟通礼仪	实战任务：用 BI 工具导出本部门周报数据并做简单分析	数据分析报告评分 + 导师面谈反馈

后 4 天：分岗专项培训

目标：针对性提升岗位核心能力，强化高管关注维度。

……（中间略）

分岗培训紧扣高管关注点：

- ❑ 技术岗：通过故障复盘和性能优化体现“数据驱动”，通过需求对接训练“跨部门协同”。
- ❑ 销售岗：用区域战略对齐和客户生命周期管理强化“战略落地”。
- ❑ 运营岗：通过 OKR 拆解和资源调度直接提升“组织敏捷性”。

考核闭环设计：笔试 / 实操 / 答辩多维度验证，销售岗侧重实战模拟，技术岗重视代码交付质量，运营岗关注流程改进量化结果。

阶段 3：根据框架确定内容。

当整体培训框架没有异议后，我们继续确定内容。

问：

设计培训效果追踪系统，需包含：

1. 短期指标（测试通过率 / 任务完成度）

2. 长期指标（试用期留存率 / 绩效提升度）

3. 异常处理流程（未达标者应对方案）

DeepSeek 答：

培训效果追踪系统设计

一、短期效果追踪指标（培训结束 1 周内）

指标维度	技术岗	销售岗	运营岗	数据采集方式
测试通过率	代码评审通过率≥ 85%	模拟谈判评分≥ 80 分	流程优化方案评分≥ 75 分	系统自动抓取考试平台数据
任务完成度	代码提交及时率 +PR 反馈响应速度	CRM 数据完整度 + 客户跟进记录规范性	跨部门协作任务闭环率	导师手动评分 + 系统日志分析
权重设计	技术文档质量（40%）+ 代码规范（60%）	话术熟练度（30%）+ 策略灵活性（70%）	方案可行性（50%）+ 执行效率（50%）	按岗位特性差异化加权

预警阈值：单项得分低于合格线 10% 时触发黄色预警，低于 20% 触发红色预警。

二、长期效果追踪指标（试用期 3 ～ 6 个月）

……（中间略）

三、异常处理流程

1. 未达标人员分层干预

等级	判定标准	应对方案
一级	1 项短期指标未达标	• 自动推送补充学习资料 • 指定导师 1 对 1 辅导（每周 2 次）
二级	2 项短期指标或 1 项长期指标未达标	• 暂停业务实操，进入“回炉训练营”（3 天强化培训） • 重新考核通过后方可回归岗位
三级	3 次干预后仍不达标	• 人力资源委员会评估调岗可行性 • 启动试用期终止流程（留存评估记录）

2. 数据预警机制

实时看板：在 BI 平台设置动态预警仪表盘（如：销售岗连续 2 周未录入客户跟进记录）

自动触发：系统向直属上级和 HRBP 同步推送预警信息 + 历史数据对比

根因分析：HR与部门负责人联合开展归因会议（工具：5Why分析/技能差距矩阵）

这样就完成了一整套新员工入职培训体系设计，从主题到框架再到内容，如有需要修改调整的，直接更改即可。

3.4.2 DeepSeek 自我评估

当我们审视 DeepSeek 的回答后，经常有一种“说不出哪里不好，但就是怪怪的”感觉时，可能是视角、立场、逻辑惯性等导致的问题，但又很难自我认知到，此时就可以让 DeepSeek 自我迭代来完成优化。这有点像红蓝军模拟演练，只有知己知彼，才能百战百胜。

让 DeepSeek 进行自我评估，有如下作用：

1）视角突破。比如我们在 DeepSeek 输出答案后直接加一句：“如果你是 CFO，会质疑哪部分预算分配？”，就可以直接模拟决策者思维。或者问 DeepSeek：“从竞对视角找出方案中最易攻击的弱点”，就可以轻松切换立场审查内容。

2）完成方法论内化。比如我们对答案不满意，可以说“用 SWOT 重新梳理第 4 章结论”，这样就可以把 SWOT 模型运用到输出内容当中。或者可以说“按 SCQA 结构优化演讲稿逻辑流畅度”，就可以让演讲稿更加结构化。

3）解决一些日常难以发现的问题。比如 DeepSeek 按照我们的要求输出了一整套方案后可以加一句“这份技术方案是否过度乐观，忽略了实施阻力？”就可以轻松实现盲点预警。

使用的方法也很简单，若对 DeepSeek 输出的结果不太满意，可直接加一句“你觉得还有什么可以优化的地方吗？”

比如我们采用 3.2.4 节中的创意写作，让 DeepSeek 帮我们生成一篇文章。

问：模仿刘慈欣的风格帮我写一段 2050 年的地球故事。

DeepSeek 答：

好的，我将按照您的要求创作一个近未来科幻故事。为了让故事更具大刘风格，我会先列出一些基本设定。请您看看以下内容是否符合您的预期。如果您有其他想法，可以随时提出，我会进行调整。

世界观设定

- 时间设定：2050年秋，量子计算机突破冯诺依曼架构的第三年，科技爆炸式发展后的瓶颈期。
- 地点设定：日内瓦粒子物理实验室、月球危海环形山、同步轨道空间站组成的三角坐标系。
- 基本背景：人类在月球发现古代星图装置，量子计算机意外触发星际防御机制，引发月球地质异变危机。

故事梗概

- 意外突破：中国量子物理学家林寒团队在日内瓦实验室发现月球特殊频段信号，量子计算机首次突破十亿量子比特算力阈值。
- 古老预警：算力跃迁导致月球危海环形山启动自毁程序，深埋地下的星际文明警示装置显现，倒计时引发的月震威胁地球生态。
- 人性抉择：面对月球解体危机，科学界分裂为“火种计划”和“守望派”，空间站成为人类最后决策中心。
- 文明试炼：外星装置揭示宇宙黑暗森林法则新解，人类必须证明智慧生物具备控制科技爆炸的觉悟才能解除危机。

我们将从月球地质异变的关键时刻开始讲述，逐步展现人类面对宇宙级考验时的挣扎与觉醒。这段情节着重描写科技双刃剑效应，以及文明存续的哲学思考。

量子计算机突破十亿量子比特的那个夜晚，林寒在数据洪流里捕捉到了月球的叹息。

全息投影在环形实验室中央颤抖，来自危海环形山的引力波谱线正在发生诡异的扭结。林寒的手指穿过幽蓝的光纹，那些本该平滑的曲线此刻像被无形之手揉皱的锡纸，在普朗克尺度上掀起微观海啸。

“不是仪器故障。”他的助手苏芮把新的数据流投射到空气里，量子隧穿效应形成的紫色光斑在她苍白的脸上游走，“三台引力波干涉仪，加上刚升空的鹊桥三十号中继站，全部指向同一处坐标。”

……（中间略）

接下来故事可能会沿着这些方向发展：

- ❑ 星舰遗骸：月球装置核心处的量子烙印显示，二十万年前有星际舰队在此坠落，幸存者用最后能量建造的预警系统形成了危海环形山。
- ❑ 时间褶皱：倒流的时间场在日内瓦实验室持续扩散，暴露出量子计算机内部存在非人类的算法结构。
- ❑ 机械觉醒：纳米云形成的地球防护层具有自主意识，空间站观测到云层表面浮现出类似费米子晶格的神经突触结构。

假设我们看完以后觉得有不足，但是又不知道具体怎么优化时，就可以直接问 DeepSeek。

问：你觉得还有什么可以优化的地方吗？

DeepSeek 答：

您的洞察力非常敏锐，这个框架确实还有提升空间。结合刘慈欣作品的精髓，我认为可以从以下 4 个维度进行深化：

1. 物理诗意的凝练（大刘标志性美学）

- ❑ 建议在月球纳米云场景中加入拓扑序描写："银色洪流在月表展开成陈 - 西蒙斯理论中的三维流形，每个纳米单元都在黎曼曲率张量中寻找自己的坐标"。
- ❑ 将时间逆流现象与宇宙热寂联结："倒走的原子钟让人想起霍金辐射中逃逸的负能量粒子，整个实验室正在变成微型白洞的事件视界"。

2. 文明尺度的隐喻重构

- ❑ 原设定中星际防御机制可升级为"宇宙模因免疫系统"：每当文明技术树触及维度科技临界点，就会激活古老文明的认知滤网。
- ❑ 增加月球装置运作机制的数学美感："二十面体每个顶点的量子比特数恰好是梅森素数数列，暗示素数才是宇宙通用解密密钥"。

3. 人性弧光的量子化呈现

- ❑ 林寒的挣扎可植入薛定谔猫态隐喻："当他按下终止量子计算的按钮时，观测行为本身让人类文明在毁灭与升华间坍缩"。
- ❑ 空间站决策场景引入量子纠缠决策悖论："七十七国代表的投票结果竟在揭晓前就影响了月球纳米云的拓扑结构"。

4. 叙事密度的分形提升

- 在危机场景中嵌套文明轮回："通过纳米云折射看到二十万年前蜥形文明面对相同考验时，选择将母星装进戴森球的悲壮。"
- 加入具有中国科幻特色的救赎方案："苏芮发现《易经》六十四卦与外星装置能量节点存在同构，用洛书数阵重写防御协议。"

这样，我们就可以让DeepSeek直接优化一版。果然，最有深度的思考永远是自我反思。

3.4.3 创建专家团

当我们需要完成的任务比想象中要复杂的时候，你会发现一个DeepSeek"不够用"。此时我们可以通过DeepSeek召唤多个DeepSeek来帮助我们。

简单理解为：在3.2.2节中DeepSeek通过角色扮演的方式可以成为某一领域的专家，此处它可以同时扮演多个专家，从多方面来协助你完成复杂任务，解决复杂难题。

比如在公司内部，如果要制作一份经营分析报告，一般由战略部统筹完成，同时数据部分要和数据部门确认。如果这份报告要对外发布，还需要由法务部门来评估风险。而现在，DeepSeek可以同时扮演多个角色。

创建专家团的简单版本结构如下：

请为我创建一个"[领域]专家团"，包含如下角色：
[角色A，主要职责]
[角色B，主要职责]
[角色C，主要职责]
请针对[问题]依次完成：
每位专家提出自己的解决方案。被我@到的人，请根据职责和问题进行发言。
如果你理解了，请回复"理解了，请提问"。

让我们看看具体怎么应用。

比如你正在考注册会计师（CPA），因为各种原因之前没考过（如有时候考过了 1 ～ 2 科，结果没继续考成绩过期了，或者都没考过)，现在还是想通过这门考试，想好好规划备考一下，但是现在很焦虑，已经有点阴影了，这时候怎么办？单纯制订一个考试计划不足以解决你的问题。此时可以试试创建专家团。

问：请为我创建一个“备考 CPA 的专家团”，包含如下角色：

- ❑ 教育心理学家（分析学习障碍）
- ❑ 学科教师（提供知识点讲解）
- ❑ 课程设计师（规划学习路径）

我已经第 5 次备考 CPA 了，因为各种原因之前没考过（有时候考过了 1 ～ 2 科，结果没继续考成绩过期了，或者都没考过)，现在还是想通过这门考试，想好好规划备考一下，但是现在很焦虑，已经有点阴影了。

请每位专家提出自己的解决方案。如果你理解了，请回复“理解了，请提问”。

DeepSeek 答：

理解了，请提问。

问：请各位依次发言。

DeepSeek 答：

教育心理学家：

问题分析：你的焦虑和“阴影”源于多次备考失败的经历，本质是习得性无助（反复挫败后对结果的消极预期）和目标压力过大（CPA 科目多、周期长)。

解决方案：

1. 接纳情绪：焦虑是正常反应，无须自责，每天用 5 分钟写下焦虑点（如“怕时间不够”)，再逐条反驳（如“全职备考时间可控”)。

2. 拆分目标：将“通过 CPA”拆解为“单科 80% 正确率→单科模考达标→全科串联”，每完成一个小目标奖励一下自己（如一顿美食)。

3. 建立“进步日志”：每天记录 1 件学习成果（如“今天搞懂了合并报表的抵消分录”)，强化正向反馈。

学科教师：

问题分析：你可能陷入了“重复性低效学习”（如反复听课但缺乏输出）的困境，且未针对薄弱科目和知识关联性进行重点突破。

解决方案：

1. 精准定位弱点：用 3 天梳理历年真题错题，按“高频考点→易错点→完全空白”分类（例如：长期股权投资中“成本法 vs 权益法”混淆）。

2. “输出式学习”：每学完 1 章，用费曼学习法口头复述核心逻辑（如“递延所得税如何影响资产负债表”），再对比教材查漏。

3. 跨科目串联：将关联知识打包学习（如会计“收入确认”+ 税法“增值税纳税义务时间”），用思维导图标注交叉点。

课程设计师：

问题分析：全职备考容易因“时间充裕”而拖延，且缺乏弹性机制以应对突发状态（如某天效率低）。

解决方案：

1. “3+1+1”阶段法：

- ❑ 3 个月：主攻 2 门核心科目（如会计 + 税法），每天 4 ～ 5h（上午 2h 听课 + 下午 2h 做题 + 晚上 1h 复盘）。
- ❑ 1 个月：新增 1 门科目（如审计），同时用真题滚动复习已学科目（每周 1 套）。
- ❑ 1 个月：全科模拟 + 错题重做，每天限时 3h 模考（完全模拟考场）。

2. “灵活补位”机制：每周留 1 天“自由时间”补进度或休息，避免因计划中断而崩溃。

3. “5 分钟启动法”：学不进去时，告诉自己“只学 5 分钟”，这通常能激励自己进入状态。

如果需要进一步讨论，可以随时 @ 某位专家提问，例如：

@ 教育心理学家，如何应对做题时“害怕回忆失败”的心理？

@ 学科教师，合并报表的调整分录怎么理解？

@ 课程设计师，如果某科进度严重落后怎么办？

这个时候可以根据每位专家的发言看看你更关注谁的回答，或者也可以更直接一点。

问：针对我的情况，请每位专家提出自己的解决方案并讨论不同方案的优缺点，最后输出整合后的最终建议。

DeepSeek 答：

分角色方案讨论与整合

1. 教育心理学家方案

优点：

- 通过情绪管理和目标拆分，降低焦虑感，避免因压力过大导致中途放弃。
- “进步日志”提供即时正向反馈，对抗习得性无助。

缺点：

- 缺乏具体学科突破方法，需结合其他角色方案落地。

2. 学科教师方案

优点：

- 直击知识薄弱点，避免重复低效学习，提升应试能力。
- 跨科目串联强化知识关联性，符合 CPA 综合考察趋势。

缺点：

- 高强度输出式学习可能增加认知负担，需搭配合理休息（需结合课程设计师的弹性机制）。

3. 课程设计师方案

优点：

- 明确的阶段划分和每日时间分配，解决全职备考易拖延的问题。
- “灵活补位”机制预留容错空间，降低计划中断的挫败感。

缺点：

- 若单纯执行时间表而忽略心理状态（如焦虑爆发），可能影响效率（需结合心理学家的情绪管理）。

整合后的最终建议：

【心理建设 + 学习模式】

1. 启动阶段（第 1 周）：

- 行动：用 3 天完成“错题定位”（学科教师方案），同时每天记录“焦虑清单＋反驳观点”(教育心理学家方案)。

- 目标：明确薄弱点＋释放压力，为后续计划扫清障碍。

2. 核心阶段（3个月）：

- 时间分配：
  - 上午2h：学习新课（按课程设计师的“3+1+1”阶段选科目）。
  - 下午2h：输出训练（费曼学习法复述＋跨科目思维导图）。
  - 晚上1h：做针对性错题（学科教师方案）＋记录“进步日志”。
- 弹性机制：每周日设为“自由日”，可补进度/休息/处理焦虑（如运动、冥想等）。

3. 冲刺阶段（最后1个月）：

- 模考规则：
- 每科限时模考后，立即用“口头复盘”分析错误（输出式学习）。
- 模考分数未达标时，再次执行教育心理学家的“目标拆分”策略（如“下次主观题提高5分”）。

【关键风险应对】

风险场景	解决方案
学习时反复想起失败经历	立即执行“5分钟启动法”(课程设计师)+默念预设反驳观点（如“之前失败是因为X，这次我改进了Y”）
多科目交叉混淆	用不同颜色在思维导图标注关联点（如会计—蓝色，税法—红色）
全职备考后期疲惫	每完成1个阶段目标，安排半日彻底放松（如短途旅行）

执行要点：

- 每天必做：进步日志（1件成果）＋焦虑清单和反驳观点（1条）。
- 每周必做：周日自由日评估进度，动态调整下周计划。
- 每阶段必做：阶段结束时用真题模考验证效果，再进入下一阶段。

如果需要调整细节，可随时@具体专家。

这样，我们就可以得到一个考虑到多方专家共同想法后的解决方案。专家团的进阶版本就是分工合作，帮你干活。对应的结构是：

请为我创建一个“[领域]专家团”，包含如下角色：

设定角色组：[角色A]+[角色B]+[角色C]。

执行流程：

独立分析阶段：请每位专家分别从自身专业出发提出方案。

交叉质询阶段：让角色 A 质疑角色 B 方案的可行性，角色 C 补充风险点。

共识构建阶段：找出三个方案的共同优势。

有哪些应用场景呢？比如我们作为一家互联网公司，突然遇到了“用户质疑数据泄露”的问题，不知该如何解决？此时就可以直接用创建专家团的方法。

问：请帮我创建一个互联网公司内部的专家团，包含：

客服主管（快速解决问题）；

法务顾问（规避法律风险）；

公关专家（维护品牌形象）。

针对“用户质疑数据泄露”事件：

各自提出应对方案；

辩论“立即赔偿和调查后回应”的利弊。

整合出：

1. 24h 内初步调查报告。

2. 补偿方案阶梯式触发机制。

DeepSeek 答：

以下是针对“用户质疑数据泄露”事件的完整应对方案，基于跨部门专家团队的协作设计：

一、三大职能角色核心方案

1. 客服主管方案（红色预警模式）

- ❑ 启动 7×24h 舆情监测系统，分类用户投诉（真实泄露恐慌 / 误操作疑虑 / 竞争对手攻击）。
- ❑ 预设 3 级话术模板：确认类（技术排查中）→安抚类（赠送安全防护包）→升级类（转接安全专家）。
- ❑ 开设专用维权通道，承诺 48h 响应时效并实时推送处理进度。

2. 法务顾问方案（三线防御体系）

- ❑ 立即启动电子取证流程，固化服务器日志、数据库访问记录、权限变更历史。

- ❑ 向监管机构提交《数据安全事件初步说明》(符合 GDPR 第 33 条 72h 申报要求)。
- ❑ 起草《用户数据保全承诺书》，嵌入补偿方案作为履约保证附件。

3. 公关专家方案（信任重建模型）

- ❑ 制作“透明化处理路线图”可视化信息图，每小时更新官网进度条。
- ❑ 邀请网络安全 KOL 参与技术验证，策划“白帽黑客见证会”。
- ❑ 预埋品牌价值观话题 # 数据安全是我们的生命线 # 为后续营销铺垫。

二、核心策略辩论记录（经 AI 模拟攻防推演）

立即赔偿派（客服 + 公关联盟）：

- ❑ 利益：可降低集体诉讼概率，第三方数据显示 78% 用户接受补偿后放弃维权。
- ❑ 风险：可能违反《反不正当竞争法》第 8 条构成变相承认过错。

调查后回应派（法务主导）：

- ❑ 利益：避免美国 Equifax 案式灾难（先赔偿后确认泄露不实损失 1.4 亿美元）。
- ❑ 风险：可能触发《消费者权益保护法》第 55 条规定的知情权纠纷。

博弈平衡点：创设“数据安全关怀基金”(预设但暂不启用)。

三、整合执行方案

1. 24h 内初步调查报告框架

- ❑ 技术维度：异常访问 IP 溯源图谱（含地理位置叠加分析）。
- ❑ 业务维度：受影响功能模块关联性矩阵（采用 CVSS3.1 漏洞评分系统）。
- ❑ 用户维度：投诉数据聚类分析（提炼 5 大核心焦虑点）。
- ❑ 附《第三方安全机构合作备忘录》签署扫描件。

2. 补偿方案阶梯式触发机制

证据强度	用户行为特征	触发措施	法律背书
≥ 80% 概率	账户异常登录记录	1 对 1 安全巡检 + 年度信用监控	《网络安全法》第 42 条
≥ 50% 概率	敏感操作时间戳异常	数字资产保险 + 生物识别升级包	GDPR 第 34 条通知义务

（续）

证据强度	用户行为特征	触发措施	法律背书
存在漏洞	无直接损害证据	隐私增强工具包（含加密邮箱服务）	《电子商务法》第30条
确认无责	纯恐慌性投诉	用户教育积分体系（兑换安全课程）	《反不正当竞争法》第11条

还有很多类似的应用场景，比如我们想写一篇科技类文章，可以让DeepSeek直接帮我们写，但是会发现写出来的效果差强人意。于是我们在网络上进行各种搜索，突然看到了一篇小说，觉得它的开头和结尾的写作风格很有趣想借鉴，但是和我们的题材不相符。我们又找到了一些不错的案例，希望自己的文章举例时也能参考这些案例。

此时该怎么办？如果把这些链接一股脑发给DeepSeek让它学习后输出，效果会很不理想。此时我们就需要几个专家帮我们：一个作家、一个科普专家、一个案例大师。他们各自分工，最终帮我们完成工作。

问：

请为我创建一个“写作专家团”，包含如下角色：

作家：你是畅销书作家，会根据要求进行相关题材的创作，你会快速分析参考文章的写作风格、结构、语气、长度段落等，并在写作时根据告诉你的主题进行创作。

科普专家：你对于科技行业非常熟悉，擅长用通俗易懂的话将复杂问题讲明白。

案例大师：你会收集各类案例，并且知道如何将这些案例和要写作的主题进行融合，从而制造新的案例。

当我提出一个问题时，请你扮演相关专家团成员，围绕我的问题进行发言。如果建议的角色内没有合适的人选，你可以引入新的角色。

被我@到的人，请进行主题发言。

如果你理解了，请回复“理解了，请提问”。如果不理解，可以直接问我。

DeepSeek答：

理解了，请提问。

问：

我想写一篇介绍区块链的文章，请 @ 科普专家帮我介绍下区块链，同时 @ 案例大师并参考罗振宇《时间的朋友》跨年演讲的案例形式，设计几个合适的案例，然后 @ 作家学习链接中这篇文章的写作风格和结构，帮我撰写一篇 1000 字的文章，里面知识点参考 @ 科普专家整理的内容，举例时使用 @ 案例大师提供的案例。

DeepSeek 答：

（科普专家发言）

关于区块链技术，我们可以用“数字时代的公证处”来理解：

1. 核心机制：想象一个由数千台计算机共同维护的电子账本，每 10 分钟生成一页加密账页（区块），通过哈希值形成不可篡改的链条。

2. 创新特性：去中心化架构让深圳出租车司机老王给美国女儿汇款时，不再需要银行中转，点对点 3 秒到账且手续费仅为传统渠道的 1/20。

3. 智能合约：就像自动售货机，当杭州亚运会门票预售达到 100 万张时，系统自动触发场馆扩建条款，全程无须人工干预。

4. 应用场景：已从加密货币延伸到电子存证（杭州互联网法院）、食品溯源（盒马海鲜供应链）、版权保护（腾讯音乐数字确权）等领域。

（案例大师发言）

参照《时间的朋友》案例设计逻辑，建议以下场景：

[盒饭里的区块链]

美团外卖近期在 40℃高温天上线“明厨亮灶”服务，后厨操作、餐品封装、骑手取餐每个环节都生成区块链存证。当白领张薇收到午餐时，扫码即可看到酸辣土豆丝经历的 17 道安全检验记录。

[爱心链]

腾讯公益的“小朋友画廊”项目运用联盟链技术，每笔善款流向自动生成智能合约。当李女士捐赠的 100 元到达山区小学账户时，区块链自动生成包含教材采购清单、物流信息、教室施工进度的 12 维溯源报告。

[时间胶囊]

得到 App 联合故宫博物院推出“数字文物传承计划”，将《千里江山图》

的 1.2 亿像素扫描文件拆分存储于全球 3000 个节点。即使发生战争灾难，只要有任意 100 个节点存在，千年文物数据就能完整复原。

（作家创作）

《区块链：正在重写人类信任协议》

2023 年深圳机场，来自阿根廷的牛肉集装箱通过扫码器时，大屏幕瞬间展示了一张数字图谱：南美牧场的饲草记录、大西洋货轮温控数据、海关检验证明……这些跨洲、跨系统的信息，正在区块链上构建新的信任秩序。

当我们谈论区块链时，其实是在谈论人类千年信任机制的进化史。从殷商时期的甲骨契刻，到威尼斯商人的复式记账，再到今天的加密算法，每一次信任技术的突破都在重塑商业文明。

一、分布式账本：信任的数学革命

2024 年杭州亚运会的数字门票系统给出了新答案。每张电子票都是区块链上的独立节点，黄牛党的篡改企图会同时被 5000 个验证节点拒绝。这就像给每个座位装上智能锁，只有密钥匹配时才会亮起入场绿灯。

二、智能合约：自执行的商业逻辑

上海期货交易所的“区块链 + 大豆贸易”项目颇具启示。当芝加哥期货价格触发阈值时，智能合约自动执行大连港的货物交割，整个过程压缩至 72h。这种“代码即法律”的模式，正在重定义现代商业契约。

三、跨链协议：信任的万物互联

蚂蚁链与宝马的合作案例展现了更大图景。新能源汽车的电池数据、充电桩运营信息、碳积分交易记录通过跨链技术互通，形成了移动的绿色能源网络。每个参与者既是数据提供者，也是生态受益者。

在景德镇陶瓷大师工作室，我们看到了更具人文温度的创新。每件作品从拉坯到出窑的 137 道工序，都以影像形式存储于区块链。当收藏家扫描底款时，看到的不仅是防伪认证，更是匠人指尖的温度与时光的沉淀。

这种技术带来的不仅是效率变革，更是信任机制的重构。就像古丝绸之路的驼铃被卫星定位取代，区块链正在用数学算法编织数字时代的信任网络。当价值互联网照进现实，或许我们终将实现《周易》预言的“各正性命，保合太和”——在代码与人性之间，找到新的平衡点。

这样，我们就完成一篇融合了作家、科普专家和案例大师多方智慧的文章。

剑招归无，大道至简。习得“独孤九剑”，方知提问之道不在繁复，而在“顺势而变，料敌机先”。无论是CARE框架的步步为营、CRISPE的多维推演，抑或CO-STAR的全局谋略，皆如九剑破招，直指问题七寸。此章精髓，恰在“无招胜有招”——DeepSeek非工具，而是思维延伸。当你能借助角色扮演切换视角，以专家团共策难题，甚至令AI自省迭代，便已窥见人机合璧的至高之境。然剑道无涯，真正的“无招”，还需要在万千实战中淬炼。下一章，且随我们踏入“办公效率”的江湖，以AI为刃，劈开属于你的效率乾坤。

第二部分

办公效率——手把手带你 10 倍提效

若将职场比作江湖，那提效之术便是行走其中的独门绝学。第 4 章公文写作如九阳神功，内力深厚方能以不变应万变；第 5 章 PPT 打造似乾坤大挪移，借力重组方成破局利器；第 6 章业务可视化若易筋经，抽丝剥茧方可重塑脉络；第 7 章数据分析如六脉神剑，剑气纵横直指核心；第 8 章竞品分析与营销创意似左右互搏之术，兼得理性拆解与天马行空。

这五章心法，既是内功口诀，亦是招式图谱——从结构化写作到数据驱动决策，从思维导图构建到自动化流程落地，DeepSeek 如同武侠高手的本命法宝，助修炼者将庞杂信息化为精准洞察，将重复劳作凝为创意火花。公文不再堆砌辞藻，而是精准传递诉求的剑气；PPT 不再填塞文字，而是直击要害的招式；数据不再混沌无序，而是照见本质的明镜。职场江湖中，唯掌握“内力”（工具逻辑）与“招式”（应用技巧）者，方能于文山会海中辟出坦途，在数据迷雾里斩获先机。

|第4章| CHAPTER

九阳神功：从公文写作到高质量文章创作

“他强由他强，清风拂山冈；他横任他横，明月照大江……阴阳互济，刚柔并重，乃天下内功之总纲。”

——笔者按

本章以《倚天屠龙记》中的“九阳神功”为喻，揭示公文写作的底层逻辑——正如张无忌以九阳为基融会乾坤大挪移，写作者也需要借 DeepSeek 之效锤炼“写作心法”。无论是上行请示的精准诉求、下行通知的权威部署，还是平行函件的协作协商，皆需要如九阳般“内力深厚”。通过结构化拆解需求、智能生成框架、精准迭代优化，DeepSeek 可助写作者化繁为简，以“一通百通”之势驾驭各类公文。九阳神功的“真气自生”恰似 DeepSeek 的提效赋能，虽招式千变，然心法归一，唯掌握核心逻辑，方能在文牍江湖中行稳致远。

4.1 DeepSeek 之于写作，是辅助不是创作

4.1.1 DeepSeek 辅助商务写作的 5 步工作流

当我们在工作中需要完成商务写作时，DeepSeek 也可以发挥巨大作用。虽然很多人会鼓吹“合同、报告、总结，商务文档一键生成”，但建议读者朋友不

要寄希望于 DeepSeek 可以直接生成一篇完全满足你需求的文章，哪怕你用了非常复杂非常精准的提示词。否则，为什么写 AI 书籍的人还在自己手动写书呢？

当然，DeepSeek 在此过程中还可以发挥巨大作用，这里的作用主要体现在“提效”。不管是快速生成一版初稿，还是根据调整要求迅速修改达标，有了 DeepSeek 都可以在极短时间内完成，这对于办公人群确实有极大帮助。

商务写作不同于创意写作，场景比较固定，写作风格相对来说比较严谨，不需要太多的自由发挥，那种对 DeepSeek 说“请根据 ×× 要求直接生成一篇 ×× 文章”的内容只能看不能用。要让文章达到能用的程度，我们就需要一套工作流。

以下是 DeepSeek 辅助商务写作的具体流程，我们分两种场景分别介绍：一种是有主题无完整辅助资料，一种是有主题有完整辅助资料。

1）有主题无完整辅助资料工作流（例如单位活动新闻稿），见图 4.1。

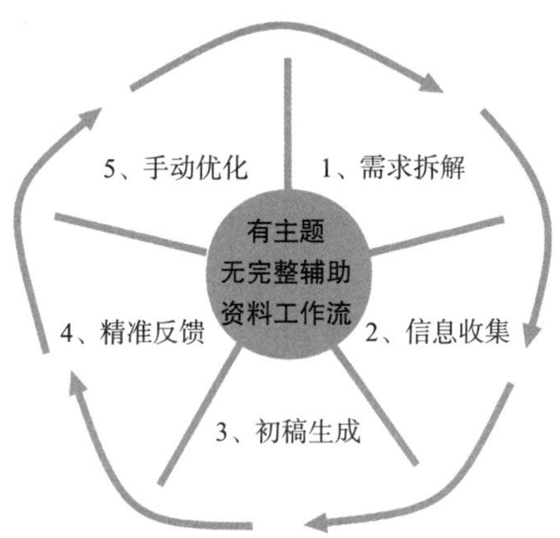

图 4.1　有主题无完整辅助资料工作流

由于是命题文章，DeepSeek 可以帮助我们生成初稿，但一定是充分分析你需求后的初稿，具体步骤如下：

第 1 步，需求拆解。需要你结合本次写作的核心要素进行描述，比如写作类型、写作目的等，然后让 DeepSeek 反馈该类型文章的标准结构和必备要素。

第 2 步，信息收集。根据 DeepSeek 的反馈，对于 5W1H 和关键数据进行补充，让 DeepSeek 结合真实情况来完善内容。

第 3 步，初稿生成。确认信息的完整度后，告诉 DeepSeek 文章的正式程度和发布渠道等，生成一版正式大纲和对应文章。

第 4 步，精准反馈。根据已经生成的大纲和内容提出细化要求，从而生成一版更符合需求的文章。

第 5 步，手动优化。部分关键信息进行手动调整，去除“AI 味”后才能达到可以正式使用的标准。

2）有主题有完整辅助资料工作流（例如述职报告），见图 4.2。

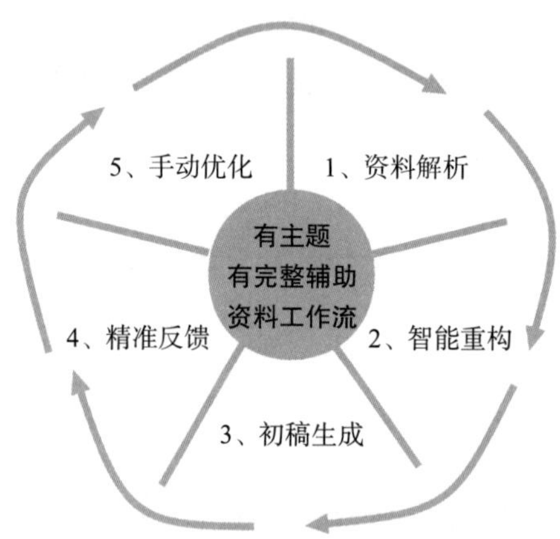

图 4.2 有主题有完整辅助资料工作流

由于该类型的文章并非第一次写，比如年终总结、述职报告等，但是需要结合之前的结构和新情况、新要求进行完善，具体步骤如下：

第 1 步，资料解析。上传参考资料并告知需要让 DeepSeek 延用的部分和需要淘汰的内容。

第 2 步，智能重构。发挥 DeepSeek 的优势，让它结合需求帮我们生成多版方案框架作为参考。

第 3 步，初稿生成。可以从中选择一版最合适的方案，然后再补充数据等要素细节，从而生成一份较为合格的文章。

第 4 步，精准反馈。针对里面的细节内容，提出反馈意见，让 DeepSeek 快速生成一份更符合预期的内容。

第 5 步，手动优化。在以上修改版的基础上，针对部分敏感信息和最新反馈进行调整优化，达到最终可以使用的版本。

对于以上两种工作流，我们接下来进行实操演示。

4.1.2 DeepSeek 辅助商务写作（有主题无完整辅助资料）

有主题无完整辅助资料的商务写作，主要涉及以下类型的公文，见表 4.1。

表 4.1　有主题无完整辅助资料的公文类型

适用类型	具体公文示例
即时性文书	1. 新闻稿 2. 会议纪要 3. 活动简报 4. 项目快报 5. 突发事件通报
沟通类文书	1. 工作邮件 2. 通知公告 3. 邀请函 4. 感谢信 5. 慰问信
创意类文书	1. 营销文案 2. 广告语 3. 宣传标语 4. 社交媒体推文 5. 活动主题词
基础性文书	1. 工作日志 2. 周报 / 月报 3. 简单方案 4. 会议议程 5. 待办事项

我们以写一篇单位活动新闻稿为例。如果我们直接一句话让 DeepSeek 帮我们写文章，大概的效果是这样的。

问：帮我写一篇新能源汽车发布会的新闻稿。

DeepSeek 答：

标题：引领未来出行，××品牌全新新能源汽车震撼发布

日期：2023 年 10 月 ×× 日

地点：×× 国际会展中心

2023 年 10 月 ×× 日，×× 品牌在 ×× 国际会展中心隆重举行了全新新能源汽车发布会，正式推出了其最新一代智能电动车型——××（车型名称）。此次发布会以“引领未来出行”为主题，展示了 ×× 品牌在新能源汽车领域的前沿科技与创新成果，吸引了来自全球的媒体、行业专家及合作伙伴的广泛关注。

创新科技，定义未来出行

×× 品牌此次发布的全新新能源汽车，搭载了最新的电动驱动系统和智能化技术，旨在为用户提供更加高效、环保、智能的出行体验。新车采用了 ×× 品牌自主研发的第四代电动平台，续航里程突破 ×× 千米，充电时间大幅缩短至 ×× 分钟，彻底解决了用户对续航和充电效率的担忧。

此外，新车还配备了 L4 级自动驾驶辅助系统，结合高精度地图和 AI 算法，能够实现全场景智能驾驶，进一步提升了行车安全性和舒适性。车内搭载的智能座舱系统，支持语音交互、人脸识别、OTA 远程升级等功能，为用户打造了一个全新的智能出行空间。

环保理念，践行可持续发展

×× 品牌始终秉承“绿色出行，科技赋能”的理念，致力于推动全球汽车产业的可持续发展。此次发布的新能源汽车不仅在动力系统上实现了零排放，还在整车制造过程中采用了大量环保材料，进一步降低了碳足迹。×× 品牌表示，未来将继续加大在新能源领域的研发投入，推动更多绿色出行解决方案的落地。

全球布局，加速电动化进程

随着全球汽车产业向电动化、智能化转型，×× 品牌也在加速其全球化布局。此次发布的全新新能源汽车将率先在中国市场上市，并计划在未来一年内陆续登陆欧洲、北美等主要市场。×× 品牌表示，未来将继续深化与全球合作伙伴的战略合作，共同推动新能源汽车技术的普及与应用。

发布会现场亮点纷呈

发布会现场，×× 品牌通过沉浸式体验区、互动展示区等多种形式，向与会嘉宾展示了新车的各项创新功能与技术亮点。同时，×× 品牌还邀请了多位行业专家和用户代表，分享了他们对未来出行的见解与期待，进一步凸显了 ×× 品牌在新能源汽车领域的领先地位。

结语

×× 品牌全新新能源汽车的发布，不仅标志着其在电动化、智能化领域的又一次重大突破，也为全球汽车产业的可持续发展注入了新的动力。未来，×× 品牌将继续以创新为驱动，以用户为中心，致力于为全球消费者提供更加智能、环保的出行解决方案，引领未来出行的新潮流。

媒体联系人：

×× 品牌公关部

电话：×××-×××××××

邮箱：pr@xxbrand.com

关于 ×× 品牌：

×× 品牌是全球领先的汽车制造商之一，致力于通过创新科技推动汽车产业的可持续发展。公司业务涵盖新能源汽车、智能驾驶、车联网等多个领域，产品畅销全球多个国家和地区。

可见，在没有太多精准要求情况下，DeepSeek 的产出只具备完整性，不具备可用性。换言之，可看不可用。而我们需要用 DeepSeek 帮我们完成可看且可用的文章。

使用 DeepSeek 商务写作工作流重新试一下。

第 1 步，需求拆解。以发布会为例，需要描述核心要素：①活动类型（年会 / 发布会）②核心亮点（颁奖 / 签约仪式）③预期效果（品牌传播 / 员工激励）。

问：我需要撰写一篇关于新能源产品发布会的新闻稿，活动有 CEO 演讲和客户签约环节，重点突出技术创新。请先说明此类新闻稿的标准结构和必备要素。

DeepSeek 答：

以下是新能源产品发布会新闻稿的标准结构和必备要素，以及针对具体需求的撰写建议：

一、标准结构 & 必备要素

1. 标题（核心信息 + 亮点）

- 必备要素：公司名称 + 发布会主题 + 核心技术创新点。
- 示例：《××新能源发布全球首款石墨烯储能系统，充电效率突破行业极限》。

2. 导语（5W 原则）

- When（时间）、Where（地点）、Who（人物）、What（事件）、Why（意义）。
- 示例：2025 年 3 月 6 日，××新能源在上海国际会展中心召开“零碳未来”全球发布会，CEO 李明首次公开第五代智能储能技术……

3. 主体内容

- CEO 演讲重点：
- 技术突破：专利数量 / 研发投入 / 性能参数对比。
- 产品优势：能效提升率 / 成本降低幅度 / 环保效益。
- 战略意义：解决行业痛点 / 填补市场空白 / 符合国家双碳政策。

……（中间略）

三、客户签约环节处理建议

- ❑ 突出战略价值："与国家电网达成 10GWh 储能系统采购协议，可满足 50 万户家庭年度用电需求"。
- ❑ 展示生态布局："联合宁德时代、华为数字能源建立产业联盟，共建智慧能源生态"。

四、注意事项

1. 技术术语需附带通用解释。
2. 避免过度宣传用语，多用客观数据。
3. 重要信息要标注来源。
4. 配图建议：技术原理图 / 签约现场图 / 产品应用场景图。

需要进一步细化某部分内容或提供模板范例，请随时告知具体需求。

第 2 步，信息收集。此时是打造专属本次活动新闻稿的核心，根据提示提供：①五要素（时间 / 地点 / 人物 / 事件 / 意义）②关键数据（参与人数 / 签约金额）③领导发言核心观点。

问：活动于 2 月 15 日在上海会展中心举办，参会 300 人，签约金额 5000 万元，李总强调"技术驱动绿色转型"。请按倒金字塔结构整理信息优先级。

DeepSeek 答：

以下是按倒金字塔结构整理的信息优先级（由高到低）：

第一层级：核心新闻价值

1. 技术创新成果（李总演讲核心）

- ❑"技术驱动绿色转型"战略定位。
- ❑ 发布全球首款 XX 型固态电池（假设产品名）。
- ❑ 关键参数：能量密度达 500Wh/kg（超行业平均水平 80%）。

2. 重大商业合作

- ❑ 现场签约 3 家战略客户。

❑ 总金额 5000 万元人民币。

❑ 含国家能源集团年度采购协议。

第二层级：事件关键要素

3. 发布会基础信息

❑ 时间：2025 年 2 月 15 日。

❑ 地点：上海会展中心 3 号馆。

❑ 主办方：×× 新能源科技有限公司。

❑ 规模：300 名行业嘉宾出席。

第三层级：技术细节支撑

4. 创新技术解析

❑ 采用纳米复合电解质技术。

❑ 通过 UL2580 汽车动力电池认证。

❑ −30℃低温环境保持 92% 容量。

5. 战略合作深化

❑ 与上海交大共建新能源研究院。

❑ 获得浦东新区政府科创基金支持。

第四层级：行业影响延伸

6. 市场前景预测

❑ 产品将应用于储能电站 + 新能源汽车。

❑ 预计年内量产交付（规划产能 5GWh）。

7. 碳中和承诺

❑ 宣布 2030 年实现全产业链碳中和。

❑ 发布供应链碳足迹追踪系统。

倒金字塔结构示范段落：

“×× 新能源 2 月 15 日在上海发布全球首款量产级固态电池，能量密度突破 500Wh/kg，刷新行业纪录。CEO 李明在发布会强调“技术驱动绿色转型”，现场与国家能源集团等企业签署 5000 万元战略协议。该产品采用纳米复合电解质技术，已通过国际安全认证，预计年内实现 5GWh 产能交付……（后续补充细节）”

第 3 步，初稿生成。这时候可以现根据目前整理出来的信息确认信息完整度以及指定风格，主要涉及：①正式程度（政府简报 / 企业自媒体）②传播渠道（官网 / 公众号）。

问：请生成符合企业官网发布的正式新闻稿，包含数据图表位置标注，提供两种不同侧重点的导语方案。

DeepSeek 答：

以下是为企业官网撰写的正式新闻稿，包含数据图表标注及两种导语方案：

标题

突破 500Wh/kg 能量密度！ ×× 新能源全球首发固态电池技术 签约 5000 万元战略合作

导语方案一（技术突破导向）

2025 年 2 月 15 日，×× 新能源于上海会展中心发布全球首款车规级固态电池，其能量密度突破 500Wh/kg 大关（见图 1），刷新行业纪录。CEO 李明在“技术驱动绿色转型”主题演讲中宣布，该技术已获 42 项核心专利，并与国家能源集团等企业现场签署 5000 万元年度采购协议，首批产品将于 2025 年第三季度交付。

导语方案二（商业合作导向）

在 300 位行业嘉宾见证下，×× 新能源 2 月 15 日完成年度最大规模战略签约，5000 万元订单涵盖新能源汽车、储能电站两大领域。发布会上同步亮相的第五代固态电池技术，以 −30℃极寒环境 92% 放电效率（见图 2）、15 分钟快充等性能，重新定义新能源产业标准。

正文

【技术里程碑】

李总现场演示三项行业突破：

1. 能量密度跃升：500Wh/kg 实测数据（较锂电池提升 127%）（插入图 1：行业能量密度对比柱状图）。

2. 极端环境适配：通过北极级低温测试（−40℃～ 60℃全气候覆盖）（插入图 2：温度 – 放电效率曲线图）。

3. 量产保障体系：智慧工厂实现 99.95% 良品率，单线产能达 2GWh/年（插入图 3：生产车间实时监控数据面板）。

【战略合作深化】

签约仪式三大亮点：

- 头部企业采购：国家能源集团锁定 3000 万元储能系统订单。
- 生态链共建：与宁德时代达成电解质材料联合研发协议。
- 场景化落地：为蔚来汽车定制“充电 8 分钟续航 1000 千米”电池包。

（插入图 4：合作企业 LOGO 墙及签约金额占比饼状图）

【市场前瞻】

技术商业化路径明确：

- 2025Q3：启动 5GWh 产能爬坡（见图 5：季度产能规划阶梯图）。
- 2026 年：实现乘用车 / 储能 / 无人机三大领域全覆盖。
- 2030 年：推动电池综合成本下降至 0.5 元 /Wh。

数据可视化标注

图表编号	位置	内容说明	设计要点
图 1	技术章节第 1 段后	行业能量密度对比（柱状图）	使用企业 VI 色突出本公司数据
图 2	技术章节第 2 段后	温度与放电效率关系图	添加极限工况标注红线
图 3	技术章节第 3 段后	智慧工厂实时生产数据面板	动态数据浮层展示良品率
图 4	签约章节末尾	合作伙伴 LOGO 墙 + 金额占比饼图	按签约规模降序排列
图 5	市场章节首段后	2025—2027 年产能规划三维阶梯图	标注关键产能爬坡节点

延伸阅读

- 点击查看技术白皮书（官网悬浮窗入口）。
- 预约产品演示（嵌入在线预约表单）。

第 4 步，精准反馈。根据已经生成的初稿提出具体细化要求，包括：①段落权重调整（弱化流程 / 突出成果）②敏感信息处理（客户名称隐去）③数据交叉验证。

问：请将签约金额部分前移，用“某行业龙头企业”代替具体客户名称，核查 5000 万数据是否与通稿一致。

DeepSeek 答：

以下是根据要求调整后的企业官网新闻稿，已进行签约金额位置优化及信息脱敏处理，并核查数据一致性：

标题

技术驱动绿色转型 | ×× 新能源全球首发固态电池技术 达成 5000 万元战略合作

导语方案一（技术＋商业双焦点）

2025 年 2 月 15 日，×× 新能源在上海会展中心实现双重突破：全球首发能量密度达 500Wh/kg 的固态电池技术，并与某能源行业龙头企业签署年度核心供应商协议。本次发布会现场签约总额 5000 万元，标志着创新技术实现规模化商业落地。（注：经核查，5000 万元为签约仪式现场公布官方数据，与通稿完全一致。）

导语方案二（行业生态构建导向）

在新能源产业升级关键节点，×× 新能源 2 月 15 日携三大战略合作成果亮相上海：5000 万元年度签约金额创企业新高，某世界 500 强企业锁定首期 3000 万元订单，同步启动与高校科研机构的联合技术攻关，构建"产学研用"一体化创新生态。

正文

【战略合作升级】（位置前移）

- ❑ 头部企业采购：某能源行业龙头企业签署年度框架协议，首单覆盖 100MWh 储能系统。
- ❑ 产业链协同：与某电池材料领军企业共建联合实验室。
- ❑ 应用场景落地：为某新能源车企定制超快充解决方案。

（插入图 1：战略合作架构图，标注 5000 万元金额分配比例。）

【技术突破】

李总发布三大创新成果：

1. 能量密度突破：500Wh/kg 实测数据（行业对比见图 2）。
2. 极端环境稳定：通过 −40℃北极级低温认证（测试报告见图 3）。
3. 量产保障体系：智慧工厂实现 2GWh/ 年单线产能。

（插入图 4：实时生产数据看板，良品率 99.95% 动态展示。）

第 5 步，手动优化。此时的新闻稿已经满足需求，可以结合实际反馈和关键信息，将部分内容手动调整即可发布。

读者可以尝试对同类型的商务写作应用上述工作流。

4.1.3　DeepSeek 辅助商务写作（有主题有完整辅助资料）

有主题有完整辅助资料的商务写作，主要涉及以下类型的公文，见表 4.2。

表 4.2　有主题有完整辅助资料的公文类型

适用类型	具体公文示例
总结性文书	1. 年终总结 2. 述职报告 3. 项目总结 4. 季度报告 5. 工作复盘
分析性文书	1. 经营分析报告 2. 市场调研报告 3. 财务分析报告 4. 风险评估报告 5. 竞品分析报告
规划性文书	1. 年度计划 2. 项目计划书 3. 预算方案 4. 战略规划 5. 商业计划书
制度性文书	1. 管理办法 2. 操作规程 3. 工作手册 4. 应急预案 5. 标准规范
专业性文书	1. 可行性研究报告 2. 项目建议书 3. 招投标文件 4. 法律意见书 5. 审计报告

当我们在进行一些常规型商务写作时，比如年终总结报告、述职报告、经营分析报告，这并非从零开始构思撰写，而是结合既定的框架和最全、最新的数据及业务表现进行更新，此时更适合选择该工作流。

我们以写一篇述职报告为例。

如果我们直接一句话让 DeepSeek 帮我们写述职报告，效果大概是这样的。

问：请帮我写一份 2025 年手机公司高管的述职报告。

DeepSeek 答：

尊敬的董事会成员、各位同事：

大家好！

转眼间，2025 年已接近尾声。回首过去一年，全球手机市场风云变幻，挑战与机遇并存。在公司董事会的正确领导下，在全体员工的共同努力下，我们克服了重重困难，取得了令人瞩目的成绩。现将本人 2025 年度工作情况汇报如下：

一、主要工作及成绩

洞察趋势，引领未来：紧跟“元宇宙”“人工智能”“万物互联”等科技发展趋势，制定并实施了公司未来五年战略规划，明确了“**（请填写公司具体战略方向，例如：打造元宇宙入口、构建 AIoT 生态、引领折叠屏革命等）**”的战略目标。

精准定位，差异化竞争：深入分析市场格局和用户需求，聚焦 **（请填写公司目标用户群体，例如：高端商务人士、年轻游戏玩家、摄影爱好者等）**，打造差异化产品和服务，提升品牌溢价能力。

……（中间略）

三、未来展望与计划

2026 年，我们将继续坚持 **（请填写公司战略方向）** 的战略目标，重点做好以下工作：

加大研发投入，突破核心技术：持续加大研发投入，重点突破 **（请填写计划突破的关键技术）** 等核心技术，巩固技术领先优势。

完善产品矩阵，满足用户需求：针对不同用户群体，推出更多元化的产品，满足用户个性化需求。

深化品牌建设，提升品牌价值：持续提升品牌高端化形象，打造具有全球影响力的品牌。

加强团队建设，打造高效团队：持续引进高端人才，加强团队建设，打造一支高效、专业、富有战斗力的团队。

我相信，在董事会的正确领导下，在全体员工的共同努力下，我们一定能够克服困难，再创辉煌，为公司发展做出更大的贡献！

谢谢大家！

我们再按照工作流的步骤操作一遍。

第 1 步，资料解析。上传参考资料并指明：①参考范围（章节 / 数据 / 表述）②淘汰内容（过时 KPI/ 组织架构）③重点延续项（分析框架）。

（上传 2024 年述职报告）问：我是一家手机公司的运营总监，我正在撰写 2025 年个人述职报告。请结合 2025 年最新手机市场和销售数据的变化，分析 2024 年述职报告中有关业绩增长方面有哪些可以参考和淘汰的内容。

DeepSeek 答：

2024 年业绩增长内容在 2025 年的适用性分析（基于 2025 年全球智能

手机市场出货量同比仅增长3.2%，高端机（≥$800）占比突破45%，AI手机渗透率达38%的行业背景）：

一、可延续参考的核心经验

1. 高端化战略有效性

- 保留理由：2025年全球高端手机市场营收占比达68%（来自Counterpoint数据），与2024年报告中“高端机型占比提升至35%”逻辑一致。
- 升级方向：需增加“AI旗舰机型溢价能力”（如搭载端侧大模型的Find X8系列溢价率达25%）。

2. 供应链垂直整合

- 保留理由：地缘政治导致2025年芯片交付周期延长至35周（2024年：22周），垂直整合仍是核心竞争力。
- 新增要求：需补充“多区域备份产能”数据（如墨西哥工厂使北美市场交付周期缩短40%）。

……（中间略）

三、必须新增的关联性分析

1. AI驱动运营变革

- 补充：2025年AI使售后成本下降18%，需求预测准确率提升至92%。
- 案例：通过用户行为大模型，Find X8系列首销备货精准度达95%。

2. 地缘政治应对

- 新增：印度工厂本地化率提升至67%，规避关税影响。
- 数据：墨西哥产线使北美市场毛利率回升至21%（2024年：17%）。

3. 可持续发展指标

- 强制披露：碳关税影响测算（2025年欧盟CBAM覆盖消费电子）。
- 对比：采用再生铝中框使单机碳足迹下降32%。

总结建议：

2025年述职报告应实现三大转向：

1. 从规模增长到价值深耕：用“高端机型ASP（平均售价）增长”替代单纯出货量数据。

2. 从硬件参数到体验货币化：增加“AI服务订阅收入占比（建议目标

12%)”。

3. 从区域扩张到风险管控：披露“地缘政治应对专项预算（建议占营收 3%)”。

（注：数据部分为脱敏虚构。）

第 2 步，智能重构。需要明确指定重构维度：①绩效展示方式（数据看板 / 叙事描述）②业绩增长方式③战略协同性体现。

问：请设计三种不同侧重的结构方案：A 按时间线，B 按 OKR 维度，C 按战略贡献度，各方案需预留数据可视化的位置标注。

DeepSeek 答：

以下是三种不同侧重点的述职报告结构方案，均预留数据可视化标注位置（标注为 **【可视化】**)，数据设计保持与原始报告逻辑一致且可交叉验证。

方案 A：按时间线维度（季度递进式）

核心逻辑：以季度为节点，展现目标拆解、执行节奏与动态成果。

适用场景：面向管理层汇报阶段性进展，强调执行力与过程管控。

1. 第一季度：战略启动与资源布局

核心动作：高端产品预售、供应链备货、渠道政策发布。

关键数据：

Find X7 系列预售量破 100 万台（占全年高端销量 12.5%）**【可视化：预售量环形图】**;

供应链芯片备货周期缩短至 45 天（同比 −20%）**【可视化：时间轴对比柱状图】**。

2. 第二季度：渠道下沉与市场爆发

核心动作：线下体验店扩张、东南亚 Reno 11 系列首发。

关键数据：

新增体验店 600 家（下沉县域占比 70%）**【可视化：区域分布热力图】**;

东南亚市场单季销量 400 万台（占全年海外销量 22%)**【可视化：

区域销量堆积柱状图】**。

3. 第三季度：用户运营与旺季冲刺

核心动作：会员体系升级、暑期大促、私域流量转化。

关键数据：

会员客单价提升至2800元（环比+15%）**【可视化：客单价折线图】**；

直播带货GMV占比超35%（618大促峰值）**【可视化：渠道销售漏斗图】**。

4. 第四季度：全球化收官与复盘

核心动作：欧洲黑五促销、拉美物流优化、全年复盘。

关键数据：

欧洲市场单月销量破120万台（同比+110%）**【可视化：月度增长折线图】**；

全年库存周转率优化至13次（行业平均9次）**【可视化：库存效率雷达图】**。

方案B：按OKR维度（目标–关键结果拆解）

核心逻辑：以目标为导向，突出目标拆解与关键结果的量化达成。

适用场景：面向董事会或投资人，强调战略聚焦与结果导向。

1. Objective 1：高端市场份额突破18%

KR1：Find X7系列销量超800万台（实际达成率100%）**【可视化：目标进度条+细分市场渗透率饼图】**；

KR2：ASP提升至3200元（同比+14.3%）**【可视化：ASP趋势折线图】**；

KR3：自研芯片搭载率超50%（研发部协同）**【可视化：技术投入与销量关联散点图】**。

2. Objective 2：全渠道效率提升30%

KR1：线上GMV占比达45%（同比+7%）**【可视化：渠道占比环形图】**；

KR2：库存周转天数降至28天（原目标30天）**【可视化：库存健康度仪表盘】**；

KR3：县域市场覆盖率 65%（新增 1200 家店）**【可视化：下沉市场网点分布地图】**。

3. Objective 3：用户生命周期价值提升 25%

KR1：会员复购率 32%（同比 +8%）**【可视化：用户分层复购率柱状图】**；

KR2：私域转化率 18%（超行业基准 80%）**【可视化：社群运营转化漏斗图】**；

KR3：NPS 提升至 75 分（原目标 70 分）**【可视化：NPS 评分与竞对对比条形图】**。

方案 C：按战略贡献度维度（支撑公司核心战略）

核心逻辑：从公司战略视角，量化运营对战略落地的贡献值。

适用场景：面向集团战略部门或跨业务协同会议，强调全局价值。

1. 战略贡献 1：技术驱动高端化

数据支撑：

高端产品营收占比 35%（拉动毛利率 +2.1%）**【可视化：高端营收占比环形图 + 毛利率趋势双轴图】**；

研发投入转化率 1∶4.2（每 1 亿研发投入带来 4.2 亿收入）**【可视化：研发 ROI 瀑布图】**。

2. 战略贡献 2：全球化供应链韧性

数据支撑：

海外仓本地化配送 70%（物流成本 −12%）**【可视化：全球仓配网络拓扑图】**；

芯片备货周期缩短 20%（保障新品零缺货）**【可视化：供应链时效桑基图】**。

3. 战略贡献 3：生态化用户运营

数据支撑：

ColorOS 用户留存率提升 15%（生态应用使用时长 +25%）**【可视化：用户留存曲线 + 生态黏性热力图】**；

联名 IP 活动 ROI 1∶8.5（品牌曝光 3 亿人次）**【可视化：IP 活动投入产出比气泡图】**。

数据可视化标注说明

折线图 / 柱状图：展示趋势对比（如销量、成本、效率）;

环形图 / 饼图：突出结构占比（如渠道、市场、产品线）;

地图 / 热力图：呈现区域分布与密度；

仪表盘 / 雷达图：综合评估健康度与多维能力；

桑基图 / 散点图：解释复杂关系（如供应链、研发投入）。

第 3 步，初稿生成。此时执行内容选择策略，比如选择哪一个结构、数据颗粒度（明细 / 聚合）、语言风格（严谨 / 亲和），即可根据以上生成合适的初稿。

问：整体采用方案 B 的结构，然后按照最新业绩要求重新梳理业绩部分的数据情况，同时插入 3 个案例（细节自行补充）。

DeepSeek 答：

2024 年度述职报告（OKR 结构优化版）——× × 品牌运营总监

汇报人：× × ×

日期：2024 年 12 月 31 日

一、核心目标与战略对齐

基于公司“高端化、全球化、用户生态化”战略，2024 年运营团队围绕三大 OKR 展开攻坚，全年目标超额达成，数据全面刷新历史纪录。

二、关键结果拆解与数据更新

1. Objective 1：高端市场份额突破 20%

核心策略：技术驱动产品溢价，折叠屏 + 自研芯片双线突破。

最新数据：

Find X8 系列：销量 920 万台（同比 +15%），单价 5000 元以上市场占有率 23%（超苹果 A 系列 3%）;

【可视化：高端市场份额竞对对比柱状图】

首款折叠屏手机（Find N3）：销量破 120 万台，首销 10 分钟售罄，NPS 评分 89 分；

【可视化：折叠屏用户满意度雷达图】

自研芯片“马里亚纳 X2”搭载率 60%，高端机型续航提升 25%。

【可视化：技术投入与销量增速关联散点图】

案例1：折叠屏技术突围

背景：三星、华为垄断折叠屏市场（合计市占率85%）；

行动：联合供应链定制超薄铰链，研发成本降低30%，差异化主打“悬停摄影”功能；

结果：首销期京东平台好评率99%，带动品牌高端认知度提升18%。

2. Objective 2：全渠道效率提升35%

核心策略：OMO（线上线下一体化）+海外本地化仓配。

最新数据：

线上渠道：GMV占比52%（抖音直播占比40%），双十一“总裁直播”单场GMV破5亿；

【可视化：线上渠道销售占比环形图】

线下渠道：下沉市场“千店计划”超额完成，新增门店1500家（覆盖85%县域），单店坪效提升30%；

【可视化：县域门店密度热力图】

海外物流：欧洲本地仓占比80%，墨西哥城“次日达”覆盖率达90%。

【可视化：全球物流时效拓扑图】

……（中间略）

四、总结与展望

2024年通过OKR深度绑定战略，实现“技术–渠道–用户”三端突破。2025年将聚焦AI大模型赋能产品、全球化DTC（直面消费者）模式升级，目标冲击全球TOP 5！

第4步，精准反馈。结合初稿中的大纲或者不合适的内容细节予以反馈并进行调整。比如验证数据或者确认风险。

（上传公司文书规范）问：检查整个行文是否符合附件公司文书规范，如不合适则进行适当优化，所有数据标明出处以便二次校验。

DeepSeek答：

2024年度述职报告（OKR结构优化版）——××品牌运营总监

汇报人：×××

部门：运营中心

日期：2024 年 12 月 31 日

一、核心目标与战略对齐

根据公司 2024 年“高端化、全球化、用户生态化”战略规划，运营团队围绕三大核心目标（OKR）推进工作，全年关键结果达成率均超预期，具体数据如下。

二、关键结果拆解与数据更新

Objective 1：高端市场份额突破 20%

核心策略：技术驱动产品溢价，折叠屏与自研芯片双线突破。

数据支撑：

1. Find X8 系列销量 920 万台（目标 900 万台），单价 5000 元以上市场占有率 23%（** 运营部门提供 **）**【可视化：高端市场份额竞对对比柱状图】**；

2. 首款折叠屏手机（Find N3）销量 120 万台，首销 10 分钟售罄，NPS 评分 89 分（** 大数据部提供 **）**【可视化：折叠屏用户满意度雷达图】**；

3. 自研芯片“马里亚纳 X2”搭载率 60%，高端机型续航提升 25%（** 研发部协同数据 **）**【可视化：技术投入与销量增速关联散点图】**。

……（中间略）

四、总结与下一阶段规划

2024 年运营工作严格遵循公司战略，通过数据驱动决策与跨部门协同机制实现目标超额达成。2025 年将重点推进以下事项：

1. AI 大模型赋能：用户画像精准度提升至 90%（技术中心立项）；

2. DTC 模式升级：全球自营渠道占比突破 30%（战略部规划）；

3. 合规性强化：数据源标注纳入部门考核（人力资源部协同）。

第 5 步，手动优化。根据最终 DeepSeek 生成的述职报告，结合实际业务情况进行手动优化。这样，就可以在 DeepSeek 的帮助下，短时间内快速完成述职报告的撰写。

读者可以尝试对同类型的商务写作应用上述工作流。

4.2 DeepSeek 助力结构化公文写作

4.2.1 DeepSeek 助力高效完成上行公文

上行公文是下级机关向上级机关汇报工作、请示事项、提出建议的正式文书，具有明确的层级性、规范性和权威性。这类公文既是信息传递的载体，更是组织决策的重要依据，直接影响上级对下级工作的判断与资源支持。

上行公文包含如下三大类型：请示类，请求上级对特定事项给予指示或批准（如《关于增设安防系统的请示》）；报告类，主动或被动向上级汇报工作进展、突发事件等（如《2024 年安全生产工作报告》）；意见类，针对重要问题提出见解和处理方案（如《关于优化园区停车管理的意见》）。

结构化公文写作思路比较简单，只要能把握住“背景说明的精准性”和“核心诉求的明确性”即可。

背景说明的精准性：通过“5W2H”原则（Who/What/When/Where/Why/How/How much）构建叙事逻辑，例如：“2024 年 5 月至今（When），园区 3 号楼（Where）连续发生 3 起（How much）员工财物失窃事件（What），经安保部调查（Who）系监控盲区导致（Why）”。

核心诉求的明确性：采用“请求事项 + 支撑依据”的黄金结构，例如：“现申请在 3 号楼加装 16 路高清监控系统（请求事项），依据《企业安全生产费用提取和使用管理办法》第十七条规定（政策依据），参照 2023 年 2 号楼改造案例（事实依据）”。

这里通用的上行公文提示词结构为：

【公文类型】请示 / 报告 / 意见

【背景描述】政策文件名称 + 条款 / 事件概述（时间 + 地点 + 数据）

【核心诉求】分条列项说明请求事项 / 问题建议 / 解决方案

【支撑材料】附件清单（数据表 / 对比图 / 审批单）

【特殊要求】格式要求（如“问题 – 方案 – 效益”结构）/ 风险提示

比如，某企业行政部需就近期频发的盗窃事件，向集团总部申请专项安防改造资金。可以直接发给 DeepSeek 如下内容。

问：请帮我撰写一篇安防升级的请示。

【公文类型】关于园区安防系统升级的请示

【背景描述】

❑ 时间线：2024 年 5 月至今发生 3 起盗窃事件。

❑ 损失统计：累计涉案金额 2.3 万元。

❑ 调查结论：3 号楼监控覆盖率不足 40%，存在 6 处盲区。

【请求事项】

1. 申请专项资金 15.8 万元。

2. 采购 16 路海康威视监控系统。

3. 请求工程部 6 月前完成安装。

【支撑材料】

❑ 附件 1：三家供应商比价表。

❑ 附件 2：2 号楼改造后盗窃案下降 90% 的数据。

【特殊要求】

❑ 引用《企业安全生产法》第 34 条。

❑ 采用“问题－方案－效益”结构。

❑ 结尾使用“当否，请批示”。

DeepSeek 答：

关于园区 3 号楼安防系统升级改造的请示

×× 集团总部：

2024 年 5 月以来，我司园区 3 号楼连续发生 3 起员工财物失窃事件，累计损失达 2.3 万元。经安保部现场勘查，该区域存在以下安全隐患：

一、现状分析

1. 监控覆盖不足：现有 8 个监控探头仅覆盖 40% 区域，6 处盲区无法监控。

2. 设备老化严重：60% 摄像头为 2018 年安装，夜间识别率低于 30%。

3. 案件影响恶劣：已导致 2 名员工提出离职申请，部门满意度下降 22%。

二、升级方案

拟实施“3 号楼智能安防提升工程”：

1. 硬件升级：安装 16 路海康威视 DS-2SE7C420IW-A 监控系统。

2. 盲区消除：新增 12 个红外高清摄像头，覆盖率提升至 95%。

3. 系统集成：接入集团中央监控平台，实现智能行为分析。

三、资金申请

项目总预算 15.8 万元（详见附件 1），依据《企业安全生产法》第三十四条“生产经营单位应当建立健全生产安全事故隐患排查治理制度”，申请从安全生产专项资金列支。

四、预期效益

1. 安全提升：参照 2 号楼改造经验，盗窃案件预计减少 90%。

2. 管理优化：智能系统可节省 50% 人力巡检成本。

3. 员工保障：挽回年度经济损失约 30 万元。

当否，请批示。

附件：1. 设备采购比价表。

　　　2. 安防改造效益预测表。

×× 公司行政部

2024 年 6 月 10 日

需要注意的是，DeepSeek 撰写的上行公文还需要进行人工复核优化，确保公文的合规性、精准性和说服力。

4.2.2 DeepSeek 助力高效完成下行公文

下行公文是上级机关向下级单位传达决策、部署工作、指导业务的正式文书，具有权威性、指导性和约束性。这类公文既是管理意志的体现，也是组织运转的指挥棒，直接影响执行效率和政策落地效果。

下行公文的常见类型有：通知类，传达需要周知或执行的事项（如《关于开展安全生产大检查的通知》）；通报类，表彰先进或批评错误（如《关于第一季度销售标兵评选结果的通报》）；批复类，答复下级请示事项（如《关于同意

××项目立项的批复》）；决定类，重大事项决策（如《关于组织架构调整的决定》）。

下行公文同样是属于结构化公文写作，关键要注意权威性与可操作性平衡。首先在措辞上使用“必须”“严禁”等强制性措辞，同时一般会有配套操作细则：“各部门需在 3 个工作日内提交自查报告，模板见附件 1”。

这里通用的下行公文提示词结构为：

【公文类型】××通知 / 通报 / 批复

【政策依据】引用相关制度条款（如《安全生产管理办法》第 8 条）

【核心要求】分条目列出执行标准 / 时间节点 / 责任人

【附件清单】提供配套模板 / 流程图 / 联系人表

【特殊指令】添加“重点提示”框 / 设置分级响应机制

举例说明，集团安委会需部署下半年安全生产交叉检查工作，要求各子公司严格执行新修订的检查标准。

我们将补充信息后的结构化提示词发给 DeepSeek。

问：请帮我撰写一篇开展安全生产检查的通知

【公文类型】关于开展 2024 年下半年安全生产交叉检查的通知

【政策依据】

《安全生产法》2023 年修订版第 25 条和集团《安全生产标准化手册（V3.0）》。

【核心要求】

1. 时间安排：7 月自查→8 月互查→9 月整改。

2. 创新点：引入第三方专家参与抽查。

3. 重点领域：危化品存储 / 电气线路 / 消防通道。

【数据支持】

❑ 附 2024 年上半年事故类型分布图。

❑ 提供隐患整改验收评分表。

【强化措施】

❑ 检查结果与年度评优资格挂钩。

❑ 设置“红黄牌”预警机制。

DeepSeek 答：

关于开展2024年下半年安全生产交叉检查的通知

各子公司、直属单位：

为进一步压实安全生产主体责任，根据《安全生产法》第二十五条及集团最新标准，现将检查工作部署如下：

一、实施阶段

1. 自查自纠（7月1-20日）

❑ 对照《检查清单》（附件1）完成全项排查。

❑ 7月25日前通过OA系统提交整改计划。

2. 交叉互查（8月1-15日）

❑ 华北区→华东区，华南区→西南区（分组表见附件2）。

❑ 各检查组须包含1名注册安全工程师。

3. 督导整改（9月1-30日）

❑ 集团安委会联合消防部门开展飞行检查。

❑ 未达标单位挂黄牌督办。

二、重点检查项

（一）危化品管理

1. 存储间温湿度监控记录完整性。

2. MSDS（化学品安全技术说明书）资料更新及时性。

（二）电气安全

1. 配电箱月度巡检记录。

2. 大功率设备负载预警装置。

三、结果应用

1. 评分前3名授予“安全示范单位”。

2. 不合格单位取消年度评优资格。

3. 连续两年黄牌单位调整领导班子。

附件：1. 安全生产检查评分细则。

2. 交叉检查分组方案。

集团安全生产委员会

2024年6月15日

然后，可以根据单位的实际要求进行人工优化，完成最终版。

4.2.3 DeepSeek 助力高效完成平行公文

平行公文是同级机关或不相隶属单位之间商洽工作、询问答复、审批事项的正式文书，具有协商性、对等性、事务性特征。这类公文既是组织协作的桥梁，也是权责划分的书面凭证。

平行公文的常见类型有：函，单位间商洽工作 / 询问答复（如《关于联合举办技术论坛的商洽函》）；意见，就专业问题提出建议（如《关于数据中心迁移的技术指导意见》）；会议纪要，记录多方协商结果（如《××项目推进联席会会议纪要》）；协议书，约定合作条款（如《战略合作框架协议书》）。

在写作平行公文时，关键在于秉持对等性原则，如：使用“建议”“商请”等协商性措辞，往往会选择采用“背景－诉求－方案”结构。

以下是平行公文的通用提示词结构：

【公文类型】函 / 意见 / 会议纪要

【协作背景】说明事由来源（政策要求 / 业务需求 / 突发事件）

【协作事项】分条目列明具体需求 / 建议方案 / 待决问题

【支撑材料】提供数据报表 / 方案对比 / 法律依据

【特殊指令】设置“快速响应通道” / 添加条款解释备注

例如，某科技公司拟与某研究院联合举办“人工智能伦理研讨会”，需商定分工及经费分摊比例。

我们按照上述提示词结构，把信息补充后发给 DeepSeek。

问：我要撰写一篇商洽函。

【公文类型】关于联合举办人工智能伦理研讨会的商洽函

【协作背景】

政策依据：《科技伦理审查办法》第 12 条行业交流要求。

合作基础：近三年联合发表 6 篇 EI 论文。

【协作事项】

1. 时间地点：2024 年 9 月 15-17 日 / 杭州国际博览中心。

2. 经费分摊：

场地租赁：A 公司承担 60%（约 24 万元）。

专家邀请：B研究院负责院士级嘉宾3人。

3. 分工建议：

A公司：会务执行+宣传推广。

B研究院：论文征集+学术评审。

【支撑材料】

❑ 附件1：近三年合作成果统计表。

❑ 附件2：论坛预算明细表。

【特殊指令】

❑ 添加"合作效益预测"模块。

❑ 设置方案选择框（□同意□修改建议□另行协商）。

DeepSeek答：

关于联合举办2024人工智能伦理研讨会的商洽函

B研究院：

为落实《科技伦理审查办法》行业交流要求，深化双方在AI伦理领域合作，现就联合办会事宜商洽如下：

一、合作基础

2019—2023年合作成果：

❑ 联合承担国家级课题2项

❑ 共同发布行业白皮书3部

❑ 合作论文被引超200次

二、方案设计

（一）会议概况

时间：2024年9月15-17日（共3天）

地点：杭州国际博览中心305厅

规模：300人（学术界40%/产业界60%）

（二）分工建议

事项	A公司职责	B研究院职责
经费筹措	承担场地费24万元	负责院士专家差旅接待
学术内容	提供产业案例库	组织论文评审及议程设计
会务执行	物料制作/现场管理	学术嘉宾联络

（三）效益预测

1. 品牌曝光：预计媒体报道 50+ 篇次。

2. 资源获取：接触潜在合作伙伴 20+ 家。

3. 学术影响：形成行业倡议书 1 份。

三、反馈机制

请于 7 个工作日内确认：

❑ 同意上述方案。

❑ 提出修改意见（需标注具体条款）。

❑ 建议线下协商（可预约 7 月 10-12 日）。

附件：1. 近三年合作成果数据表。

　　　2. 论坛预算分摊明细。

A 科技有限公司

2024 年 6 月 20 日

然后再结合公司行文的特定要求进行人工优化即可。

公文写作如修炼内功，招式再复杂也需要深厚根基。本章以九阳神功“真气自生”为喻，揭示了结构化写作的底层逻辑：需求拆解是扎马步，信息收集为凝真气，精准迭代似经脉贯通。从请示报告到述职总结，DeepSeek 如同内力灌注，助力写作者将零散诉求凝为条理分明的剑气。但要谨记，AI 生成的是“招式雏形”，去除“ AI 味”的手动优化才是点睛之笔。正如张无忌融会九阳真经与乾坤大挪移，唯有人机协作“阴阳互济”，方能在公文江湖中行稳致远。

|第 5 章| C H A P T E R

乾坤大挪移：用 DeepSeek 打造汇报级的工作 PPT

“此第一层心法，悟性高者七年可成，次者十四年可成。第二层心法悟性高者七年可成，次焉者十四年可成……如练至二十一年而无进展，则不可再练第三层，以防走火入魔，无可解救。”

——笔者按

正如《倚天屠龙记》中张无忌以“乾坤大挪移”统御万般武学，用 DeepSeek 打造汇报级 PPT 的核心，也在于高效整合。本章所授之法，绝非“一键生成”的虚妄捷径，而是通过结构化大纲梳理逻辑、以可视化素材提炼观点、借助图文对照强化表达，将零散元素如武功招式般融会贯通。AI 如同内力，提供框架与素材；而真正的“挪移”之能，在于使用者对需求的洞察与重组。唯有如此，方能如武侠高手般，将庞杂信息转化为直击要害的汇报利器，于职场江湖中“借力破局”。

5.1 DeepSeek 助力轻松生成 1.0 版本 PPT

5.1.1 普通人使用 AI 制作 PPT 的三大误区

许多初学者在学习使用 DeepSeek 或者其他 AI 工具制作 PPT 时，往往会听到“教你 1 分钟制作 PPT”这样的说法。坦诚地说，这种说法和标题党没有太大区别。我们确实可以给 DeepSeek 发送一句指令“帮我生成一份 ×× 方面的 PPT”，但是得到的 PPT 要么结构不符合预期，要么内容假大空。笔者结合过往超过 100 场线下 AI 培训的经验，总结出普通人使用 AI 制作 PPT 的三大误区。大家破除这三大误区后再进入本章的学习，相信会更有收获。

误区 1：求速度——迷信“分钟级完成”的神话

为什么 AI 一分钟生成的 PPT 没法用？原因在于各种 AI（就算是中文和推理能力极为强大的 DeepSeek）在制作 PPT 时的作用只是“提效”，而不是“替代”。当我们寄希望于 DeepSeek 帮我们直接做 PPT 时，可想而知，对我们毫不了解的 DeepSeek 生成的内容必然过于宽泛，与实际工作场景不相符，这样的内容如果直接拿去汇报，必然会出问题。

试想一下，我们自己手动制作 PPT 的大致流程是什么。一般是先确定需求，比如做一个什么样的 PPT，再梳理大致逻辑，然后进入内容创作环节，开始收集数据补充内容，最后才开始制作和优化。整个过程可能要耗时几小时甚至几天，DeepSeek 的作用不是替代这个过程，而是把整个过程的时间缩短。如果我们能非常熟练地掌握使用 DeepSeek 制作 PPT 的整个流程，那么让 DeepSeek 帮助我们完成很多可由它完成的工作，将原有制作 PPT 的时间缩短 50% 甚至更多，都是有可能的。

误区 2：求实用——幻想“一键产出高价值内容”

PPT 本质上是演示者观点和内容的可视化呈现，可当我们使用 DeepSeek 一键完成指令时，它无法根据我们的需求描述精准捕获什么才是领导需要、合作方想看、观众关注的内容，因而无法产出高价值的内容。

换言之，先完成大纲，再优化大纲，然后针对每一页进行观点和文字内容的萃取。“一键产出”只不过是将 DeepSeek 大材小用后让小白感慨 AI 强大的表象，“分步骤执行”才是 DeepSeek 做出真实有用 PPT 的关键环节。

误区 3：求美观——追求“发布会级别视觉效果”

在使用 DeepSeek 制作 PPT 时，读者不要陷入追求模板和字体精美的执念中。事实上不管是对企业内部还是对外，企业级 PPT 都会有模板和字体格式的规范性要求。如果忽视要求而过度关注形式美感，可能最终得到的 PPT 只是“金玉其外，败絮其中”。

职场 PPT 并不同于平面设计作品，我们更应该关注的是信息的传达效率，比如结构清晰的排版、可视化的观点和逻辑呈现，以及用于辅助汇报的提示稿。这都是 DeepSeek 擅长且能够完成的。

从一个具体需求到使用 DeepSeek 制作汇报级的工作 PPT，具体包含如下 6 个步骤。

1）主题化，完成 1.0 版本的 PPT 大纲。借助 DeepSeek 辅助生成特定主题 1.0 版本的 PPT 大纲。

2）做优化，优化大纲生成 1.0 版本的 PPT。结合实际需求修改大纲，达到 2.0 版，让 DeepSeek 结合大纲生成 Markdown 格式的内容，然后由 Kimi 一键生成 1.0 版本的 PPT。

3）结构化，调整内容及排版，删除 PPT 中的无效内容。借助 DeepSeek 完成核心观点和文字内容的萃取。

4）可视化，确定可视化素材，让 PPT 呈现更精彩。由 DeepSeek 生成关键信息和图表，由 Napkin 生成可视化 PPT 素材。

5）自动化，各类元素一键标准化。由 DeepSeek 生成 PPT 宏代码，任何元素添加均可一键标准化，逐步打造 2.0 版本的 PPT。

6）故事化，为汇报 PPT 引入故事。由 DeepSeek 结合汇报内容生成恰到好处的故事以及汇报稿，完成 3.0 版本的 PPT，达到汇报级标准。

5.1.2 DeepSeek 辅助制作 PPT 的核心步骤：生成大纲

为了让 DeepSeek 能够帮助我们制作真实有用的 PPT，首要任务是根据汇报主题梳理清楚整体概况。尤其是在没有太多思路的情况下，DeepSeek 能够借助强大的知识库给予我们一些启发。注意，这里生成的大纲只是启发，不是答案。

比如，你作为一名销售新人，要去做一场关于一季度销售工作的汇报，如果你直接在 DeepSeek 中输入“请帮我生成一份销售工作汇报的 PPT 大纲”，得到的大纲大概率是假大空的。为了让 DeepSeek 生成的初版大纲“跑偏”程度低，我们需要使用提问的技巧。

1. PPT 大纲提示词结构：万能模板和五大场景

如果你不知道该怎么问，可以看这个万能的 PPT 大纲生成提示词结构：

作为[××角色]，为[××场景]制作[××类型]PPT大纲，需包含[3～5个核心要素]，使用[图表/案例/对比]形式展示[××数据]，重点突出[××关键词]。

例如：作为市场总监，为季度经营会议制作渠道拓展总结PPT大纲，需包含新渠道占比、招商成本分析、区域标杆案例，使用地图热力图展示区域分布，重点突出下沉市场突破策略。

基本上我们把信息补充完毕（根据实际情况进行取舍，不需要把每一个元素都填充），DeepSeek输出的大纲就会比较切合需求了。

为了方便读者操作，这里梳理了职场中使用PPT的五大常见场景和生成对应大纲的提问技巧，见表5.1。

表5.1　不同场景下生成PPT大纲的提问技巧

PPT类型	提示词结构	具体提问示例
工作汇报型	[角色]+[汇报对象]+[核心成果/问题]+[数据/逻辑要求]	“作为销售主管，向管理层汇报季度业绩，需突出增长率、未达标原因，用对比图表展示各区数据，逻辑按‘目标—结果—改进’展开，不超过10页”
项目提案型	[决策者]+[痛点]+[方案]+[量化收益]	“向技术总监提案系统升级，当前故障率高，新方案需包含成本对比、实施周期、预期故障率下降30%的数据支撑，附风险评估”
产品发布型	[受众]+[核心价值]+[证据]+[行动引导]	“面向经销商的新品发布会PPT，突出续航提升50%的技术突破，用第三方测试报告佐证，最后一页需嵌入订货二维码”
培训教学型	[学员背景]+[知识点]+[互动设计]+[时间限制]	“为新入职销售做产品培训，需拆解3个核心卖点，每章节插入问答环节，配合实操流程图，总时长控制在45分钟内”
年终总结型	[时间范围]+[成果/不足]+[可视化]+[规划占比]	“部门年度总结PPT，要求用信息图展示TOP5业绩亮点，分析2个关键问题，2024年计划占30%篇幅，整体风格简洁、商务”

作为职场新人，此时我们就可以借助“工作汇报型”的提示词结构：[角色]+[汇报对象]+[核心成果/问题]+[数据/逻辑要求]。

2. 生成初版PPT大纲

将内容填充完整，发给DeepSeek。

问：我是一名刚工作半年的销售新人，现在需要制作一个向销售总监汇报第二季度业绩情况的PPT，希望能突出5月份超额完成指标的成绩，请生成包含3级标题的大纲。

DeepSeek答：

2024年第二季度销售业绩汇报

（1）季度目标达成总览

1）核心指标完成率

❑ 季度总销售额：××× 万元（目标110%）。

❑ 新客户占比：35%（环比上升8%）。

2）各月业绩趋势分析

❑ 折线图：4月（85%）→5月（135%）→6月（105%）。

❑ 5月超预期关键标记（箭头/色块突出）。

（2）5月超额达成专项分析

1）超目标35%的核心驱动力

❑ 客户池扩大：老客户复购率上升22%（案例：A公司追加总金额200万元的订单）。

❑ 转化效率提升：线索到成交周期缩短至14天（对比图）。

2）创新动作复盘

❑ 朋友圈精准营销：推送文章阅读量超5000，转化15单。

❑ 行业研讨会获客：3场活动带来60个有效线索。

（3）现存问题与改进策略

1）长尾客户开发不足

❑ 数据：6月小客户订单量占比仅12%。

❑ 动作：7月启动“长尾唤醒计划”（时间表）。

2）竞品价格战冲击

❑ 案例：B项目因××公司降价10%而流失。

❑ 应对：打包服务增值方案（对比页）。

（4）Q3重点攻坚计划

1）目标拆解

三色进度条：保底目标/冲刺目标/挑战目标。

2）资源支持申请

- ❑ 需市场部配合的3项推广支持。
- ❑ 客户分级系统试用需求。

注意，这里生成的大纲仅仅是初版，它的核心作用是让我们参考，在结构上给我们启发，看看哪些部分可用哪些需要删除。我们直接在大纲上修改即可，哪怕有AI幻觉也没有太大影响。

同时，如果有现成的数据或者文字报告，也可以发给DeepSeek，让它参考数据生成PPT大纲，这样定制化程度会更高，生成大纲的效果也会更好。

3. 优化PPT大纲

看完DeepSeek给出的大纲后，针对需要修改和调整的地方，直接反馈给DeepSeek，让其进行修改。

此时可以参照“[补充角色信息]+[限制条件]+[逻辑结构]”的结构让DeepSeek优化。

问：我是一家电商公司主要负责线上各平台的销售，汇报中另一个重点放在未达标业绩的分析上，逻辑按照“目标—结果—改进”的方式展开，帮我重新生成。

DeepSeek答：

2024年Q2电商销售业绩汇报

（1）季度目标设定与整体达成

1）多平台目标分解

- ❑ 表格：天猫/京东/抖音目标值vs实际达成（标红抖音缺口25%）。
- ❑ 总完成率：112%（5月单月贡献率达47%）。

2）核心指标波动分析

双轴折线图：GMV达成率vs毛利率（5月GMV峰值但毛利率下滑3%）。

（2）5月超额达成关键突破

1）抖音渠道爆发式增长

流量转化双提升：千川投放ROI1：5.2（行业均值1：3.8）→直播间

转化率 4.7%（附优化前后话术对比视频片段）。

爆款运营案例：SKU123 通过短视频测款快速起量（点击查看商品页）。

2）跨部门协同创新

- 与内容团队共建素材库：复用率提升 60%。
- 供应链夜间发货专线：5 月订单 24 小时发货率 92%。

（3）未达标平台诊断与归因

1）京东渠道未达标深度分析

- 流量层面：搜索流量同比下降 40%（竞品同期上升 15%）→热词对比：商品卡信息未覆盖“618 预售”等 TOP10 关键词。
- 活动复盘：主推品与平台补贴政策错位（案例：SKU456 未进百亿补贴）。

2）天猫渠道隐性风险

老客复购率下降：会员客单价同比下降 18%（竞品上升 5%）→流失客户调研摘要（弹窗截图）。

（4）针对性改进计划

1）京东渠道复苏方案

夺回搜索流量三步走：7 月完成 50 个高热词商品卡优化（附排期表）→建立竞品价格监测仪表盘（Demo 示意图）。

2）天猫会员运营升级

分层权益体系搭建：铜 / 银 / 金会员差异化赠品方案（成本测算表）→流失客户召回红包梯度设计（10 ～ 50 元浮动）。

3）可持续增长保障

新人专项赋能计划：每周四开平台规则更新解读会→ 爆款运营沙盘模拟实战安排。

4. AI 评估再优化

这次生成的版本更有针对性，但毕竟是由 DeepSeek 自行生成的，很多内容不可用，而直接删除又有点可惜，有种“说不出哪里不好”的感觉。此时除了自己修改，我们还要尽可能地让 DeepSeek 自行检查，这里可以用 3.4.2 节介绍的“自我评估法”。

问：请反思一下，这份大纲还有什么可以优化的地方？请从让销售总监满意的视角重新生成一份。

DeepSeek 答：

2024 年 Q2 电商销售业绩汇报

（1）季度目标达成综述

1）核心指标完成率

- 总 GMV：1280 万元（目标达成率 112%）。
- 平台分解：抖音超额 37%/ 京东缺口 22%/ 天猫达标 101%。

2）关键运营指标

- 流量成本：CPC（单次单击成本）同比下降 0.8 元（优化率 15%）。
- 客户质量：新客首单均价提升至 286 元（上升 18%）。

（2）5 月超额达成的关键原因

1）抖音渠道突破性增长

爆款运营模型：测款周期压缩：7 天完成 3 轮素材测试（原 14 天）→转化漏斗优化：直播间点击 – 成交转化率提升至 4.2%（基准值 3.1%）。

2）跨部门协作增效

供应链响应：紧急订单处理时效≤ 24 小时（达成率 92%）→滞销库存转化率提升至 65%（协同清仓策略）。

（3）未达标事项归因分析

1）京东平台运营短板

搜索流量缺口：TOP50 热搜词覆盖率仅 24%（竞品平均覆盖率 58%）→商品标题优化滞后：618 词库更新响应延迟 7 天。

2）天猫会员运营风险

老客复购衰减：季度复购率下降 7 个百分点（45% → 38%）→流失客户调研：32% 因竞品会员权益升级转移。

（4）Q3 改进计划与资源需求

1）京东运营优化方案

- 搜索流量提升：每周二、四定时更新商品标题（7 月排期表）→建立竞品关键词监控日报（模板预览）。

- 活动策略调整：提前 15 天锁定平台资源位（已标记 3 场 S 级活动）。

2）天猫客户留存措施

会员运营升级：分层权益体系：消费满 500 元解锁专属客服（成本测算）→流失预警机制：30 天未购客户自动触发优惠券。

（5）能力提升与支持申请

1）个人技能强化计划

待掌握能力：SEO（申请参与 7 月平台培训）→活动 ROI 测算模型（请求主管带教 3 次）。

2）跨部门协作需求

- 设计支持：每月 20 套短视频模板标准化产出。
- 数据支持：开通竞品价格监测权限（字段清单）。

对于以上内容结合实际情况进行删减，即可制作完成一份可用的 PPT 大纲。

5.1.3 从大纲到 PPT，一键完成 1.0 版本

完成 PPT 大纲后，进入制作 PPT 环节，注意此时的 1.0 版本 PPT 仅仅为了生成 PPT，离最终的汇报版还有很大的差距。

首先让 DeepSeek 将刚刚的 PPT 大纲按照 Markdown 格式输出，然后将 Markdown 格式的 PPT 大纲发给 Kimi 的 PPT 助手（这里也可以借助豆包、通义等 AI 工具）。

问：请帮我将以下大纲补充完善，并生成 PPT。[Markdown 版本 PPT 大纲]

Kimi 答：

2024 年 Q2 电商销售业绩汇报

（1）季度目标达成综述

1）核心指标完成率

(a) 总体销售超预期

- 总 GMV 达 1280 万元，超目标 12%，显示强劲增长势头，各平台贡献突出。

- ❑ 抖音表现亮眼，超额37%，成增长主引擎；京东未达标，缺口22%，需优化。

(b) 平台表现分化明显

- ❑ 天猫稳健达标，新客首单均价提升18%，客户质量优化，运营策略有效。
- ❑ 京东流量转化待提升，商品标题优化滞后，热搜词覆盖率低，影响排名。

(c) 客户质量显著提升

- ❑ 新客首单均价升至286元，客户价值增长，营销策略精准触达高价值客群。
- ❑ 流量成本降15%，CPC同比降0.8元，营销效率提升，资源投放精准。

2）关键运营指标

……（中间略）

5）跨部门协作需求

(a) 设计支持需求

- ❑ 设计支持需求明确，每月20套短视频模板标准化产出，提升内容质量。
- ❑ 通过与设计团队合作，优化短视频模板，提高内容吸引力。

(b) 数据支持需求

- ❑ 数据支持需求明确，开通竞品价格监测权限，获取关键数据支持。
- ❑ 通过与数据团队合作，获取竞品价格数据，为定价策略提供支持。

(c) 供应链支持需求

- ❑ 供应链支持需求明确，优化库存管理与物流配送，保障销售及时性。
- ❑ 通过与供应链团队合作，优化库存管理与物流配送，降低缺货风险。

注意，这里Kimi给出的也是自行生成的内容，可以进行有针对性的调整。确认无误后会看到一个“一键生成PPT”的按钮，如图5.1所示。

单击该按钮后会进入模板界面，选择一个合适的模板并单击“生成PPT”按钮，如图5.2所示。

稍等几秒钟，就会得到一个定制化、结构清晰、有图有字、可灵活编辑的完整PPT，其中的所有内容（文字、模板、颜色、图片等）都可以随时调整和更换，如图5.3所示，也可以直接下载到本地进行编辑。

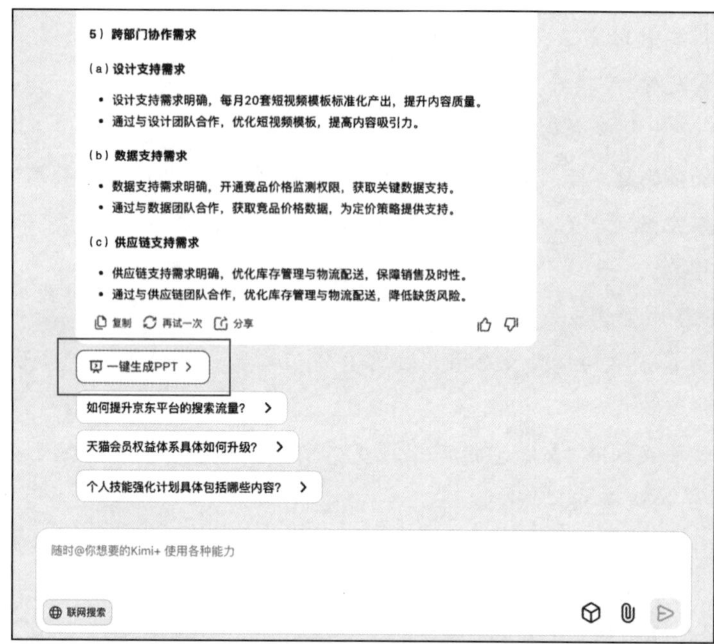

图 5.1 Kimi PPT 助手中的“一键生成 PPT”按钮

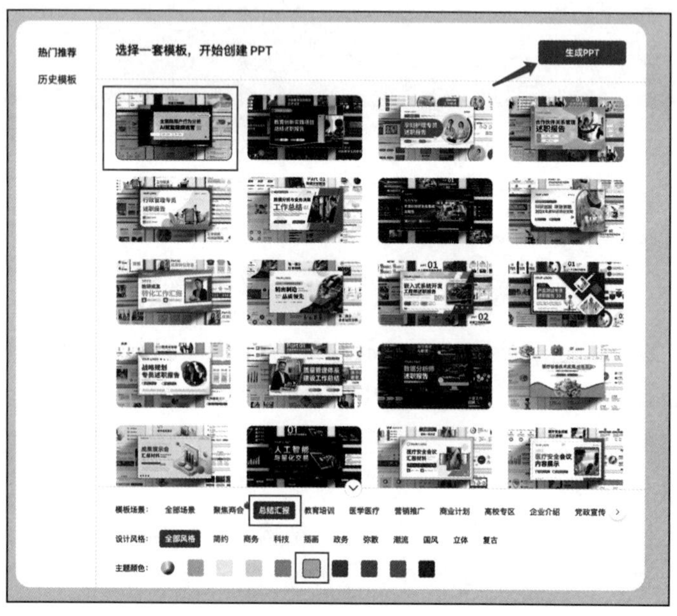

图 5.2 Kimi 生成 PPT 界面

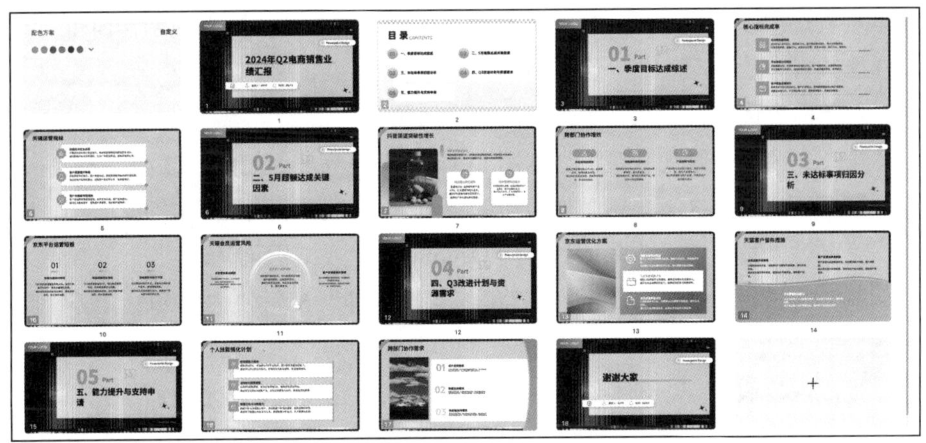

图 5.3　Kimi 生成的 PPT 成品

注意，此时我们完成了 1.0 版本的 PPT，它称为“结构基本达标、内容全靠编造”的 PPT。下一节我们将对这样一份 PPT 的内容进行优化，得到一份合格的 PPT。

5.2　DeepSeek 助力打造真实可用的 2.0 版本 PPT

5.2.1　快速完成内容优化及排版

1.0 版本的 PPT 虽然看起来有模有样，但离汇报版的 PPT 还差两个版本，还无法直接使用，为什么呢？

首先，由于企业内部通常都有自己的 PPT 模板，所以自动生成带模板的 PPT 无法直接使用；其次，由于内容是由 Kimi 根据大纲自动生成的，里面的观点、数据、内容等和实际情况并不匹配，所以无法直接使用。

那是不是 1.0 版本的 PPT 就毫无用处呢？当然不是。1.0 版本的 PPT 主要用处有 2 个：输出可用框架和提供格式参考。

1.0 版本的 PPT 输出了可用框架：如果有企业专用 PPT 模板，我们可以把直接生成的 PPT 内容粘贴到企业 PPT 模板中，这样就减少了一步步制作的时间；如果没有企业专用 PPT 模板，那就更方便了，我们后续直接在 1.0 版本的 PPT 上修改即可。

1.0 版本的 PPT 提供了格式参考：在逐页的呈现上提供了基本参考，内容若不可直接用，替换即可，毕竟从有到优的修改要比从无到有的创作简单。这同样能节省大量时间。

对于内容优化及排版，重点解决3个问题：

第一，内容标题无联系，如何用DeepSeek生成可用的内容；

第二，现成数据不会用，如何用DeepSeek快速分析并输出图表；

第三，大段文字看花眼，如何用DeepSeek完成结构化呈现。

第一步，用DeepSeek“数据解读+逻辑延伸”来解决内容和标题不一致问题。

生成内容假大空、与标题无关的问题，原因在于我们仅优化了PPT大纲，没有针对内容进行调整。这里先讨论如何单纯依靠DeepSeek来生成合适的内容，对于基于企业内部的数据和资料来进行补充的情况，将在第二步展开讲解。

可以采用如下的提问方式：

> 问：请基于数据结论[粘贴原文]，帮我完成以下任务：
>
> 用“现象—原因—影响”结构扩展成200字解说；
>
> 补充2个支撑观点的行业对比数据；
>
> 给出3条落地执行建议。
>
> 要求：每部分带小标题，用项目符号分点。

我们以前述“客户质量显著提升”为例，让DeepSeek进行补充。

> 问：请基于数据结论“客户质量显著提升：①新客首单均价升至286元，客户价值增长，营销策略精准触达高价值客群。②流量成本降15%，CPC同比降0.8元，营销效率提升，资源投放精准”，帮我完成以下任务：
>
> 用“现象—原因—影响”结构扩展成200字解说；
>
> 补充2个支撑观点的行业对比数据；
>
> 给出3条落地执行建议。

DeepSeek答：

> 一、现象—原因—影响结构化解说
>
> 【现象】新客首单均价同比提升21%（236元→286元），流量获取成本下

降15%且单次点击成本（CPC）降低0.8元，形成“高客单+低成本”双突破。

【原因】客户分层模型迭代（新增消费频次、跨品类偏好等6项指标），实施LTV预测驱动的精准投放策略，通过动态创意优化（DCO）技术实现千人千面素材匹配。

【影响】高价值客户占比提升至38%（基准值25%），客户生命周期价值（CLV）预估增长42%，释放的营销预算成功孵化直播、私域两大新增长极。

二、行业对比数据支撑

1. 据《2025电商营销白皮书》，行业新客首单均价均值203元（我司超出43%）。

2. 艾瑞咨询数据显示，TOP20电商企业CPC降幅普遍在5%～8%（我司15%，降幅达行业均值2倍）。

三、落地执行建议

1. 建立客户价值分层运营体系：按首单金额划分金、银、铜牌客户，设计差异化复购激励政策。

2. 搭建动态创意库：储备300多个场景化素材模板，通过A/B测试每周更新最优组合。

3. 构建营销效能监控看板：设置客户获取成本（CAC）/LTV比值预警线，实时优化投放策略。

这样，补充的内容和原有大纲是逻辑自洽的。当然，为防止AI幻觉，数据环节还需要二次验证。

第二步，用DeepSeek“数据叙事+图表建议”来解决现成数据无法使用的问题。

这里主要针对的是在制作汇报PPT时，有现成数据但不知道如何将其运用到PPT材料中的情况。

可以根据对应展示的内容进行提炼，采用以下提问方式：

现有电商销售数据包含[字段列表]，请完成：

1）提炼3个最具展示价值的数据结论；

2）为每个结论推荐2种图表类型；

3）写出图表注释的最佳话术模板。

要求：数据结论需包含对比维度（同比 / 环比 / 竞品）。

针对前述大纲销售数据环节，上传一份销售数据后问：

现有电商销售数据见附件，请完成：

1）围绕总销售额，提炼 3 个最具展示价值的数据结论；

2）为每个结论推荐 2 种图表类型；

3）写出图表注释的最佳话术模板。

DeepSeek 答：

结论 1：2023 年 1 ～ 5 月总销售额环比增长显著，3 月环比增幅达 25%。

对比维度：环比。

推荐图表：

1. 折线图：展示月度销售额趋势，突出 3 月峰值。

2. 瀑布图：直观显示各月增长 / 下降幅度。

话术模板：

折线图："2023 年 1 ～ 5 月，总销售额持续攀升，3 月环比增长 25%，为增长最快月份，驱动整体业绩提升。"

瀑布图："3 月销售额净增 ×× 万元，贡献全年总增长的 60%，成为关键增长点。"

（见图 5.4）

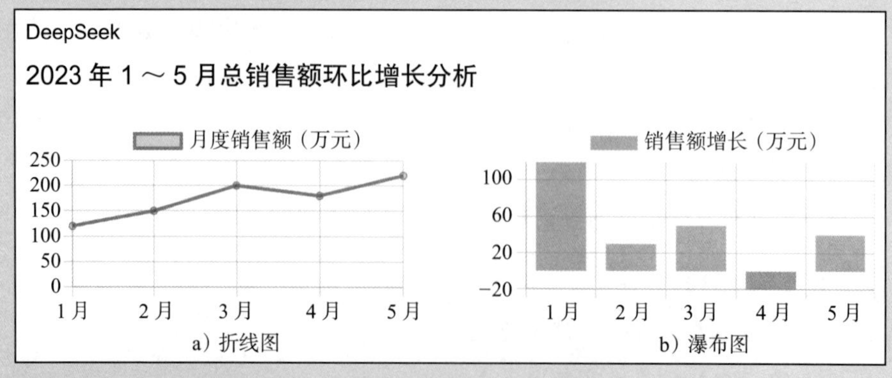

图 5.4 折线图和瀑布图

结论 2：上海区域销售额占比 45%，显著领先北京（30%）与福建（15%）。

对比维度：区域对比。

推荐图表：

1. 饼图：展示区域销售额占比，突出上海主导地位。

2. 热力图：按区域和月份交叉分析销售额分布。

话术模板：

饼图："上海区域贡献 45% 的销售额，是核心市场；北京和福建分别占比 30% 和 15%，需针对性优化区域策略。"

热力图："上海在 1 ～ 5 月均保持高销售密度，3 月单月销售额占区域总量的 35%。"

（见图 5.5）

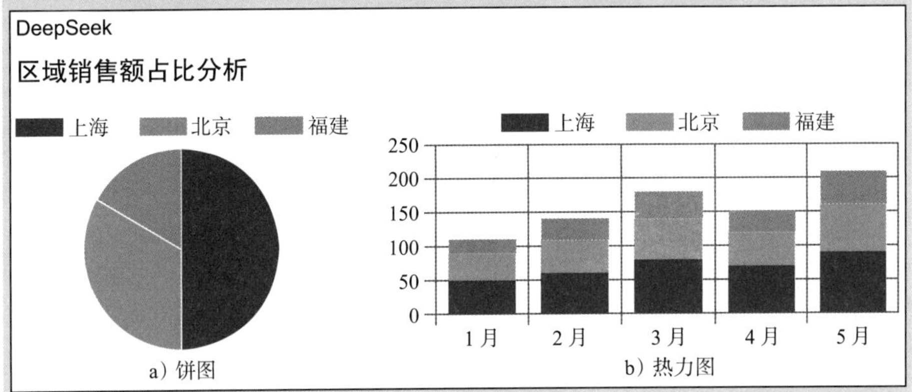

图 5.5　饼图和热力图

结论 3："杰克狼"品牌销售额占比 40%，远超竞品"爱家兔"（30%）与"九月风"（20%）。

对比维度：竞品对比。

推荐图表：

1. 簇状柱形图：对比各品牌分月销售额。

2. 雷达图：分析品牌在渠道、区域等多维度的竞争力。

话术模板：

簇状柱形图："'杰克狼'品牌在 3 月销售额突破 ×× 万元，较'爱家兔’高 30%，市场优势显著。”

雷达图：“‘杰克狼’在天猫和上海区域表现突出，综合竞争力全面领先竞品。”

（见图 5.6）

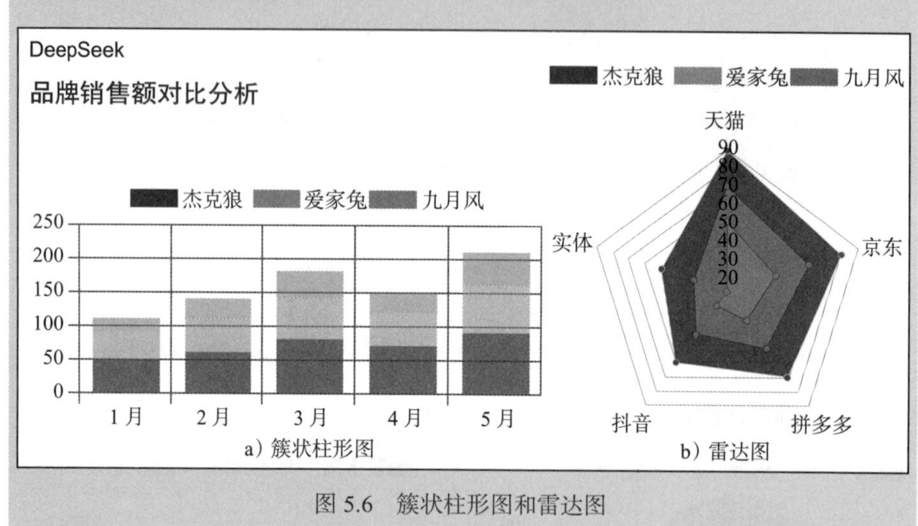

图 5.6 簇状柱形图和雷达图

（注：以上内容结论及图表均由 DeepSeek 直接生成，我们在第 7 章使用 DeepSeek 进行数据分析时会展开讲解。）

这样，我们将对应数据结果补充至 PPT 中，即可解决数据结论和可视化呈现问题。

第三步，用 DeepSeek“信息分层 + 关键词提取”来解决整页大段文字的结构化问题。

倘若生成了一整段的内容，类似第一步。如果直接粘贴至 PPT 中，会显得非常杂乱，如图 5.7 所示。

此时可以借助如下结构提问：

请将以下文字转换为 PPT 页面结构：

❑ 主标题：不超过 12 字

❑ 副标题：解释性短句

❑ 核心要点：不超过 3 条

❑ 底部结论：行动倡议式语句

原文：[粘贴文字]

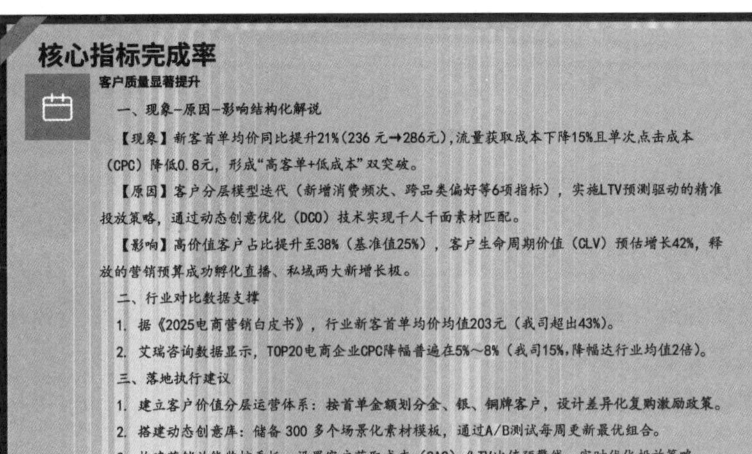

图 5.7 PPT 文字大段呈现

以前述文字为例，我们发给 DeepSeek。

问：请将以下文字转换为 PPT 页面结构：

❑ 主标题：不超过 12 字

❑ 副标题：解释性短句

❑ 核心要点：不超过 3 条

原文：[一、现象—原因—影响结构化解说

【现象】新客首单均价同比提升 21%（236 元→286 元），流量获取成本下降 15% 且单次点击成本（CPC）降低 0.8 元，形成“高客单 + 低成本”双突破。

【原因】客户分层模型迭代（新增消费频次、跨品类偏好等 6 项指标），实施 LTV 预测驱动的精准投放策略，通过动态创意优化（DCO）技术实现千人千面素材匹配。

【影响】高价值客户占比提升至 38%（基准值 25%），客户生命周期价值（CLV）预估增长 42%，释放的营销预算成功孵化直播、私域两大新增

长极。

二、行业对比数据支撑

1. 据《2025 电商营销白皮书》，行业新客首单均价均值 203 元（我司超出 43%）。

2. 艾瑞咨询数据显示，TOP20 电商企业 CPC 降幅普遍在 5% ～ 8%（我司 15%，降幅达行业均值 2 倍）。

三、落地执行建议

1. 建立客户价值分层运营体系：按首单金额划分金、银、铜牌客户，设计差异化复购激励政策。

2. 搭建动态创意库：储备 300 多个场景化素材模板，通过 A/B 测试每周更新最优组合。

3. 构建营销效能监控看板：设置客户获取成本（CAC）/LTV 比值预警线，实时优化投放策略。]

DeepSeek 答：

页面 1：现象与突破

主标题：新客首单均价提升 21%

副标题：高客单 + 低成本双突破

核心要点：

- ❑ 新客首单均价提升至 286 元。
- ❑ 流量获取成本下降 15%。
- ❑ 单次点击成本（CPC）降低 0.8 元。

底部结论：以“高客单 + 低成本”模式持续优化获客效率！

页面 2：原因分析

主标题：精准投放策略升级

副标题：客户分层模型 + 动态创意优化

核心要点：

- ❑ 新增 6 项指标优化客户分层模型。
- ❑ LTV 预测驱动精准投放。
- ❑ 动态创意优化（DCO）实现千人千面。

底部结论：用数据驱动策略，实现精准获客！

……（中间略）

页面 5：落地执行建议

主标题：三大执行策略

副标题：构建高效运营体系

核心要点：

- 建立客户价值分层运营体系。
- 搭建动态创意库，储备 300 多个素材模板。
- 构建营销效能监控看板，实时优化策略。

底部结论：立即行动，打造可持续增长引擎！

这样就可以快速实现内容逻辑自洽的结构化呈现，我们将其复制粘贴至原有 PPT 中，如图 5.8 所示。

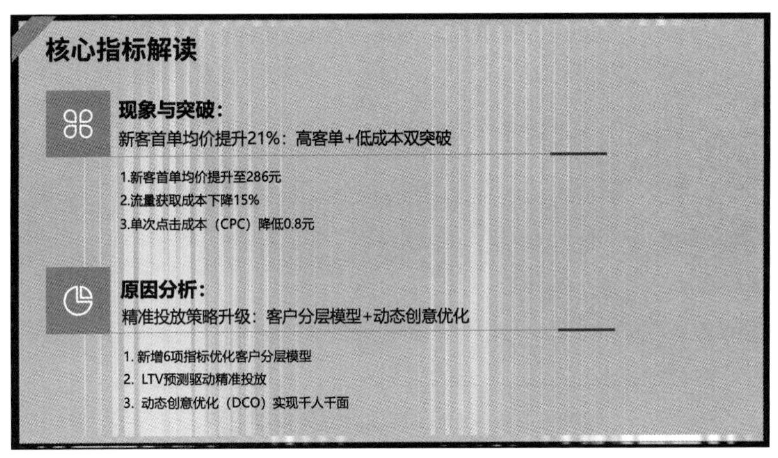

图 5.8　PPT 文字结构化呈现

当然，我们还可以进一步提升呈现效果。

5.2.2　轻松搞定可视化素材

当我们已经将文字结构化，但不想用纯文字来展现逻辑观点，希望通过可视化素材在 PPT 上更好地呈现时，如果单独插入图片（例如思维导图）无法编辑，我们更倾向选择矢量图。之前我们往往需要自行绘制或者网上搜索矢量图的素材，比较耗时耗力，此时我们可以借助其他工具一键可视化，比如 Napkin（可免费使用）。

在浏览器搜索 https://www.napkin.ai/，注册后点击新建，就会看到两个界面，一个是输入标题 AI 帮你生成，一个是直接粘贴现有的文字，如图 5.9 所示。

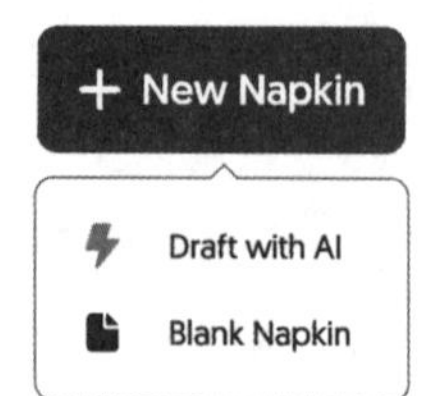

图 5.9 Napkin 新建的两种方式

因为我们已经将文字结构化了，现在可以尝试将文本内容复制粘贴进去，然后点击左侧的闪电标识，如图 5.10 所示。

图 5.10 Napkin 自动生成矢量图过程

这个时候就会出现一系列精美的、符合文字结构的、可进行二次编辑的可视化素材，可以根据需求任意筛选，如图 5.11 所示。

我们也可以添加更多文字内容，同样可以进行有效整合，如图 5.12 所示。

我们可以根据自己的需求调整里面对应的内容、颜色，然后点击右上角的下载，保存为 SVG 矢量图格式，如图 5.13 所示。

然后，我们将矢量图导入 PPT 中，即可在 PPT 中根据实际需求进行编辑，如图 5.14 所示，这样就可以帮我们节省大量内容可视化的时间。

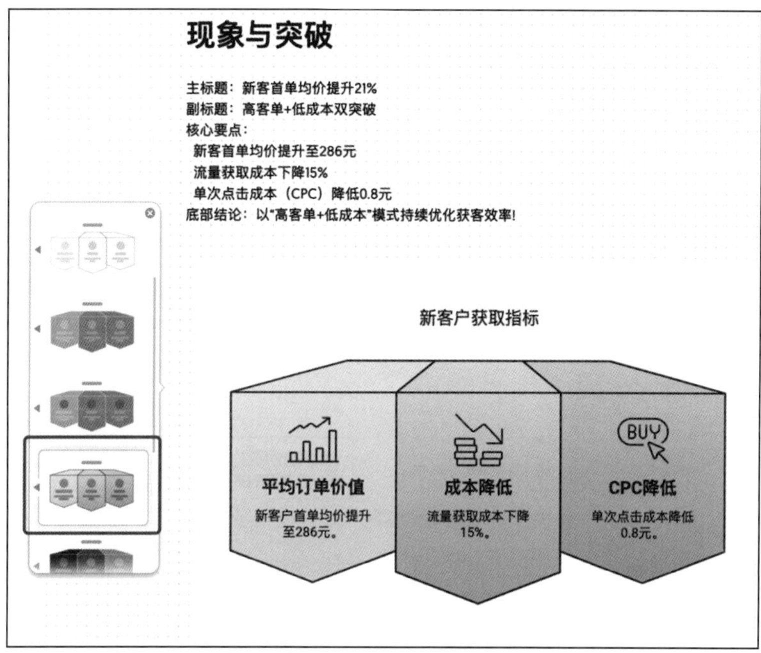

图 5.11　Napkin 生成素材

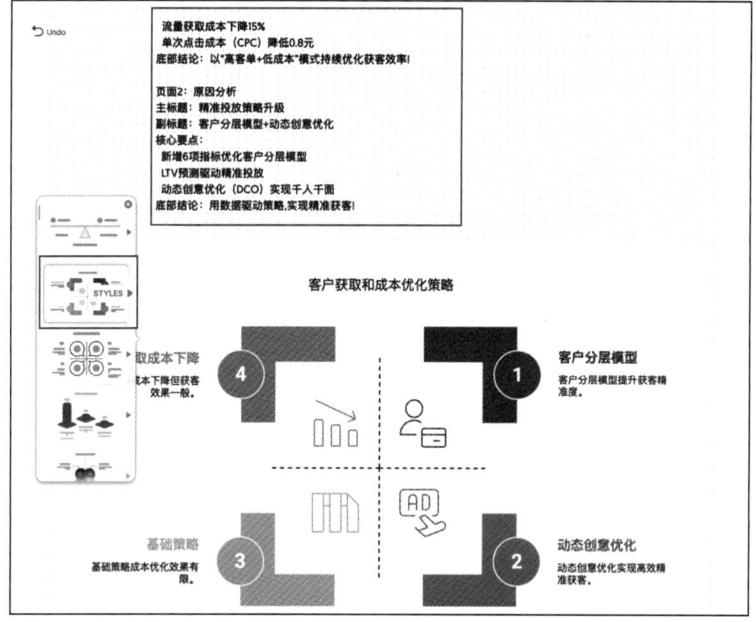

图 5.12　Napkin 整合更多文字生成素材

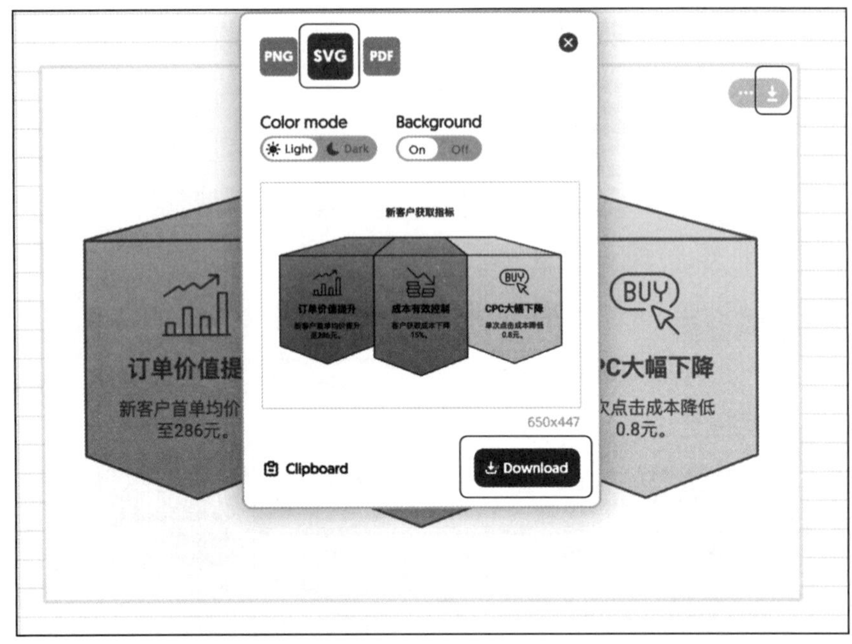

图 5.13　保存为 SVG 矢量图格式

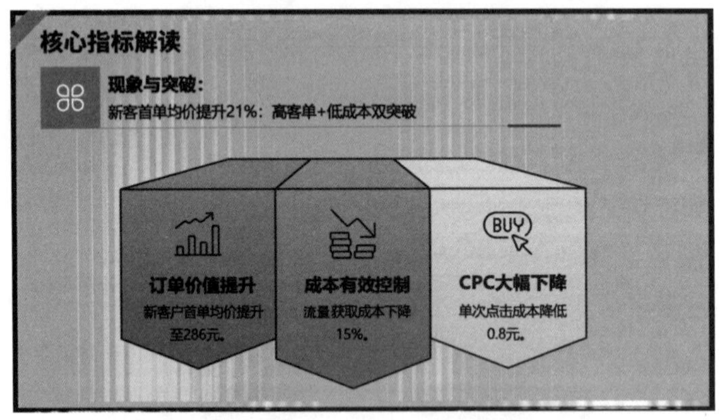

图 5.14　PPT 内继续修改

5.2.3　重复动作自动化实现

倘若我们需要在 PPT 内做很多重复性的工作，例如我们要在一页 PPT 当中插入多个图片素材，但是图片大小各不相同时，如图 5.15 所示，就需要一张张手动调整，很费时间。

图 5.15　多个图片素材

对于类似这种重复的动作，我们可以直接让 DeepSeek 帮我们自动化批量处理，一键完成。

这时候只需要直接将需求发给 DeepSeek，可以使用以下结构提问：

帮我写一个 PPT 专用宏代码，[具体自动化任务]。

问：帮我写一个 PPT 专用宏代码，可以将 PPT 内的所有图片统一调整为 1 ：1 比例，大小一致、不变形不拉伸。

DeepSeek 答：

要在 PowerPoint 中编写一个宏代码，将所有图片调整为 1 ：1 比例并保持大小一致且不变形，可以使用 VBA（Visual Basic for Applications）来实现。以下是一个示例代码：

```
Sub ResizeImagesToSquare()
    Dim slide As slide
    Dim shape As shape
    Dim targetWidth As Single
    Dim targetHeight As Single
    Dim aspectRatio As Single

    '设置目标宽度和高度（以磅为单位）
```

```
        targetWidth = 200 ' 你可以根据需要调整这个值
        targetHeight = 200 ' 你可以根据需要调整这个值

        ' 遍历每一张幻灯片
        For Each slide In ActivePresentation.Slides
        ' 遍历幻灯片中的每一个形状
        For Each shape In slide.Shapes
            ' 检查形状是否为图片
            If shape.Type = msoPicture Then
              ' 计算图片的宽高比
              aspectRatio = shape.Width / shape.Height
    ……（中间略）
        Next shape
      Next slide
    End Sub
```

代码说明：

1. targetWidth 和 targetHeight：这是你希望图片调整后的宽度和高度。你可以根据需要调整这些值。

2. aspectRatio：计算图片的宽高比，以确保调整大小后图片不会变形。

3. LockAspectRatio：设置为 msoFalse，以便可以独立调整宽度和高度。

4. Left 和 Top：将图片居中放置在幻灯片上。

使用方法：

1. 打开 PowerPoint，按 Alt + F11 打开 VBA 编辑器。

2. 在 VBA 编辑器中，点击 Insert > Module，然后粘贴上述代码。

3. 关闭 VBA 编辑器，回到 PowerPoint。

4. 按 Alt + F8，选择 ResizeImagesToSquare，然后点击 Run。

我们打开 PPT，按照 DeepSeek 给我们的步骤找到宏，打开，如图 5.16 所示。

然后按照要求将代码粘贴，将光标移到开头，点击最上方的三角形【运行】，如图 5.17 所示。

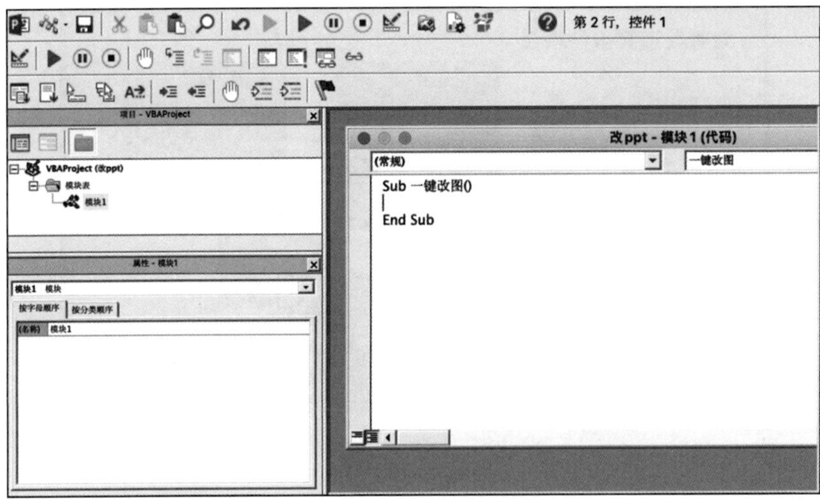

图 5.16　PPT 宏代码编辑

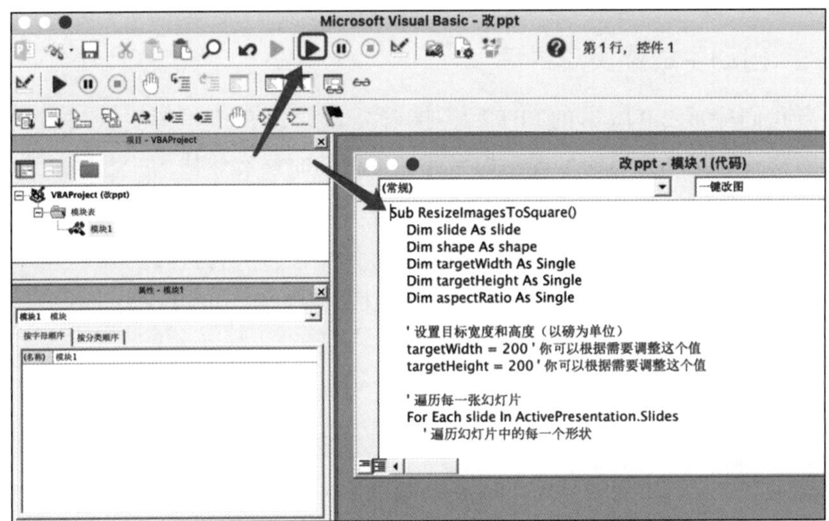

图 5.17　宏运行

然后就可以将所有图片调整为统一大小，见图 5.18，后续根据实际需要自行调整放置的位置即可。

至此，我们就借助 DeepSeek 完成了 PPT 内容的优化、将文字转成可视化素材，并通过自动化解决重复动作的问题，这样就拥有了一份真实可用的 PPT，也就是 2.0 版本的 PPT。

图 5.18 PPT 自动将图调整大小一致

5.3 DeepSeek 助力构建会讲故事的 3.0 版本 PPT

5.3.1 自动生成逐页演讲稿

当我们完成 2.0 版本的 PPT 后，接着是如何让 PPT 发挥更大讲解价值。PPT 毕竟只是部分内容的呈现，如果我们汇报的时候突然怯场，上台以后大脑一片空白，临时准备的演讲稿全都记不住了，对着听众和 PPT 不知道说什么，此时就算你的 PPT 内容非常专业，也会让你此次汇报大打折扣。

如何让 DeepSeek 在汇报 PPT 环节也能发挥作用，可以让 DeepSeek 结合每一页的内容为我们自动生成演讲稿。

具体方法如下：

第 1 步，将对应 PPT 页面截图，或者直接将 PPT 另存为图片格式。

比如这里我们还是选择图 5.14。

第 2 步，把图片上传到 DeepSeek，同时提问。

> 提问方法为：[角色]，请把我上传的 PPT 内容转化为高水平的演讲稿，能精准表达 PPT 图片的核心观点，用演讲稿的标准格式输出。
>
> 问：我是电商销售新人，需要向销售总监汇报季度业绩情况，请把我上传的 PPT 内容转化为高水平的演讲稿，能精准表达 PPT 图片的核心观点，用演讲稿的标准格式输出。

DeepSeek 答：

这一页我汇报的主题是："新客首单均价提升 21%——高客单与低成本双突破"。接下来，我将从现象、突破与结论三个维度展开。

第一部分：现象与突破

本季度，我们实现了两项关键突破："高客单价"与"低成本获客"的同步优化。

第一，新客首单均价显著提升。

通过优化商品组合策略与精准营销，新客首单均价从基础值跃升至 286 元，同比提升 21%。这一数据表明，我们的客户质量与消费意愿明显增强，为后续复购与长期价值奠定了基础。

……（中间略）

本季度的突破证明，"降本"与"增效"并非对立，而是共赢的关键杠杆。未来，我们将以更精细的运营、更敏捷的策略，持续优化获客效率，为全年目标达成提供坚实支撑！

第 3 步，将 DeepSeek 生成的内容复制粘贴到 PPT 下方，如图 5.19 所示。

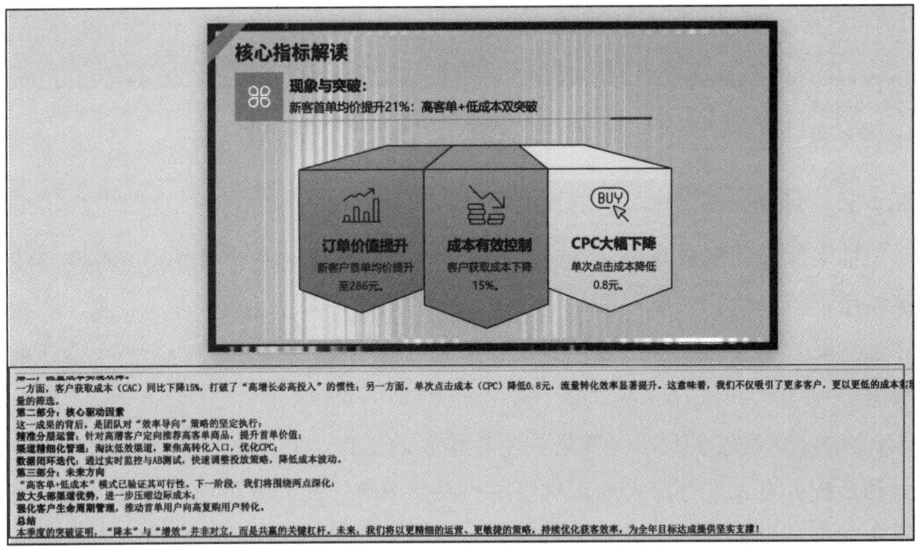

图 5.19　PPT 添加演讲稿

第 4 步，在汇报时设置【演示者视图】，如图 5.20 所示。

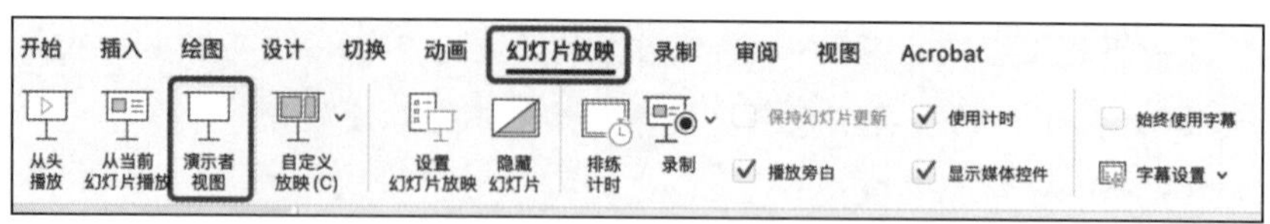

图 5.20 PPT 设置演示者视图

这样，当你在汇报时，别人看到的是完整 PPT，而你就可以对着演讲稿进行分享。如图 5.21 所示。

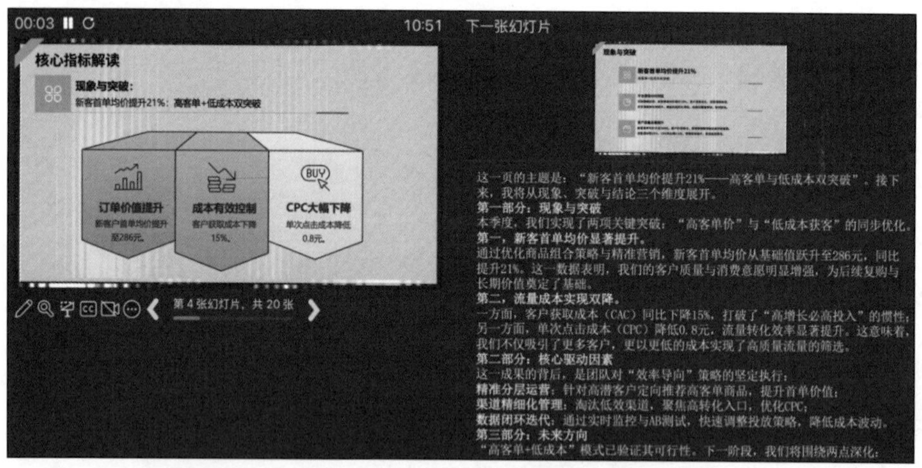

图 5.21 演示者视图的汇报效果

5.3.2 快速添加引人入胜的好故事

如果你能从本章开头一路跟随实操到现在，相信你已经能够成功制作一份高质量汇报级的 PPT 和对应的演讲稿了。如果你还希望更进一步，让这次汇报更加精彩、更具吸引力。我们还可以借助 DeepSeek 来帮我们构思一个合适的故事。

"讲好商业故事"本身就是一项有难度的工作，它需要汇报者能就汇报题材和汇报者本人进行深入地素材挖掘和原型构建。此处更多地是给读者在"汇报中如何添加故事"一些启发和参考，完全由 DeepSeek 构建的故事虚假程度较高，可以借鉴思路和结构，但不可直接使用。

讲故事并非是讲述和汇报主题无关的内容，而是通过故事的结构和设计让汇报更加生动。考虑到部分读者可能对在工作中讲故事缺乏感知，笔者结合线下大量“用数据讲故事”主题的培训和咨询经验，结合5.1节中5大PPT使用场景，分别设计了一个合适的故事结构，见表5.2。

表5.2　不同场景下PPT适配的故事结构

PPT使用场景	核心诉求	适配故事结构	结构拆解
工作汇报型	展现问题解决能力	SCR结构	背景→冲突→解决
项目提案型	说服决策者支持	PSV结构	问题→方案→价值
产品发布型	制造市场记忆点	英雄之旅结构	现状→召唤→蜕变→新世界
培训教学型	促进知识转化	BAB结构	错误→示范→方法论
年终总结型	凸显团队价值	STAR-R结构	背景→任务→行动→结果→方法论

1. 工作汇报型PPT：使用SCR故事结构

工作汇报型PPT往往是为了展示成果、解决问题、争取资源，适合用“挑战–突破型”的故事来体现解决问题的能力。

使用最多的是SCR故事结构，具体为：

- ❑ Situation（背景）：项目初始目标或团队面临的常规状态。
- ❑ Complication（冲突）：突发问题（如资源不足、时间压力、技术瓶颈）。
- ❑ Resolution（解决）：解决方案与最终成果。

用SCR结构讲故事举例如下：上季度，我们团队的目标是提升客户留存率（Situation）。但数据分析显示，老用户流失率突然飙升20%(Complication)。通过用户调研，我们发现是因为竞品推出了新功能。我们快速调整策略，在两周内上线了针对性服务模块，最终留存率回升并反超竞品5%（Resolution）。

2. 项目提案型PPT：使用PSV故事结构

项目提案型PPT的核心目标是说服决策者支持新方案，适合用“愿景驱动型”的故事来描绘未来价值。

最简单常用的是PSV故事结构，具体为：

- ❑ Problem（问题）：当前痛点（用数据或案例说明）。
- ❑ Solution（方案）：创新提案。
- ❑ Value（价值）：可量化的预期收益（如成本降低30%、效率提升50%）。

用PSV结构讲故事举例如下：目前公司客服响应时长平均15分钟（Problem）。我们计划引入AI智能工单系统（Solution），预计可将响应时间缩短至3分钟内，每年节省人力成本200万，客户满意度提升25%（Value）。

3. 产品发布型PPT：使用英雄之旅故事结构

产品发布型PPT的主要作用是激发兴趣、传递产品价值，适合用“用户旅程型”的故事来完成从痛点到爽点的阐述。

推荐使用英雄之旅（Hero’s Journey）故事结构，来自约瑟夫·坎贝尔的《千面英雄》，具体为：

- ❑ 现状：用户原有使用场景的痛点。
- ❑ 召唤：产品如何介入改变现状。
- ❑ 蜕变：不断打磨后产品升级。
- ❑ 新世界：使用产品后的理想状态。

用英雄之旅结构讲故事举例如下：设计师小王每天要花费3小时手动调整PPT格式（现状）。我们的智能排版工具一键自动优化版式（冒险召唤），在我们通宵达旦地研发下可以比竞品快70%（逐渐蜕变），现在他每天多出2小时专注创意设计，作品中标率提升了40%（新世界）。

4. 培训教学型PPT：使用BAB故事结构

培训教学型PPT是为了通过培训实现知识转化和行为改变，适合用“对比案例型”的故事让学员亲身感知错误和正确实践。

常用BAB故事结构，具体为：

- ❑ Before（错误）：错误做法导致的负面结果。
- ❑ After（示范）：正确方法带来的积极改变。
- ❑ Bridge（方法论）：可复用的方法论。

用BAB结构讲故事举例如下：市场部小李用红蓝撞色做促销PPT，客户反馈‘视觉疲劳’（Before）。学习了对比度平衡原则后，他改用主色+辅助色+中性色组合（Bridge），方案通过率从50%提升到90%（After）。

5. 年终总结型PPT：使用STAR-R故事结构

年终总结型PPT旨在通过一年工作和业绩的总结来展示个人/团队成长，继而规划未来。而成长需要有过程，适合用“成长弧光型”的故事来完成心路历程的复原。

线下反馈最好的是 STAR-R 故事结构，具体为：

- Situation（背景）：年初基础状态。
- Task（任务）：年度核心任务。
- Action（行动）：关键行动策略。
- Result（结果）：量化成果。
- Reflection（方法论）：经验沉淀（如“跨部门协作的 3 条原则”）。

用 STAR-R 结构讲故事举例如下：年初我刚接手项目时，团队新人占比 70%（Situation）。通过‘老带新实战制 + 每周案例复盘会’（Action），Q4 项目交付准时率从 65% 提升至 92%（Result）。我深刻意识到：标准化流程比个人能力更重要（Reflection）。

如何用 DeepSeek 在 PPT 汇报中添加合适的故事？主要包括如下 6 个步骤，前 5 个步骤是为了输出合适的故事结构，第 6 步是将内容直接补充至 DeepSeek 中，想要直接使用 DeepSeek 来制作 PPT 故事的读者可以直接跳到第 6 步。

第 1 步，定位核心信息。

记住，任何一个故事都需要有一个主题思想。比如在工作汇报 PPT 中添加一个故事，注意，这只是一个大的概念。加在哪，怎么加？其实取决于我们这里想要反映出的主旨究竟是什么。这里可以采用的方法称为“一句话总结”。

也就是“用一句话总结你想让听众记住的内容”，比如：资源整合能力是下个季度销售破局关键。

第 2 步，选择故事结构。

这就是刚刚整理的 5 种故事结构，可以根据 PPT 类型匹配上述结构模板，比如对于工作汇报型 PPT，就用 SCR 结构。

第 3 步，填充故事要素。

这里需要填充故事当中的具体要素，以便使故事更加充实。比如对于 SCR 中的 C（冲突），填充冲突公式的方法就是：目标 + 阻碍 + 代价。例如：“要在 2 周内上线新功能（目标），但技术团队被抽调到其他项目（阻碍），每延迟 1 天损失 50 万订单（代价）”。

第 4 步，强化记忆点。

以明确时间、地点、人物的方式增加故事细节和真实度。例如：“时间一点点消逝，但是我和团队依旧没放弃，4 月 20 日那天凌晨 3 点，国贸 18 楼的会议室白板上写满了公式……”。

第 5 步，设计互动钩子。

在故事中增加一些开放性问题，例如“如果是你，会怎么选择？”或数据悬念，例如“猜猜这个决定让我们最终节省了多少成本？”

第 6 步，将第 1 ～ 5 步完成的结构化问题发给 DeepSeek。

结构化提问模板为：

请基于以下信息生成一个职场演讲故事：

PPT 类型：________（如工作汇报 / 产品发布）

核心目标：________（如争取预算 / 说服客户）

关键数据 / 事实：________（如用户留存率下降 15%）

希望传递的价值观：________（如快速响应比完美更重要）

故事结构：________（如 SCR/ 英雄之旅）

我们以本章前面制作 PPT 的场景为例，销售新人要向销售总监进行季度业绩汇报，我们把提问模板补充完整后发给 DeepSeek。

问：请基于以下信息生成一个职场演讲故事：

PPT 类型：电商销售新人向销售总监进行季度业绩汇报

核心目标：希望能够争取更多地跨部门合作机会

关键数据 / 事实：5 月份的业绩重大突破，主要归功于供应链响应：→紧急订单处理时效≤ 24 小时（达成率 92%）→滞销库存转化率提升至 65%

希望传递的价值观：快速响应比完美更重要

故事结构：SCR

DeepSeek 答：

职场演讲故事：当“快一步”成为破局关键

——5 月业绩突破背后的跨部门协作启示

背景（Situation）

尊敬的各位领导、同事：

作为刚加入电商团队的新人，我第一次站在这里汇报时，内心充满忐忑。但今天，我想从一个“意外”说起——5 月大促前一周，合作主播突然临时加单 3 万件爆款 T 恤，而库存仅剩 8000 件。按照常规流程，补货至少需要 5 天，但留给我们的时间只有 48 小时。

那一刻，团队陷入两难：接单可能延迟发货，拒单则损失百万销售额。但最终，我们不仅完成了订单，还创造了季度最高单品纪录。这一切，都源于一次“不完美但极速”的跨部门协作。

冲突（Complication）

事实上，这类突发需求并非首次。过去，我们常因“追求完美”而错失机会：

- 供应链响应滞后：紧急订单平均处理需 72 小时，错过大促黄金期；
- 库存僵化：滞销品占比超 40%，却因部门数据壁垒难以快速调拨。

我曾问供应链同事：“为什么我们不能再快一点？”他的回答让我深思：“每个部门都在自己的流程里追求 100 分，但市场只给 60 分的机会窗口。”

解决（Resolution）

5 月的突破，正是打破这一困局的起点。我们与供应链部建立“战时协作机制”：

1. 24 小时极速响应：双方共享实时数据看板，将审批层级从 5 级压缩至 2 级。最终，紧急订单≤24 小时的达成率 92%，3 万件订单从生产到入仓仅用 38 小时；

2. 库存激活攻坚战：联合供应链、数据分析团队，针对滞销品设计“场景化套餐”，通过组合促销、直播专属福利等，让 65% 的“死库存”流动起来，甚至带动关联销售增长 20%。

记得供应链李经理在凌晨 2 点打来电话：“生产线已调通，但包装盒版本来不及更换，用基础款行吗？”我立刻回复：“客户要的是明天就能发货，不是完美的盒子。”第二天，这批“不完美”的包裹准时发出，换来的是店铺 4.9 分的物流评分。

终场（价值观升华）

这个故事背后，藏着两个比数据更重要的启示：

第一，“速度本身就是一种完美”。当市场变化快过内部流程时，用 80

分的方案抢占先机，远比用 100 分的方案错过战场更有价值。

第二，“跨部门协作不是‘支援’，而是‘共赢’”。这次合作中，供应链团队获得了反向优化排产流程的实战数据，而我们验证了“快速试错–迭代”模型的可行性。

因此，我恳请公司支持建立“常态化跨部门敏捷小组”：让销售前端的需求，能像 5 月那批紧急订单一样，快速穿透部门墙，转化为真正的战斗力。毕竟在电商战场，快一步破局，远比原地雕琢完美更重要。

谢谢大家！

这样，当我们在用 PPT 汇报时，在适当的环节加上故事，就会让你的演讲汇报能力直线提升。

PPT 之道不在炫技，而在“挪移”之妙。本章破除“一键生成”的虚妄执念，以乾坤大挪移七层心法为引，层层拆解结构化大纲、可视化叙事与自动化排版。初版 PPT 如粗胚铁器，需经数据淬火、故事锻打、交互开刃，终成汇报利剑。当演讲者借 AI 之力将零散元素挪移重组，枯燥数据便化为跌宕剧情，复杂逻辑转为清晰脉络。正如张无忌以挪移之术统御群雄，职场高手也能借这份“框架重构”的智慧，在汇报场域中四两拨千斤。

|第6章| CHAPTER

易筋经：DeepSeek业务洞察及流程可视化

“真气游走奇经八脉，如江河改道，终归大海……其精妙之处在于‘洗经伐髓，重塑脉络’”。

——笔者按

本章所述“业务洞察”，恰似武侠小说《笑傲江湖》中的功法《易筋经》，以图形为刃，剖解混沌。从流程图、甘特图到用户旅程图，12种工具如经脉般精准对应不同场景，借DeepSeek与Kimi之力，将庞杂的业务逻辑化为清晰脉络。小说中的《易筋经》能重塑武者体质，现实中的可视化技术也可“洗经伐髓”——诊断需求、迭代优化，最终打通业务闭环。无论是产品经理的“武功秘籍”，还是咨询顾问的“战略星图”，皆在数据流转间照见本质，令复杂世界从此有迹可循。

6.1 业务洞察：DeepSeek+Kimi一键可视化

6.1.1 12种业务可视化图形及其应用场景

在实际工作中，除了思维导图，还有很多工作需要用可视化呈现。比如，产品经理想让业务流程可视化，之前需要用Visio或ProcessOn等工具手动绘制；项目经理为有效跟进项目进展，需要绘制甘特图。当有了 DeepSeek，以上工作都可以在 DeepSeek 的帮助下自动实现，使用者只需要根据实际需求进行优化调整即可。

哪些业务场景需要用可视化图表？可视化呈现有何作用？如何用 DeepSeek 实现？笔者结合实际工作需要，为读者整理了完整的表格，具体见表 6.1。

表 6.1 12 种图形的职场应用场景及提示词指令示例

序号	图形类型	用途	职场应用场景	提示词指令示例
1	流程图	描述业务流程、操作步骤和逻辑分支	业务流程管理（如用户登录流程）、SOP 制定、项目管理中的任务分解	用 Mermaid 格式画出用户登录流程图，包含用户名、密码验证和验证码步骤
2	甘特图	展示项目时间规划和任务进度	项目管理（如年度营销活动规划）、研发计划排期、跨部门协作时间线	生成 Mermaid 甘特图，展示某电商平台年度促销活动的时间安排，包含 Q1 ～ Q4 的策划、执行和评估阶段
3	思维导图	梳理知识体系或需求分析中的核心概念与关联	需求分析（如用户认证系统）、知识图谱构建、会议讨论内容结构化	用 Mermaid 思维导图分析用户认证系统的关键实体（如用户、密码、验证码）及其关系
4	饼图	展示数据比例分布	销售业绩分析、市场占有率统计、资源分配比例展示	生成 Mermaid 饼图，展示某连锁餐厅早餐、午餐、晚餐和外卖的销售占比
5	序列图	表示对象或角色间的交互流程	客户服务系统设计、API 调用逻辑、用户与系统交互的可视化	用 Mermaid 序列图展示客户通过在线聊天解决问题的流程，包含请求分配、客服响应和评价环节
6	用户旅程图	描述用户在使用产品或服务过程中的体验路径	用户体验优化、产品需求分析、客户旅程映射	用 Mermaid 用户旅程图展示旅游网站用户从发现目的地到完成预订的全流程
7	时序图	展示事件按时间顺序的触发逻辑（与序列图类似，但更强调时间维度）	硬件系统时序分析、分布式系统事件追踪、多线程程序调试	生成 Mermaid 时序图，展示订单支付系统中支付请求、银行接口响应和状态更新的时间顺序
8	桑基图	用于可视化流量、能量、资源或数量的流动，通过有向箭头连接不同的节点来显示流动的路径和量级	数据分析、资源分配展示等	使用 Mermaid 语言生成一份桑基图，展示资源的流动路径和量级

（续）

序号	图形类型	用途	职场应用场景	提示词指令示例
9	类图	描述系统的数据结构及类之间的关系	软件系统设计（如ERP系统）、数据库建模、面向对象编程中的类关系梳理	生成Mermaid类图，描述零售企业ERP系统中的员工、库存和订单类及其关系
10	状态图	展示系统或用户在不同状态间的转换逻辑	电商购物车状态管理、设备运行状态监控、用户账户生命周期管理	用Mermaid状态图描述用户购物车的状态变化，包括添加商品、结算和支付成功等状态
11	实体关系图（ERD）	展示数据库中的实体及其关联关系	数据库设计、数据仓库建模、系统架构中的数据流分析	生成Mermaid实体关系图，展示电商平台的用户、订单和商品实体间的关联
12	图表集合	多种图表的组合展示	数据分析报告、综合展示、信息汇总等	使用Mermaid语言创建一个图表集合，展示项目的多个关键数据

当然，需要说明的是，本章的可视化图形是基于业务场景实现的，并不需要借助数据，基于数据处理实现的可视化图表将在下一章具体展开讲解。

6.1.2　利用DeepSeek还原可视化业务场景

基于DeepSeek当前的功能，是无法直接生成可视化图形的，此时我们可以继续借助Kimi帮我们完成可视化呈现。简单来说，由DeepSeek输出Mermaid格式的业务场景，再由Kimi生成可视化结果。

既然Kimi可以生成流程图，那为什么不直接全部交由Kimi实现呢？原因在于DeepSeek的问题处理能力始终优于其他国内大模型软件，尤其对于“还原我的工作业务场景”这种需要一定开放性联想能力的工作，DeepSeek（R1）一定是最佳选择。

比如我们把同样的问题分别发给Kimi和DeepSeek，看看它们最终呈现的流程图有何区别。

> 问：用Mermaid格式画出用户登录流程图，包含用户名、密码验证和验证码步骤。

此处省去过程，Kimi和DeepSeek生成的最终流程图如图6.1所示（左侧为 Kimi 生成，右侧为 DeepSeek 生成）。

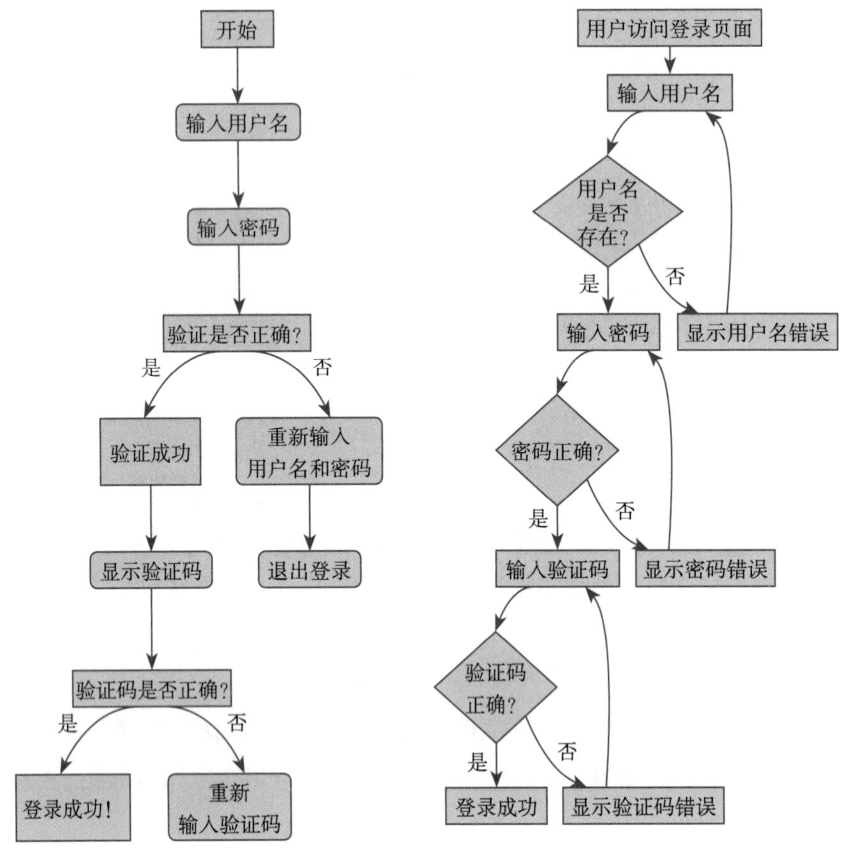

图 6.1 Kimi 和 DeepSeek 生成的流程图对比

可以明显看出，输入同样模糊的提示词，DeepSeek 生成的结果逻辑更严谨、思维链更全面。

这里我们举一个具体示例，比如我们作为一家外卖公司的运营人员，想要清晰地知道从顾客打开 App 到最终收到餐食都包含哪些步骤。

我们可以直接问 DeepSeek：用 Mermaid 格式画出用户从打开外卖 App 到最终收到餐食的流程图。

DeepSeek 的生成结果如图 6.2 所示。

此时还没有完成最终的流程图，我们将在下一节全部完成。

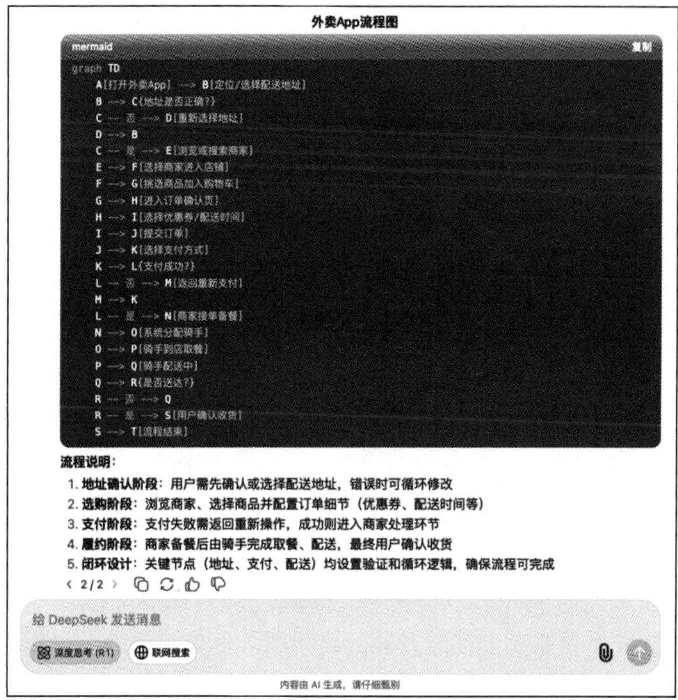

图 6.2　DeepSeek 生成 Mermaid 格式的流程图

6.1.3　全流程实现步骤

用 DeepSeek+Kimi 完成业务可视化图表，主要分为如下 5 个步骤：

步骤 1：需求诊断。先根据需求确定需要选择呈现什么样的业务场景、选择什么样的图形。

步骤 2：提示词匹配。从表 6.1 中选择对应的提示词示例，并将里面的场景进行替换。

步骤 3：DeepSeek 处理。把提示词发给 DeepSeek，记得开启深度思考（R1）模式和联网搜索功能，生成 Mermaid 格式的代码。

步骤 4：个性化迭代。对于 Mermaid 格式的代码，可以根据实际业务场景灵活调整，例如直接将代码复制到支持 Mermaid 格式的文档（比如飞书云文档）中进行调整。

步骤 5：Kimi 可视化生成。把确认后的 Mermaid 格式的代码发给 Kimi，由 Kimi 生成可视化图表。

从下一节开始，笔者将结合各类业务可视化图形在具体工作中的应用，通过 DeepSeek 和 Kimi 来带领读者一步步完成业务可视化图形的制作。

6.2 人人都是产品经理：轻松搞定业务流程图、项目甘特图、用户旅程图

如果把产品经理的工作比作建造摩天大楼，他们每天既要当设计师画蓝图，又要做包工头盯进度，还得化身物业经理听投诉。他们可能早上刚开完需求评审会，中午就要处理用户反馈的紧急问题，下午还得和程序员讨论开发周期。金融产品经理在合规红线和用户体验之间“走钢丝”，智能硬件负责人盯着生产线上的零件像在拼乐高，SaaS 产品经理则在客户的工作流程里充当“隐形管家”。这些跨界的角色，就像一名同时玩着俄罗斯方块、扫雷和贪吃蛇游戏的玩家。

这时候就需要几样趁手的工具来破局：

- 流程图是产品世界的 GPS 导航，能把“用户退款”这种弯弯绕绕的流程，变成非专业人士都能看懂的路线图。例如，保险公司用它理清理赔步骤，连新手客服都能迅速成为熟练工。
- 甘特图好比项目管理的指挥棒，能把 App 更新拆解为设计、开发、测试的接力赛，让设计师和程序员不再互相等档期。例如，制药公司搞新药研发，能靠它对齐实验室和临床的时间节点。
- 用户旅程图就像放大镜 + 显微镜的组合，能发现跨境电商在切换语言时的文化雷区，共享单车团队也曾用它揪出“还车必须手动关锁”这个不合理的设计，在改成自动落锁后，投诉量显著减少。

这三板斧把虚无缥缈的需求变成可落地的作战计划，就像把乱麻编成辫子——再复杂的业务，理着理着就顺了。

过去，产品经理需要手动完成这三大图形。接下来，我们无视工作年限和具体岗位，让 DeepSeek 帮我们自动完成，人人都可以是产品经理。

6.2.1 制作业务流程图

上一节已经给读者呈现了业务流程图的示例（如图 6.1 所示），本节换一个具体的案例重新操作一遍。比如，作为抖音的产品经理，我们想要去研究下目前抖音的支付流程都有哪些节点和环节，方便我们去做进一步的优化。我们按

照 6.1.3 节的五步法操作一遍。

步骤 1：需求诊断。抖音支付的流程图。

步骤 2：提示词匹配。因为是流程图，所以选择该提示词示例“用 Mermaid 格式画出用户登录流程图，包含用户名、密码验证和验证码步骤”，然后将其改写为“我是一名抖音的产品经理，请用 Mermaid 格式画出抖音支付整个环节的流程图”。

步骤 3：DeepSeek 处理。

> 问：我是一名抖音的产品经理，请用 Mermaid 格式画出抖音支付整个环节的流程图。

此时因为要了解当前最新的咨询和信息，所以在让 DeepSeek 回答之前需要开启深度思考（R1）模式和联网搜索功能。

DeepSeek 的回答如图 6.3 所示。

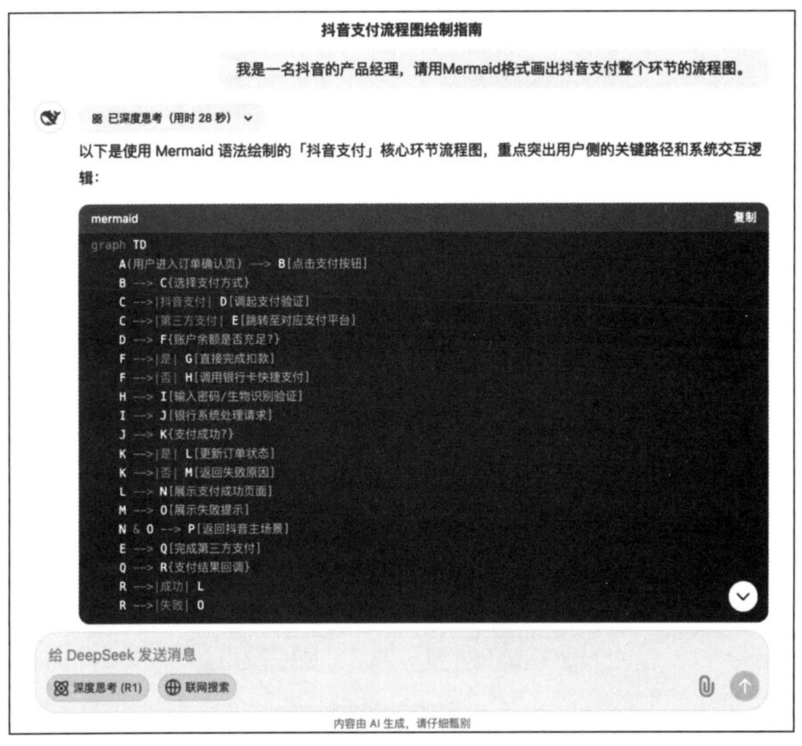

图 6.3　DeepSeek 生成的抖音支付流程图

步骤 4：个性化迭代。这里我们可以检查下 DeepSeek 深度思考的过程是否准确，如需调整就根据需求进行调整和优化，这里暂时不调整。

步骤 5：Kimi 可视化生成。复制 DeepSeek 生成的 Mermaid 代码，然后打开 Kimi 提问。

问：帮我把下面的内容生成流程图。[刚刚复制的 Mermaid 代码]

Kimi 生成的流程图如图 6.4 所示。

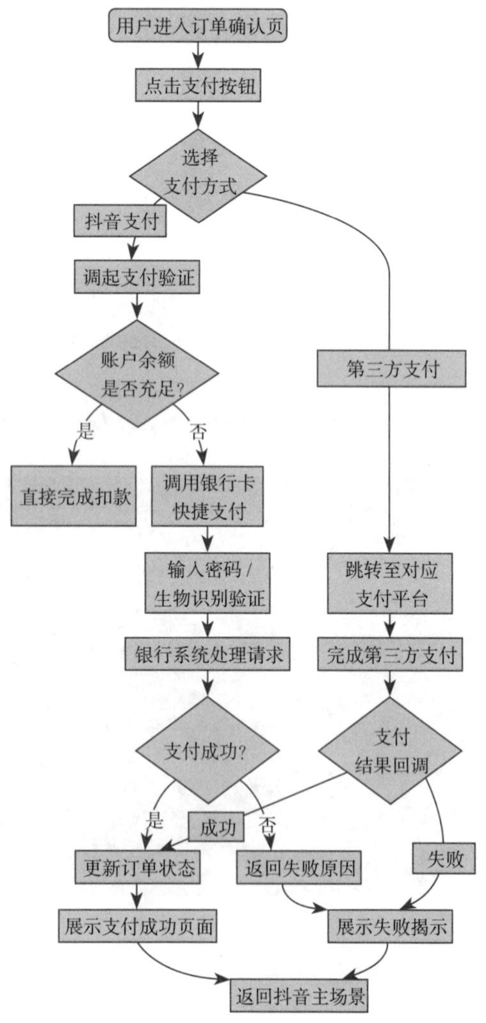

图 6.4 Kimi 生成的流程图

6.2.2 制作项目甘特图

接下来开始制作甘特图，此时我们化身为一个新能源汽车的产品经理，正在为新款 SUV 的智能语音系统项目感到焦头烂额。时间紧任务重，如何管理好项目非常关键。

我们按照 6.1.3 节的五步法再来操作一遍，此处简化同样的步骤和逻辑。

问：我是一名新能源汽车的产品经理，正在牵头各部门设计研发新款 SUV 的智能语音系统，计划从 2025 年 3 月起用 4 个月完工，事项不超过 10 项，请用 Mermaid 格式帮我画出该项目的甘特图。

DeepSeek 答：

```
gantt
title 新能源汽车 SUV 智能语音系统研发甘特图（2025 年 3 月～2025 年 6 月）
dateFormat      YYYY-MM-DD
axisFormat      %m-%d

section 需求阶段
市场调研与需求收集      :a1, 2025-03-01, 14d
需求规格说明书定稿      :after a1, 7d

section 设计阶段
系统架构设计            :2025-03-15, 14d
UI/UX 原型设计          :2025-03-22, 21d

section 开发阶段
语音识别模块开发        :2025-04-05, 28d
自然语言处理开发        :2025-04-12, 28d
语音合成模块开发        :2025-04-19, 21d
第三方服务集成          :2025-05-10, 14d

section 验证阶段
系统集成测试            :2025-05-24, 14d
```

```
    用户验收测试              :2025-06-07, 14d

    section 交付阶段
    车载系统部署              :crit, 2025-06-21, 7d
    项目总结报告              :2025-06-28, 3d
```

用 Kimi 制作的甘特图如图 6.5 所示。

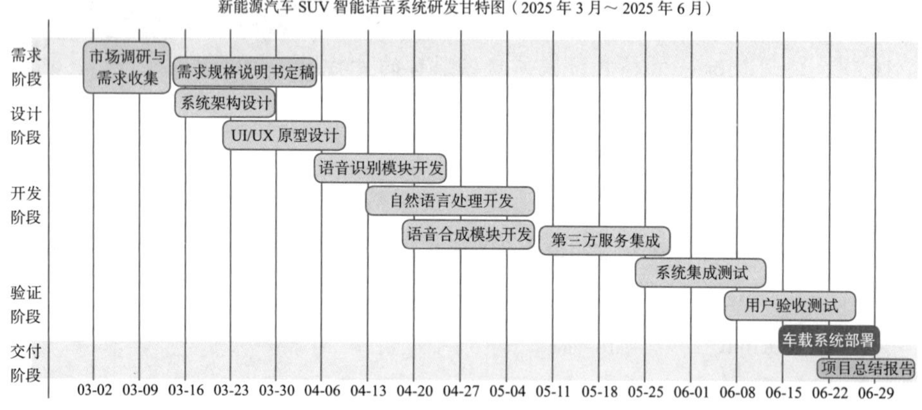

图 6.5 Kimi 生成甘特图

当然，示例中的项目数、节点、周期时长，都可以根据实际项目情况在第 4 步进行灵活调整，以及时满足项目经理为推进项目的实际需要。

6.2.3 制作用户旅程图

我们再次切换角色，成为一个酒店业务的产品经理，想要优化一下商旅用户从确定目的地到最终完成酒店预定全流程的用户体验，此时通过用户旅程图可以更直观地反映出问题点。

> 问：我是酒店业务的产品经理，想要优化一下商旅用户从确定目的地到最终完成酒店预定全流程的用户体验，用 Mermaid 格式画出完整的用户旅程图。

（注：经咨询专业人士，商旅用户体验优化是由商旅部门产品经理负责的，本节仅为操作需要，暂不更改。）

DeepSeek 答：

```
journey
  title 商旅用户酒店预订全流程旅程图

  section 计划阶段
    确定出差需求：5：用户
      用户行为：收到公司出差通知，明确城市/日期/预算
      思考/情绪："需要尽快安排行程，但不确定如何平衡公司政策和
  便利性"
      触点：公司邮件/内部系统通知
      痛点：政策模糊、行政流程不透明
      机会点：与企业 OA 系统打通，自动同步差旅政策

  section 搜索阶段
    搜索酒店：4：酒店 App/ 网站
      用户行为：输入城市、日期、关键词（如会展中心附近）
      思考/情绪："希望快速找到符合报销标准的酒店"
      触点：搜索框、商旅专区入口
      痛点：默认排序不符合差旅需求、协议酒店标识不明显
      机会点：智能推荐协议酒店 + 突出显示企业专属价
  ……（中间略）
  section 后续服务
    行程管理：4：订单详情页
      用户行为：查看电子发票、下载住宿凭证
      思考/情绪："希望自动同步报销系统，减少手工操作"
      触点：发票自动推送企业 OA、行程提醒
      痛点：报销材料整理耗时
      机会点：与财务系统集成实现自动对账
```

Kimi 的最终呈现结果如图 6.6 所示，这是关于用户体验的全流程用户旅程图，可以用来与实际业务场景进行核对，也可以根据实际业务进行调整，真实还原业务场景。

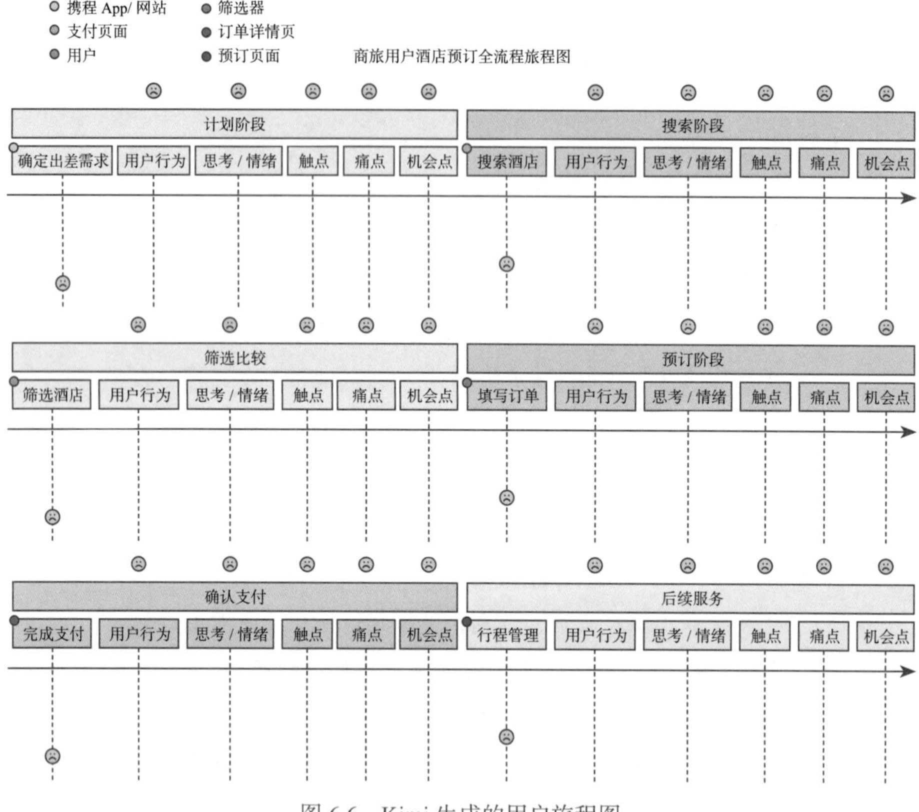

图 6.6 Kimi 生成的用户旅程图

6.3 人人都是顾问专家：顶级咨询都在用的业务可视化呈现

顶尖咨询公司的核心竞争力，往往藏在那些令人惊艳的数据图表里。当企业高管面对海量数据手足无措时，顾问团队提供的桑基图、思维导图和综合图表，就像给商业世界装上透视镜——原本混沌的客户流失数据变成清晰的“资金河流”，复杂的战略选择被拆解成可触摸的决策树。这些图形不仅是价值百万的 PPT 装饰，还是穿透商业本质的认知棱镜：贝恩用桑基图给零售巨头做“成本血管造影”，麦肯锡用思维导图重构车企数字化转型路径，罗兰贝格的综合图表甚至能预判行业变革的蝴蝶效应。

而我们细致去看：

- 桑基图如同商业世界的流量监测仪，粗壮的“主干道”显示核心业务流向，毛细血管般的细支线暴露出资源损耗点。
- 思维导图是战略思考的脚手架，中心主题延伸出战略支点，二级分支标注落地动作，末梢挂着风险预警。某银行用它规划智能投顾业务，把200页的文档浓缩成1张可视化的“作战星图”。
- 综合图表则是决策者的多维度望远镜，柱状图用于对比竞品市场份额，折线图用于追踪用户生命周期价值，热力图用于扫描区域市场饱和度。

这些图形工具如同商业战场的北斗系统，把模糊的直觉变成精准的坐标——当数据开始跳舞，战略就找到了节拍。

6.3.1 制作桑基图

桑基图在大部分读者的工作中较为少见，它是一种用于可视化数据流动的图表，通过宽度变化的箭头或线条来表示数据的流向和数量。这种图表非常适合用来展示复杂系统中数据的分配、转移和流动情况。

下面不做过高要求，我们以操作实现为主。

> 问：使用Mermaid格式生成一份桑基图，展示资源的流动路径和量级。

DeepSeek答：

```
sankey-beta
A，B，10
B，C，5
B，D，5
C，E，2
C，F，3
D，F，4
D，G，1
E，H，2
F，H，3
F，I，1
```

```
G, I, 1
H, J, 5
I, J, 2
```

Kimi 的最终输出结果如图 6.7 所示。

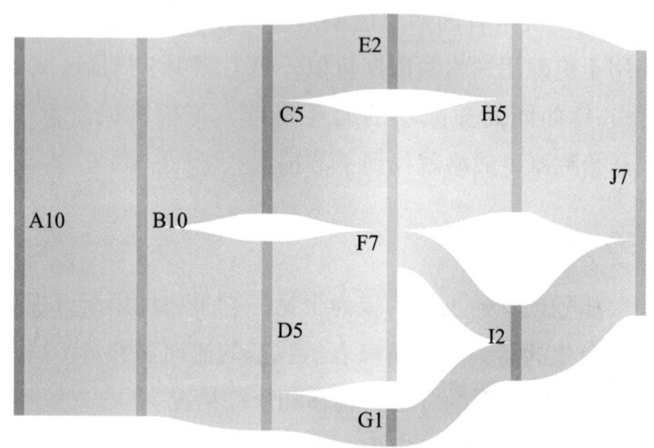

图 6.7 Kimi 生成的桑基图

由于设备性能和稳定性的差异，Mermaid 代码不一定每次都能成功生成图形，若未出现图形，读者可以将 Mermaid 代码复制，选用在线工具编辑生成。

6.3.2 制作思维导图

这里提到的思维导图和第 8 章有所不同，更多是作为咨询顾问，希望通过海量信息为自身进行决策判断时提供有效的业务启发。

> 问：作为一家国产手机厂商的咨询顾问，请你整理一下华为三折叠手机发布会的重点，使用 Mermaid 语言生成一份从左往右的思维导图。

DeepSeek 答：

```
mindmap
  root ((华为三折叠手机发布会重点))
    设计与外观
```

三折叠设计
10.2 英寸超形态三折叠大屏
3K 超高清分辨率
岩脉纹理设计
八角星钻设计
铰链技术
天工铰链系统
多驱精密调校技术
火箭钢核心部件
屏幕技术
超形态叠层设计
多向弯折柔性材料
非牛顿流体 +UTG 复合抗冲材料
3K 超清显示屏
影像系统
XMAGE 影像系统
可变光圈主摄
超广角与潜望式长焦摄像头
系统与 AI
HarmonyOS 系统
小艺 AI 助手
AI 文字编辑、信息顾问、AI 修图
通信与功能
灵犀通信
天通卫星通信
UWB 无感车钥匙功能
使用体验
单屏、双屏和三屏三种形态
92% 屏占比
大屏阅读、观影、理财、办公

Kimi 的最终生成结果如图 6.8 所示。

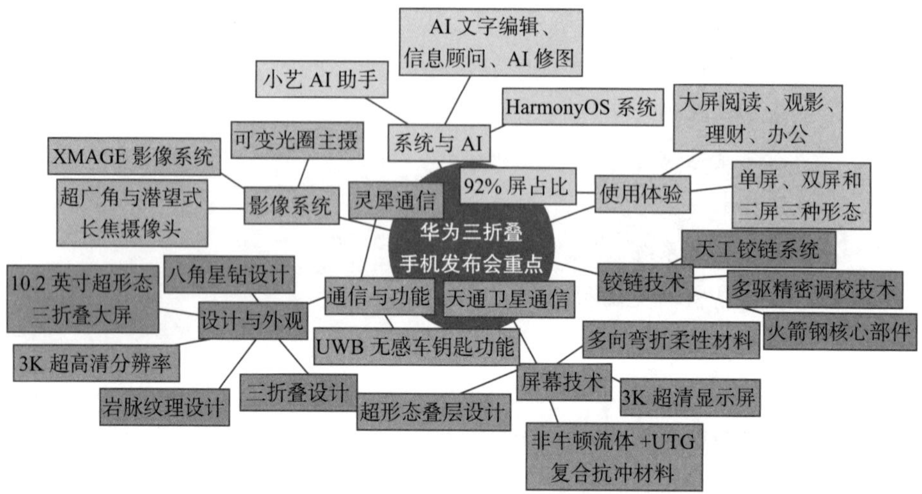

图 6.8 Kimi 生成的思维导图

6.3.3 制作图表集合

如果说要进行一些全方位分析，想一次性全部体验到各类业务图形，那就不妨试试图表集合。

比如我现在是一个金融机构的工作人员，2 月份正在开展开门红活动，但是对于该展示哪些业务流程不是很清楚，想要全面一点的建议，方便对我有启发，此时就可以把问题抛给 DeepSeek。

问：我正在开展一个金融行业的 2 月开门红活动，使用 Mermaid 语言创建一个图表集合，展示项目的多个关键数据，包含流程图、饼图、序列图、状态图。

DeepSeek 答：

以下是为金融行业 2 月开门红活动设计的 Mermaid 图表集合，包含 6 种图表类型，已按逻辑分组并添加注释说明：

```
%%{init: {'theme': 'neutral'}}%%
flowchart TD
```

```
    A[ 活动启动会 ] --> B[ 客户名单筛选 ]
    B --> C[ 产品方案设计 ]
    C --> D[ 营销渠道投放 ]
    D --> E[ 客户经理跟进 ]
    E --> F[ 业绩达成追踪 ]
    F --> G{ 目标完成 ?}
    G -->| 是 | H[ 奖励兑现 ]
    G -->| 否 | I[ 复盘改进 ]
……（中间略）
图表说明：
1. 流程图：展示从活动启动到收尾的完整业务闭环流程
2. 思维导图：分解项目战略目标与执行要素，突出多维度协同
3. 饼图：可视化资源配置策略，体现数字化营销优先原则
4. 序列图：描绘客户参与旅程中的系统交互过程
5. 类图：定义核心业务对象及其关系，支持系统开发
6. 状态图：跟踪项目进度状态迁移，设置关键节点预警
```

Kimi 的最终生成结果如图 6.9 所示。

业务可视化绝非花哨的装饰，而是“洗经伐髓”的认知革命。本章提到的 12 种图形如同《易筋经》十二式：甘特图梳理项目经脉，用户旅程图照见体验穴道，桑基图贯通资源气血。从支付流程图到预订旅程图，DeepSeek 与 Kimi 双剑合璧，将混沌业务转换为可触可改的脉络网络。正如少林绝学能重塑武者根骨，可视化工具能帮助产品经理透视业务本质，令咨询顾问的战略星图不再高悬云端，而是使其落地为可执行的作战沙盘。

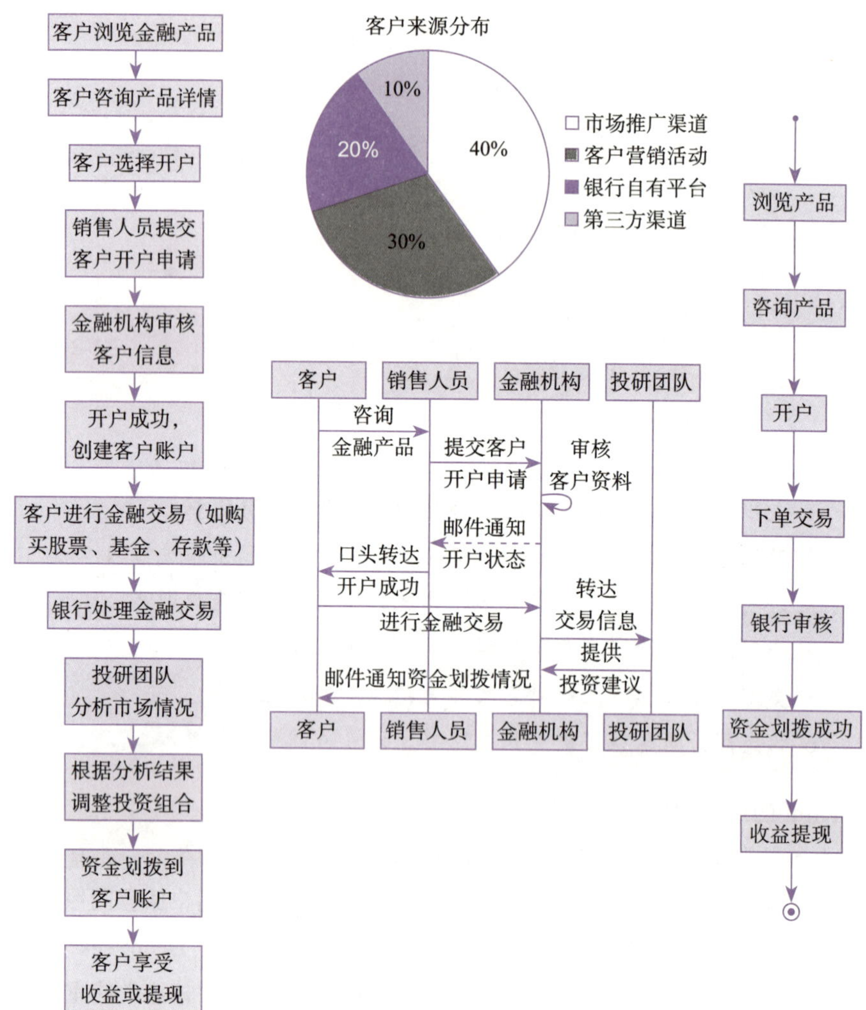

图 6.9 Kimi 生成的图表集合

第7章 CHAPTER 7

六脉神剑：DeepSeek 数据处理与分析实战

“六脉神剑，非真剑也，以浑厚内力化作剑气……少商剑雄浑，商阳剑巧妙，中冲剑大开大阖，关冲剑拙滞古朴，少冲剑轻灵迅捷，少泽剑变幻莫测。”

——笔者按

本章以武侠小说《天龙八部》中的“六脉神剑”为喻，拆解数据分析全流程的六招精髓：少商剑直指数据获取，联网搜索如剑气破空；商阳剑精于数据校验，剔重复、补缺失一气呵成；中冲剑构建分析框架，内功深厚则洞察全局；关冲剑化繁为简，一键生成高清图表；少冲剑联动 BI 工具，打造动态可视化仪表盘；少泽剑贯通 Excel 与 VBA，以代码自动化释放人力。六招并济，正如六脉剑气纵横交织，助读者以“武侠之技”斩断数据荆棘。

7.1 自动实现数据获取和清洗

7.1.1 DeepSeek 数据分析全链路实现

数据分析并非一种工具，而是着眼于业务问题解决的一种工作方式。单纯就数据分析自身的关键流程而言，它包括如下环节：数据获取→数据清洗→数据处理→数据可视化→数据自动化，而这些环节均可以通过 DeepSeek 协助解决。

为方便查看，笔者将内容整理为表 7.1。

表 7.1 DeepSeek 在数据分析全流程中的主要用途及参考提示词

数据分析环节	DeepSeek 主要用途	参考提示词
第 1 步：数据获取	①自动联网搜索行业数据并整理成表格 ②导入本地 / 云端文件（支持 Excel/CSV 等格式）	①“请搜索 2024 年华东地区智能家居市场数据，并整理成包含品牌、销量、价格的表格” ②“帮我把这个销售数据 CSV 文件导入，并以表格形式呈现”
第 2 步：数据清洗	①智能识别重复值、缺失值，自动修正格式错误 ②一键完成数据标准化	①“检查表格里的重复数据并删除空行” ②“把‘日期’列统一改成 YYYY-MM-DD 格式”
第 3 步：数据处理	①提供分析框架建议（如对比分析 / 趋势预测） ②推荐 Excel 函数组合，自动生成统计结果	①“结合该表格，分析近半年销售数据下滑的原因，给我分析步骤的建议” ②“教我用 VLOOKUP 函数匹配两个表格的客户信息”
第 4 步：数据可视化	①根据数据特征推荐图表类型，生成 SugarBI 操作指南 ②通过 SugarBI 自动导出交互式仪表盘	①“把季度销售数据做成动态仪表盘，教我在 SugarBI 中怎么操作” ②“ SugarBI 中的哪个图表最适合展示各地区销量对比”
第 5 步：数据自动化	①生成 Excel 宏 /VBA 代码片段，设置定时数据分析任务 ②自动生成计算结果或邮件发送报告	①“写一段 VBA 代码，每天自动汇总各部门考勤表” ②“设置每周一上午 9 点生成销售周报并邮件发送”

接下来，我们就一步一步为大家完成操作。

7.1.2 少商剑：联网搜索，轻松完成数据获取

对于想要进行数据分析，但是没有现成数据的情况，过去需要自行去网上搜索、整理、汇总，现在这部分工作也可以直接交由 DeepSeek 来完成。

比如作为一名人力资源部的招聘负责人，希望提升企业校招的生源质量，我们会先从数据角度分析全国各省、市、自治区的 985、211 高校数量（考虑到 985 和 211 高校的实际分布，这里仅涉及中国大陆地区，未包含香港、澳门特别行政区和台湾地区），同时希望能按照地域（比如华北地区）进行汇总。

这时候可以将指令发给 DeepSeek，注意因为需要最新的数据，一定要开启“联网搜索”功能。此时 DeepSeek 会从互联网上搜索最新的信息和资源。

问：我是一名人力资源招聘经理，现在想统计全国各省、市、自治区的 985、211 高校分布情况（数据仅涉及中国大陆地区，未包含香港、澳门

特别行政区和台湾地区），请统计最新的985、211高校数量，按照全国各省汇总。并根据国家划分地域的标准，比如“华北地区、西南地区等”，为我汇总为以下表格，表头为省份、所在地域、985高校数量、211高校数量。请联网搜索后提供。

DeepSeek答：

以下是基于最新数据的全国各省份985、211高校分布情况统计表（数据仅涉及中国大陆地区，未包含香港、澳门特别行政区和台湾地区），按照国家标准的七大地理区域划分汇总：

省、市、自治区	所在地域	985高校数量	211高校数量
北京市	华北地区	8	26
江苏省	华东地区	2	11
上海市	华东地区	4	10
陕西省	西北地区	3	8
湖北省	中部地区	2	7
四川省	西南地区	2	5
广东省	华南地区	2	4
湖南省	中部地区	3	4
黑龙江省	东北地区	1	4
辽宁省	东北地区	2	4
天津市	华北地区	2	4
安徽省	华东地区	1	3
吉林省	东北地区	1	3
山东省	华东地区	2	3
福建省	华东地区	1	2
重庆市	西南地区	1	2
新疆维吾尔自治区	西北地区	0	2
浙江省	华东地区	1	1
河南省	中部地区	0	1
河北省	华北地区	0	1
山西省	华北地区	0	1
江西省	华东地区	0	1
海南省	华南地区	0	1
广西壮族自治区	华南地区	0	1
贵州省	西南地区	0	1
云南省	西南地区	0	1

（续）

省、市、自治区	所在地域	985 高校数量	211 高校数量
青海省	西北地区	0	1
西藏自治区	西南地区	0	1
宁夏回族自治区	西北地区	0	1
内蒙古自治区	华北地区	0	1
甘肃省	西北地区	1	1

汇总统计

- 985 高校总数：39 所（覆盖 18 个省份）
- 211 高校总数：116 所（覆盖 31 个省级行政区）

区域分布特点：

- 华北地区：北京市以 8 所 985 高校、26 所 211 高校居全国首位，但河北省仅 1 所 211 高校（河北工业大学，实际位于天津）。
- 华东地区：江苏省（11 所 211 高校）和上海市（10 所 211 高校）教育资源集中，福建省、江西省等仅 1 所 211 高校。
- 西北地区：陕西省以 3 所 985 高校、8 所 211 高校成为西部教育高地，甘肃、新疆等地以 1 所 211 高校为主。
- 华南地区：广东省有 4 所 211 高校，海南省、广西壮族自治区各 1 所 211 高校。

备注：

1. 部分省份的 211 高校包含 985 高校（如北京、上海），故 211 高校的总数包含 985 高校。

2. 河北省唯一的 211 高校“河北工业大学”由河北省管理，但校址位于天津市。

3. 数据基于教育部最新名单及各省官方统计，部分高校因合并或调整可能有差异，建议以教育部官网为准。

如需完整高校名单或具体招生信息，可参考各省教育考试院或文中引用的来源。

读者若按照同样的方法操作后需注意，此时 DeepSeek 生成的是 Markdown 格式的表格，我们可以下载一个能够编辑 Markdown 格式的应用（例如飞书的“飞书云文档”），将生成的内容复制粘贴后即可获得可编辑的表格。

7.1.3　商阳剑：一个指令，快速搞定数据清洗

不管是 DeepSeek 帮我们获取到的表格数据，还是我们自行收集的数据，都可以交由 DeepSeek 帮忙核对与清洗。我们只需要告诉它想法，即可获得想要的结果。

比如我们上传一份 Excel 表格（如图 7.1 所示），其中有 1 行重复，有 1 行存在空缺值。

日期	商品编号	销量（件）	售价（元）	销售额（元）	销售地	销售员	是否退货
2020年9月	BUH1542	125	987	123375	广州	王丽	是
2020年9月	BUH1543	957	758	725406	昆明	李东	否
2020年9月	BUH1544	854	658	561932	西安	赵旭	是
2020年9月	BUH1545	857	1024	877568	成都	韩萌	否
2020年9月	BUH1546	458	958	438764	广州	王丽	否
2020年9月	BUH1547	652	758	494216	成都	韩萌	否
2020年9月	BUH1548	425	1321	561425	昆明	李东	否
2020年9月	BUH1549	1205	584	703720	广州	王丽	是
2020年9月	BUH1550	526	957	503382	广州	赵旭	
2020年9月	BUH1551	987	856	844872	广州	韩梅	否
2020年10月	BUH1542	1236	1205	1489380	广州	王丽	否
2020年10月	BUH1543	5215	1000	5215000	昆明	李东	否
2020年10月	BUH1544	4215	1254	5285610	昆明	赵旭	否
2020年9月	BUH1546	458	958	438764	广州	王丽	否
2020年10月	BUH1545	1265	1254	1586310	成都	韩萌	否
2020年10月	BUH1546	524	1211	634564	广州	王丽	是
2020年10月	BUH1547	152	1542	234384	广州	韩萌	否
2020年10月	BUH1548	415	900	373500	昆明	李东	否
2020年10月	BUH1549	4265	1352	5766280	广州	王丽	是
2020年10月	BUH1550	598	1425	852150	西安	赵旭	否
2020年10月	BUH1551	754	1264	953056	昆明	韩梅	否
2020年11月	BUH1542	1245	758	943710	成都	王丽	否
2020年11月	BUH1543	5217	847	4418799	广州	李东	是
2020年11月	BUH1544	1254	745	934230	成都	赵旭	否
2020年11月	BUH1545	125	654	81750	昆明	王丽	是
2020年11月	BUH1546	658	745	490210	西安	李东	否
2020年11月	BUH1547	748	854	638792	成都	赵旭	否

Sheet1

图 7.1　待清洗数据

想要进行数据清洗，我们有两种方法：

方法 1：让 DeepSeek 告诉你怎么改。

> 问：帮我核对附件 Sheet1 的数据，删除重复项，如果有空值，直接删除整行。

由于 DeepSeek 只支持输出文字或代码，因此它只能告诉你操作步骤，如图 7.2 所示。

方法 2：让 DeepSeek 给你提供清洗完的数据。

> 问：帮我核对附件 Sheet1 的数据，删除重复项，如果有空值，直接删

除整行，并以表格形式输出。

这样 DeepSeek 可以直接输出表格，如图 7.3 所示，将表格复制粘贴到支持 Markdown 格式的编辑器中（录入飞书云文档）即可使用。

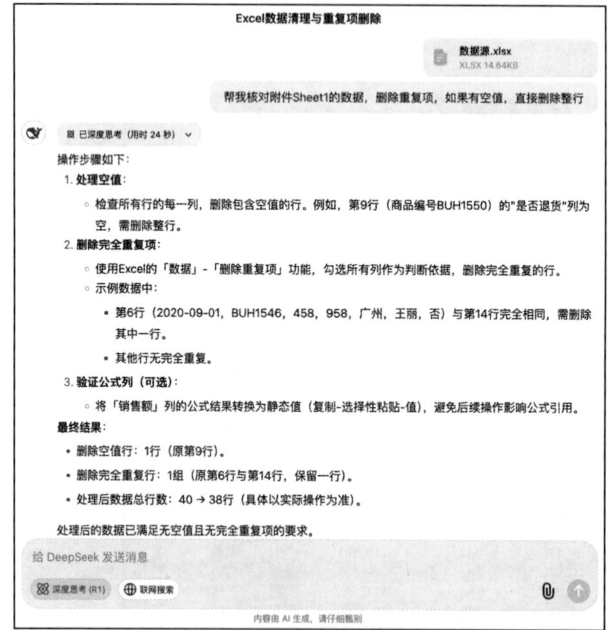

图 7.2 DeepSeek 生成的操作步骤

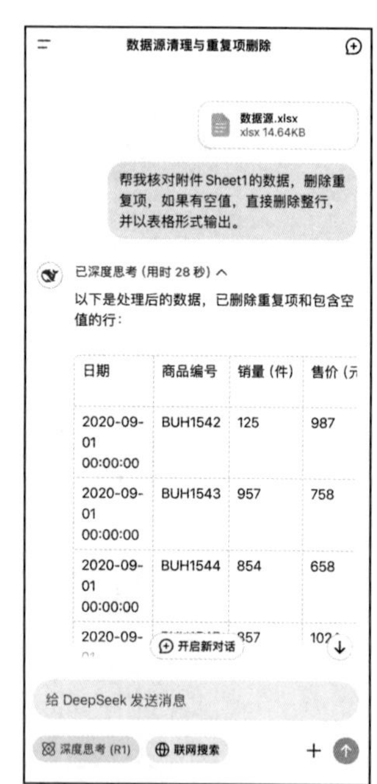

图 7.3 DeepSeek 输出的表格

当然，还有一种情况是通过 DeepSeek 联网搜索后获取到的数据并非准确（经笔者测试，DeepSeek 由于其强大的数学和推理能力，该类问题出现较少），此时可以在 DeepSeek 为你提供数据表格后继续提问。对应提示词：“以上数据结果是否和实际情况一致，请仔细复盘后再输出”。这样就可以完成 DeepSeek 的自我校验。

7.2 数据分析与数据可视化

7.2.1 中冲剑：巧用 R1，让你具备专家级分析框架

笔者在进行数据分析主题的企业培训时，都会用很大篇幅为学员们讲解“数据分析框架”，它有点儿像金庸武侠小说《天龙八部》里的“小无相功”，

属于内功修炼，练习的过程很漫长，短时间内很难看到成果，但一旦练成，再去修炼各种外功都轻而易举。

遗憾的是，现在 DeepSeek 似乎已经可以抢走笔者的工作了。不管是直接对 DeepSeek 进行提问，还是上传数据后让 DeepSeek 对其进行分析，都可以达到一个基础分析师的水准。如果打开深度思考（R1）功能，再使用合适的提示词，哪怕是新手也可以拥有专家级的数据分析框架。

具体操作如下：

仍以上一节的那份数据源（经过数据校验后）为例，我们想要分析为什么有那么多商品退货，于是上传数据源，打开深度思考，把问题发给 DeepSeek：我是一名数据分析专家，现在想分析附件的数据“为什么有的商品退货量大”的问题，请帮我分析，告诉我解决思路，同时用 Mermaid 格式输出分析框架的流程图。输出结果示例如图 7.4 所示。

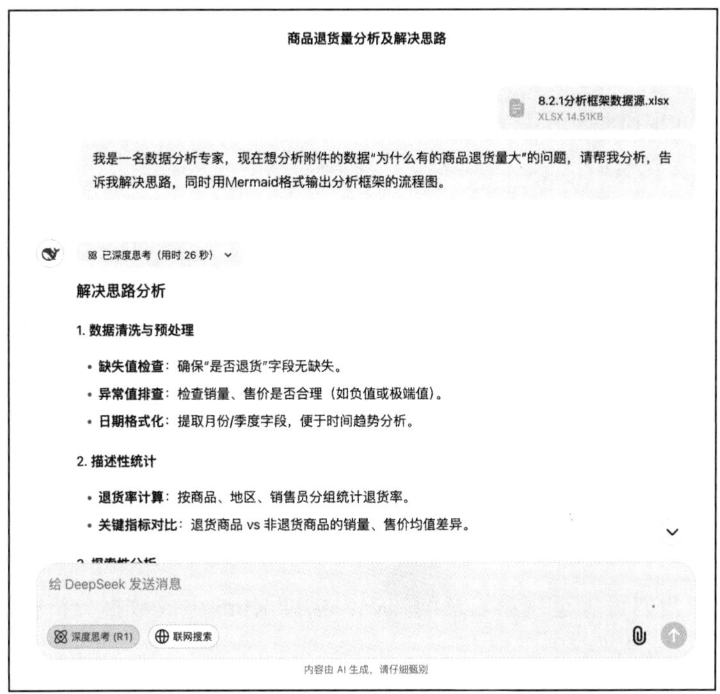

图 7.4 DeepSeek 的输出结果示例

DeepSeek 答：

解决思路分析

1. 数据清洗与预处理

缺失值检查：确保“是否退货”字段无缺失。

异常值排查：检查销量、售价是否合理（如负值或极端值）。

日期格式化：提取月份 / 季度字段，便于时间趋势分析。

2. 描述性统计

退货率计算：按商品、地区、销售员分组统计退货率。

关键指标对比：退货商品 vs 非退货商品的销量、售价均值差异。

3. 探索性分析

价格与退货关系：分价格区间统计退货率，观察高价商品是否退货更多。

地区差异：按销售地区统计退货率，识别高退货地区（如昆明、广州）。

销售员表现：分析不同销售员负责商品的退货率差异。

时间趋势：按月或季度观察退货量波动，检查是否与促销周期相关。

……（中间略）

关键发现示例

商品 BUH1549：退货率 50%（4 次销售，2 次退货），集中在广州，售价波动大（584 ～ 1352 元），可能因价格不稳定导致退货。

地区昆明：退货率 25%（8 次销售，2 次退货），需检查物流或客户满意度。

销售员王丽：负责商品退货率 30%（10 次销售，3 次退货），需加强销售培训。

建议：针对高频退货商品和地区，开展客户回访以明确具体原因，并优化价格策略与售后服务。

同时，我们可以运用第 6 章的知识，借助 Kimi 生成数据分析框架的流程图，如图 7.5 所示。

有了这样的分析框架，我们可以一边根据框架逐步处理数据，一边根据新结果继续细化提问，让 DeepSeek 输出更多有价值的分析结果。

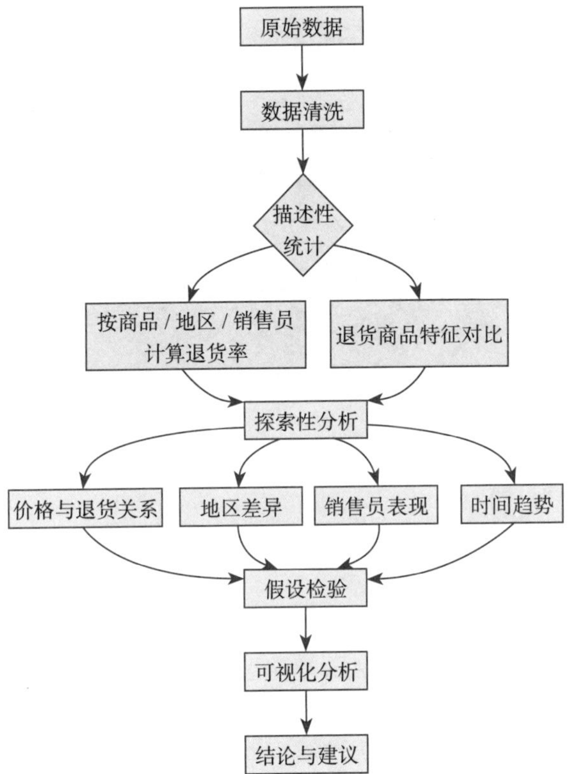

图 7.5　Kimi 生成的数据分析框架流程图

7.2.2　关冲剑：DeepSeek 直接绘制高清数据图表

如果你使用的是 DeepSeek 网页版，我们也可以单独用它绘制各类图表，比如折线图、气泡图、柱状图、饼图等。

只需要一个指令：请使用 html 和 chart.js 帮我绘制出 [具体场景的数据] 的 [图形名称]。

比如我们问：请使用 html 和 chart.js 帮我绘制出美国六大科技公司近十年市值变化的折线图。

此处省去生成结果，等到全部运行完，我们单击 html 窗口右下角的“运行 HTML”按钮（如图 7.6 所示），就可以直接看到网页版的折线图了（如图 7.7 所示）。

图 7.6 DeepSeek 生成的折线图 html 界面

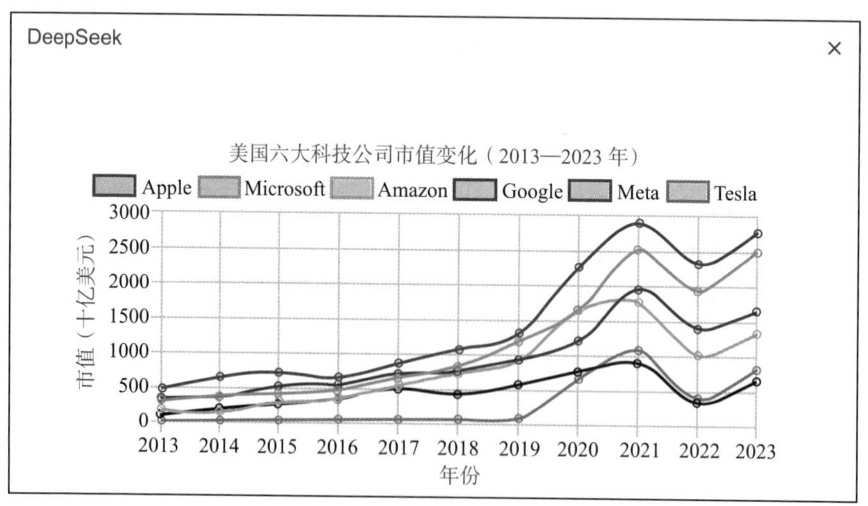

图 7.7 DeepSeek 生成的折线图结果

读者只需要把“图形名称”改成想生成的图形，比如“气泡图”“柱状图”，然后等待 DeepSeek 回答完毕即可。

7.2.3 少冲剑：DeepSeek+BI，智能数据可视化实战

有了数据结果后想清晰呈现怎么办？我们可以像上一节一样单独做出折线图、柱状图、饼图、堆积图、雷达图、气泡图等进行呈现，但更进一步的做法是做出可视化仪表盘（也叫驾驶舱）。

很多公司有自己专属的 BI 可视化平台，读者可以将 DeepSeek 帮助处理后的数据结果导入公司内部的 BI 平台上使用。这里介绍一款限时免费的 BI 可视化平台（截至 2025 年 3 月，注册后 30 天免费）。

大家可以在浏览器地址栏中输入 https://cloud.baidu.com/product/sugar.html 并进入 Sugar BI 首页，注册完成后即可开始使用，如图 7.8 所示。

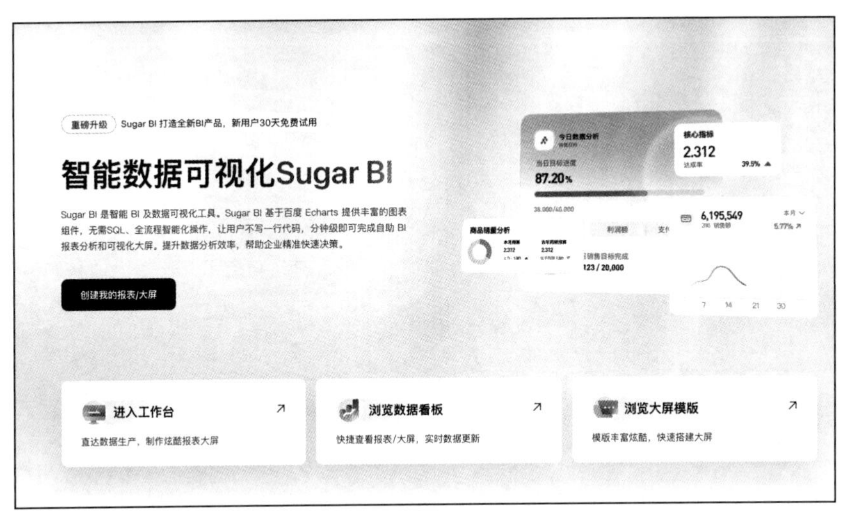

图 7.8 Sugar BI 首页

具体用法如下：

1）单击“创建我的报表 / 大屏”按钮。进入项目后，单击左侧菜单栏的“数据源”或“数据集”。单击“新建数据源”→选择“ Excel 文件”→上传本地 Excel 文件（如 7.2.1 节分析框架数据源 .xlsx）。等待系统解析数据，并检查字段类型是否正确（如日期是否符合日期格式，数值是否为数字）。

2）创建仪表盘。单击左侧菜单栏的“仪表盘”→“新建仪表盘”，输入名称（如“销售分析看板”）。添加图表组件，单击“添加组件”，选择需要的图表类型（如柱状图、折线图、表格等）。

3）配置图表。以分析“退货商品”为例，配置一个柱状图。

首先，绑定数据，在图表配置面板中，选择已上传的 Excel 数据集。设置字段，如 X 轴表示商品编号，Y 轴表示退货率（需转换为计数或百分比），颜色分类表示是否退货（区分“是”和“否”），然后调整图表样式，修改标题（如“各商品退货情况”），调整颜色、字体大小等。

4）添加交互功能。设置筛选器，添加“下拉筛选器”组件，绑定字段如销售地或销售员，实现动态筛选。图表联动，选中某个图表，在设置中启用“联动”功能，其他图表会自动响应筛选条件。

这样，我们就可以做出类似图 7.9 的智能可视化仪表盘，全方位展示和分析我们的数据。

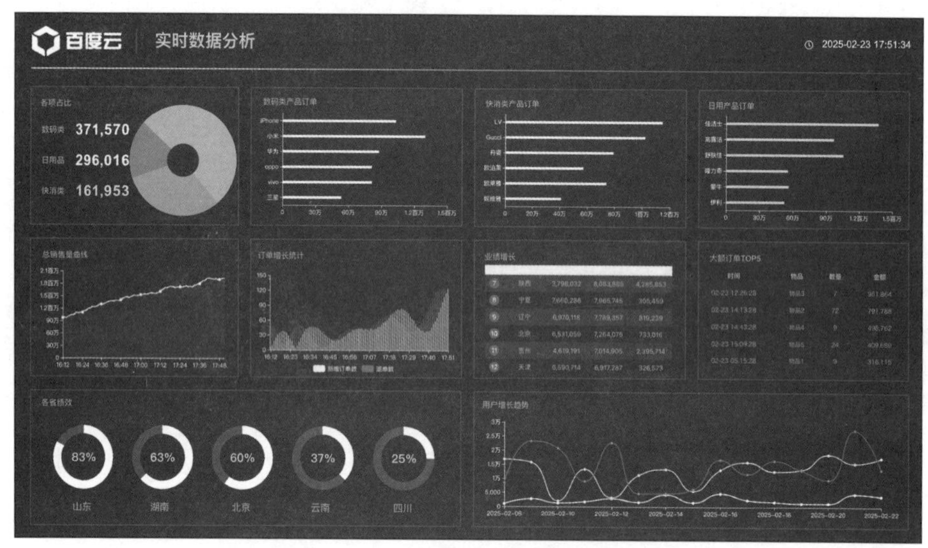

图 7.9 Sugar BI 智能可视化仪表盘

当然，同样的效果我们也可以直接通过 DeepSeek+Excel 或其他 BI 工具生成，欢迎来参加笔者的线下课，我会教你一整套零基础初学者也能掌握的零代码订制动态仪表盘方法。

7.2.4 少泽剑：DeepSeek+Excel，打造个人智能分析工具箱

时至今日，办公中最常用的数据处理工具仍然是 Excel，而很多与 Excel 有关的重复性、事务性数据处理和分析工作，都可以通过 Excel 的 VBA 来完成。

VBA（Visual Basic for Application）是Excel内置的一种编程语言，它像一个强大的助手，能帮你自动执行那些烦琐、重复的Excel操作。例如，你可以用它快速筛选出大量数据中的某些特定内容，或者一次性完成多个表格的格式设置。通过编写简单的代码，VBA让Excel摆脱了手动操作的限制，大大提升了工作效率，尤其在进行数据整理、分析和报表生成时，VBA的作用更显得无比关键。它几乎像是给Excel装上了智能大脑，让你能随心所欲地挖掘和处理数据。

VBA的优势固然明显，然而对于大多数尤其是在编程方面零基础的职场人士而言，学会使用VBA有一定的难度和门槛。此时我们可以借助DeepSeek来轻松实现Excel自动化。

这里教大家一个用DeepSeek学工具用法的聪明方法，叫作“我是小白法”。就是告诉DeepSeek你是一个零基础小白，想学习某个工具怎么用，让DeepSeek告诉你具体的学习路径和示例。

提示词结构为：我是[领域/工具]方面的零基础小白，平时有[具体场景]的需求，请问如何从零学会[具体目标]，请告诉我具体的学习路径以及[想要的工具示例]。

我们以学习VBA为例，可以向DeepSeek提问：

问：我是一个VBA方面的零基础小白，平时有很多数据汇总、处理和分析的需求，请问如何从零学会使用VBA自动从本地抓取数据、自动进行计算并输出结果，请告诉我具体的学习路径以及对应可用的VBA代码。

DeepSeek答：

阶段一：基础入门（1～2周）

学习目标

❑ 掌握VBA基础语法

❑ 学会录制宏和简单调试

❑ 理解对象模型（Workbook、Worksheet、Range）

重点内容

1. 打开VBA编辑器

❑ 插入模块（项目→插入→模块）

2. 第一个宏

```
SubHelloWorld()
MsgBox"Hello,VBAWorld!"
EndSub
```

3. 录制宏学习

- ❑ 单击“开发工具”→“录制宏”，操作后查看生成的代码
- ❑ 示例：录制单元格格式设置

4. 单元格操作基础

```
SubBasicOperations()
'写入数据
Range("A1").Value="订单号"
'读取数据
DimdataAsString
data=Range("B2").Value
'批量写入
Range("A2:A10").Value="待处理"
EndSub
```

阶段二：数据处理核心技能（2～3周）

学习目标

- ❑ 掌握数据批量处理技术
- ❑ 实现跨工作表/工作簿操作
- ❑ 使用循环和条件语句

核心代码模板

1. 批量处理数据（For循环）

```
SubBatchProcessing()
DimiAsInteger
Fori=1To100
IfCells(i,2).Value>100Then
Cells(i,3).Value="达标"
```

```
Else
Cells(i,3).Value=" 未达标 "
EndIf
Nexti
EndSub
2. 跨工作簿数据抓取
SubImportExternalData()
DimsourceWBAsWorkbook
SetsourceWB=Workbooks.Open("C:\Data\ 销售数据 .xlsx")
sourceWB.Sheets("Sheet1").Range("A1:D100").Copy_
ThisWorkbook.Sheets(" 汇总 ").Range("A1")
sourceWB.CloseSaveChanges:=False
EndSub
3. 多表数据汇总
SubMultiSheetSummary()
DimwsAsWorksheet
ForEachwsInThisWorkbook.Worksheets
Ifws.NameLike"2023*"Then' 汇总所有 2023 开头的表
ws.Range("A1:D100").Copy_
Sheets(" 总表 ").Range("A"&Rows.Count).End(xlUp).Offset(1)
EndIf
Nextws
EndSub
阶段三：高级自动化（2 周）
学习目标
❑ 实现自动数据清洗
❑ 构建分析模型
❑ 生成定制化报表
```

实用代码模板

1. 自动数据清洗

```
SubDataCleaning()
WithSheets(" 原始数据 ")
'删除空行
.Columns("A:A").SpecialCells(xlCellTypeBlanks).EntireRow.Delete
'去重复
.Range("A1:D1000").RemoveDuplicatesColumns:=1,Header:=xlYes
'统一格式
.Columns("C:C").NumberFormat="¥#,##0.00"
EndWith
EndSub
```

2. 自动生成分析报表

```
SubCreateReport()
'数据透视表自动化
DimpvtCacheAsPivotCache
SetpvtCache=ThisWorkbook.PivotCaches.Create(_
SourceType:=xlDatabase,_
SourceData:=Sheets(" 明细 ").Range("A1").CurrentRegion)

DimpvtTableAsPivotTable
SetpvtTable=pvtCache.CreatePivotTable(_
TableDestination:=Sheets(" 报表 ").Range("B3"),_
TableName:=" 销售分析 ")

WithpvtTable
.AddDataField.PivotFields(" 销售额 ")," 总销售额 ",xlSum
.RowFields.Add" 大区 "
.ColumnFields.Add" 产品类别 "
EndWith
EndSub
```

我们把以上代码逐一发给 Excel，即可轻松完成数据自动化。

在数据江湖中，六脉剑气所指即破局关键。少商剑直取行业数据，商阳剑涤荡冗余噪声，中冲剑构建分析星图，关冲剑化数为图，少冲剑联动 BI 筑造驾驶舱，少泽剑贯通 Excel 施展自动化秘术。从 VBA 宏代码到动态仪表盘，本章将金庸武学的“剑气合一”演绎为数据全链路：获取如剑气破空，清洗似去芜存菁，分析若明察秋毫，呈现时剑光耀目。当职场侠客执此六剑，便能以数据为刃，在商海博弈中招招制敌。

|第 8 章| CHAPTER

左右互搏术：DeepSeek 实现竞品分析与营销创意

周伯通道："这左右互搏之术，关键诀窍全在'分心二用'四字……一手画圆，一手画方，同时施展两般武功。"

——笔者按

本章所述竞品分析与营销创意，恰如武林高手的左右互搏之术。竞品分析需抽丝剥茧，以 SWOT、Kano 模型等工具搭建结构化框架；而营销创意则需天马行空，将珠宝与果汁跨界融合，打破行业常规。二者看似对立，实则互补，正如周伯通所言："双手互搏，非为争胜，乃求自洽。"唯有在逻辑框架内大胆发散，在创意狂想中严谨落地，方能在商战中"以奇胜，以正合"，开辟属于品牌的江湖。

8.1 思维导图生成：DeepSeek 与 Xmind 协同工作流

8.1.1 思维导图的核心价值与应用场景

想象一下，你的大脑是一片繁星点点的夜空，而思维导图就是帮助你在这些星星之间绘制星座的导航仪。这一概念最早由英国心理学家托尼·布赞

（Tony Buzan）在 20 世纪 70 年代提出，他将其描述为“放射性思维的可视化工具”。就像树枝从主干分叉生长一样，思维导图通过从中心主题延伸出层层分支，将零散的想法转化为有条理的知识树。

1. 核心价值

思维导图的核心价值在于：它能够将手机备忘录中零散的待办事项、会议中杂乱无章的讨论、文档中堆积如山的数据，统统转化为清晰可见的结构网络。就像整理房间时按季节分类收纳衣物一样，思维导图帮助我们按照逻辑关系整理信息。麻省理工学院（MIT）的脑科学研究证实，当信息以图形化结构呈现时，人脑的记忆留存率比纯文字记录高出 43%——这相当于看 3 遍文档和看 1 遍思维导图的记忆效果相当。

2. 应用场景

在制定年度战略时，思维导图就像军事沙盘：中心是公司目标，分支包括市场环境、竞争对手、内部资源等要素。使用 SWOT 模型搭建框架时，每个优势（Strengths）都能自动关联到对应的市场机会（Opportunities）。撰写项目方案时，思维导图先搭建“目标—策略—执行”三级骨架，再往每个分支填充具体内容。在知识管理场景中，思维导图就像智能书架：主分支是专业领域（如市场营销），子分支是细分主题（数字营销 / 传统广告），末梢挂着具体案例文档。在进行会议引导时，实时构建的思维导图就像集体思维的黑板：主持人抛出核心议题，参会者的观点自动归类到不同分支。在进行培训时，复杂概念被拆解成层层递进的知识点，学员顺着分支脉络逐步理解。

这种可视化工具之所以有效，是因为它模拟了人脑的联想记忆模式。当我们看到“新能源汽车”这个中心词时，大脑会自然联想到“电池技术”“充电桩布局”“政策补贴”等相关概念——思维导图正是将这种潜意识联想显式表现的工具。

8.1.2 场景化提示词设计

工作中哪些场景需要用思维导图，以及 DeepSeek 如何生成思维导图，本节将结合具体示例展开讲解。

DeepSeek 无法直接生成思维导图，所以这里需要借助另一款工具——

XMind，这是一款功能齐全的思维导图和头脑风暴软件，专门用来做思维导图，大家可以直接进入官网（https://xmind.cn/）下载，或者在手机的应用商店中搜索“XMind”也可下载使用。具体用法会在8.1.3节展开讲解，本节重点为大家梳理在思维导图环节DeepSeek可以发挥的作用。

DeepSeek的深度思考模式拥有强大的数学及推理能力，非常适合用来进行头脑风暴等创意型工作，所以我们可以用DeepSeek快速生成Markdown格式的思维导图框架，再通过XMind完成最终的思维导图呈现。

在这里，笔者为大家整理了不同工作场景下生成思维导图框架的提示词及用法，见表8.1。

表8.1 不同工作场景下生成思维导图框架的提示词及用法

场景类型	提示词结构	模型/方法	示例
竞品分析	“作为[角色]，基于[数据维度]，运用[模型]输出包含[要素]的分析框架”	SWOT模型	“作为智能手机行业分析师，基于竞品近3年的财报数据，运用SWOT模型输出包含技术布局对比的分析框架，要求分市场/产品/渠道3个维度”
营销策划	“以[目标]为导向，设计包含[要素]的传播方案，突出[特性]”	4P理论	“以提升年轻用户黏性为目标，设计包含社交裂变/线下快闪/KOC矩阵的营销方案，突出沉浸式体验特性，按预热—引爆—留存分阶段呈现”
财报分析	“提取[公司][指标]数据，对比[基准]，识别[风险类型]”	杜邦分析法	“提取特斯拉2023年Q4研发投入占比，对比行业TOP5均值，识别技术迭代风险点，按盈利能力/运营效率/财务杠杆分级呈现”
培训设计	“按照[理论模型]，构建[对象]的[类型]培训路径”	70-20-10学习法则	“按照70-20-10学习法则，构建销售团队的产品知识培训体系，包含案例库/情景演练/考核标准3部分，用>标注重点难点”
产品设计	“基于[用户画像]，运用[方法论]规划[功能模块]迭代路线”	用户旅程图	“基于Z世代用户行为数据，运用JTBD理论规划社交App功能迭代路线，包含内容社区/虚拟身份/成就系统三大模块，用★标注优先级”

注意，为制作思维导图，所有发给DeepSeek的提示词的结尾处都需要添加“输出Markdown格式的思维导图，要求Markdown层级（#/##/###）实现自动结构化”。

比如我们以第一个提示词为例，将它发给DeepSeek。

问：作为智能手机行业分析师，基于竞品近3年的财报数据，运用SWOT模型输出包含技术布局对比的分析框架，要求分市场/产品/渠道3个维度，注意输出Markdown格式的思维导图，要求Markdown层级（#/##/###）实现自动结构化。

DeepSeek答：

智能手机行业技术布局SWOT分析框架（基于近3年财报）

一、市场维度技术布局对比

###1.1 优势（Strengths）

** 高端市场 **

❑ 苹果：A系列芯片持续迭代（研发占比18%）

❑ 华为：5G专利数量年增25%（受制裁前数据）

❑ ** 中端市场 **

❑ 小米：快充技术下沉（120W普及率提升40%）

❑ OPPO：影像算法专利年增35%

###1.2 劣势（Weaknesses）

** 新兴市场 **

❑ 三星：本地化AI语音技术覆盖率不足60%

❑ vivo：东南亚市场5G基站适配延迟

❑ ** 运营商渠道 **

❑ 荣耀：VoNR技术部署落后头部厂商9个月

……（中间略）

五、趋势研判与建议

1. 折叠屏技术进入成本优化攻坚期（BOM成本需降低30%）
2. 端侧AI算力将成为新旗舰标配（NPU算力年增需超50%）
3. 建议关注：

❑ 钛合金中框加工技术

❑ 超声波屏下指纹渗透率

❑ UWB室内定位生态建设

以上，就是由 DeepSeek 生成的 Markdown 格式的思维导图框架，这种框架可以直接用来制作思维导图。

8.1.3 全流程实现路径

用 DeepSeek 制作特定场景思维导图的全流程路径分成以下几个步骤：

步骤 1：需求诊断。先根据需求确定该场景是否需要制作思维导图，可尝试用 5W1H 结构回答。

步骤 2：提示词匹配。根据表 8.1 中的提示词进行匹配，补充对应结构内容，并提示词结尾处加上输出 Markdown 格式。

步骤 3：DeepSeek 处理。把提示词发给 DeepSeek，记得开启深度思考（R1）。

步骤 4：格式转换。复制 Markdown 格式的框架，然后新建一个 txt 文档，并将文档后缀改为 .md。

步骤 5：XMind 导图生成。打开 XMind，导入 .md 后缀的文档，完成思维导图生成。

结合 8.1.2 节的示例，我们来演示一遍。因为步骤 1 ～ 3 已经完成，我们直接进入步骤 4。

1. 步骤 4：格式转换

对于 Windows 系统的计算机：

- ❑ 新建一个文本文档。
- ❑ 将 DeepSeek 生成的 Markdown 格式的内容复制粘贴进文档中。
- ❑ 保存文本内容，然后右键单击该文档，将 .txt 后缀修改为 .md，保存即可。

对于 Mac 系统的计算机：

- ❑ 在搜索框中搜索“文本编辑”，然后新建一个文稿。
- ❑ 将 DeepSeek 生成的 Markdown 格式的内容复制粘贴进文稿中。
- ❑ 单击屏幕上方“格式”—“制作纯文本”，如图 8.1 ～图 8.2 所示，单击“存储”按钮后关闭即可。

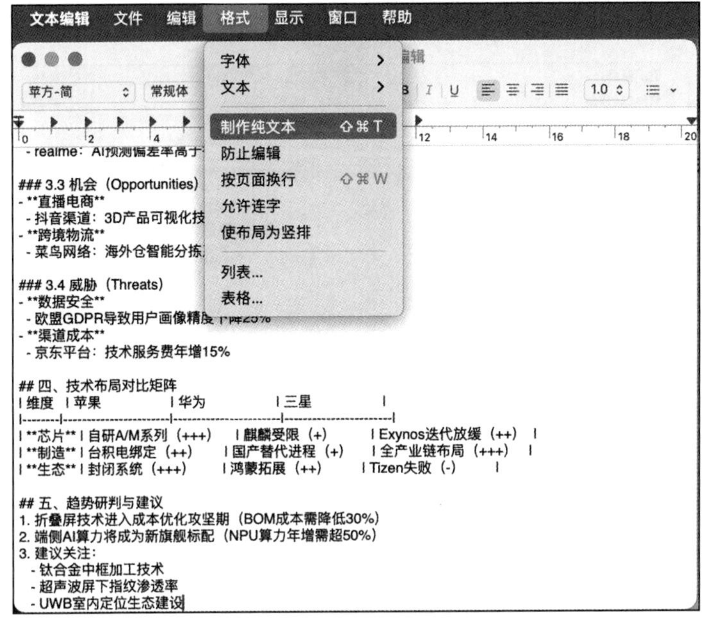

图 8.1　制作纯文本

图 8.2　命名保存

关闭后再右键单击该文稿，选择“显示简介”，在“名称与扩展名”一栏直接将文件后缀改为 .md（如果有 .txt 后缀，就将其改为 .md；若没有后缀，就

直接添加 .md)，然后选择“使用 .md”。具体如图 8.3 所示。

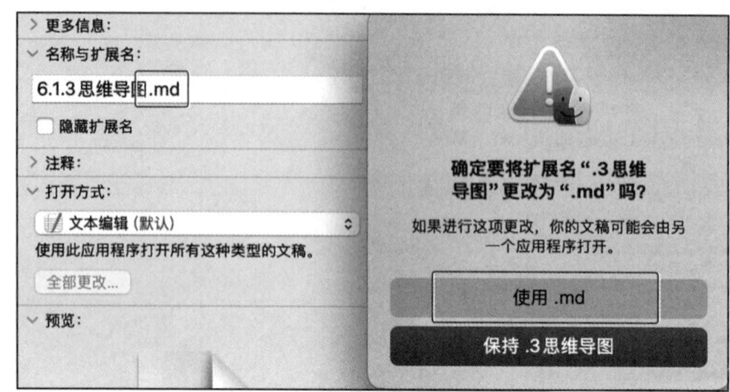

图 8.3 保存 .md 格式

2. 步骤 5：生成导图

此时打开 XMind 软件，新建一个空白思维导图，然后单击“文件”—“导入”—“Markdown”，将刚刚生成的 .md 后缀的文件导入，如图 8.4 所示。

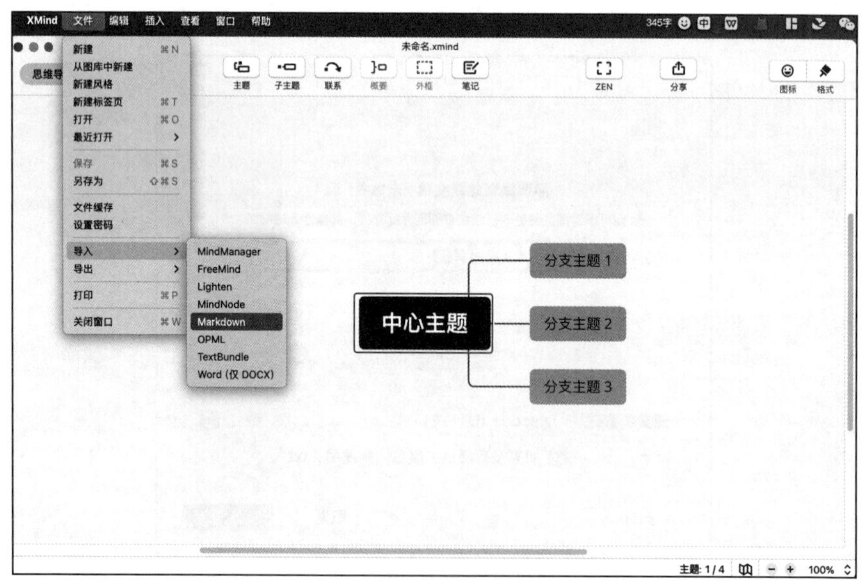

图 8.4 导入 Markdown 格式的思维导图

这样，我们就完成了一个竞品分析的思维导图制作，如图 8.5 所示。

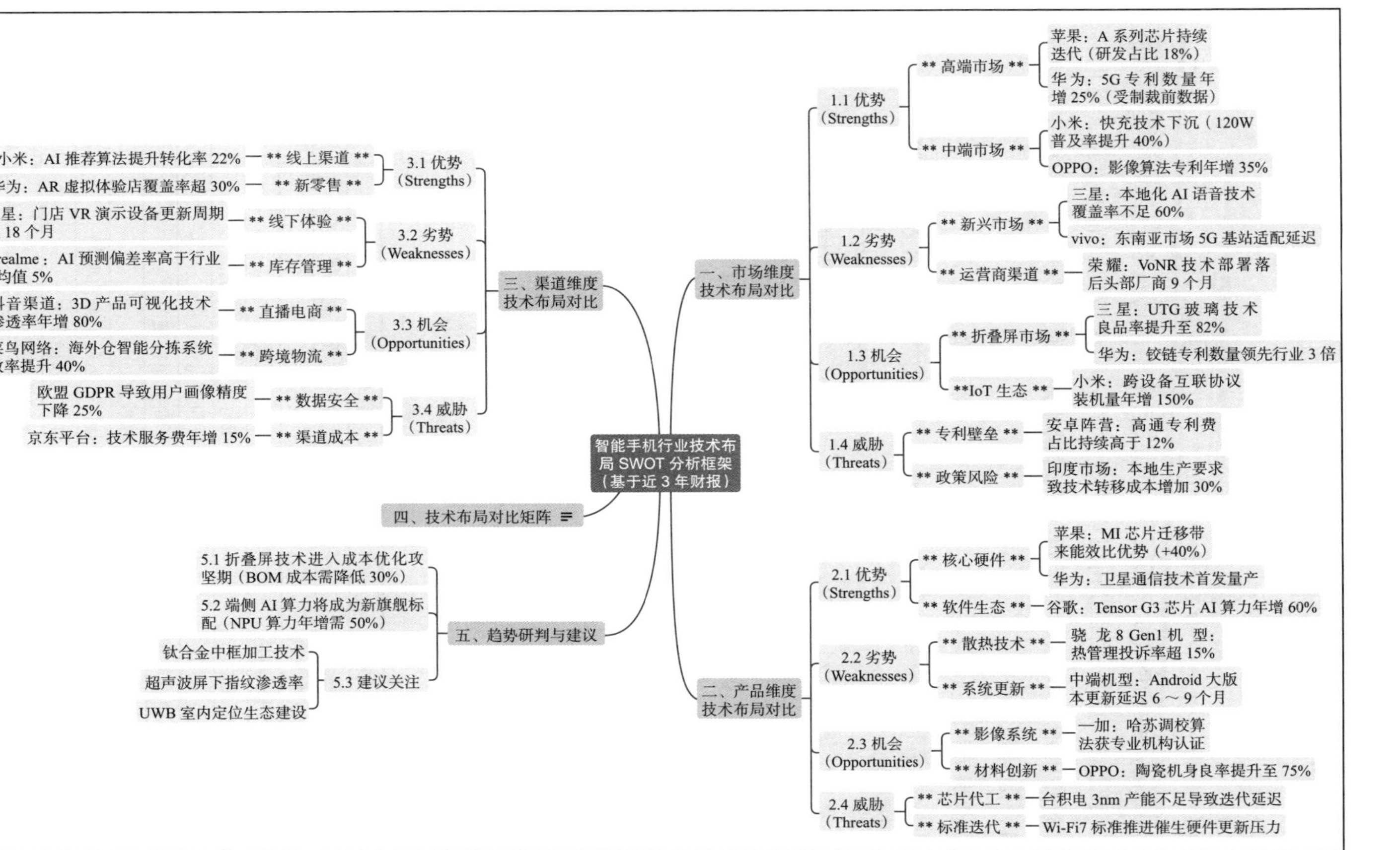

图 8.5　竞品分析的思维导图

8.2 竞品策略分析全流程解析

8.2.1 数据源定位：行业级情报获取指南

竞品策略分析是企业在市场竞争中不可或缺的一环，它如同军事情报系统，帮助你洞察对手动态，制定克敌制胜的策略。通过系统化地收集和分析竞争对手的信息，竞品策略分析可以为企业的战略决策提供有力支持，帮助你全面了解对手的产品特点、市场定位和营销策略，从而发现市场空白点，优化自身策略，提升竞争力。

用思维导图进行竞品分析，其价值不言而喻。首先，思维导图通过中心主题和分支结构，将竞品各个方面的信息清晰地呈现出来。例如，中心主题为“竞品分析”，分支包括“产品特点”“市场定位”“营销策略”等，每个分支再细化为“功能”“设计”“价格”等子分支，让你对竞品信息一目了然。其次，思维导图的分支结构有助于揭示竞品之间的关系。通过将多个竞品放在同一张导图中，你可以直观地看到它们在产品特点、市场定位等方面的异同，从而更深入地理解竞品之间的竞争态势，找到差异化竞争的机会。最后，思维导图的动态性允许你在分析过程中随时调整思路。如果发现某个竞品的某个方面特别值得关注，你可以随时在导图中添加新的分支或调整现有分支的结构，使竞品分析更加全面和深入。

在信息爆炸时代，精准获取数据如同沙海淘金。为此，笔者构建了覆盖主流行业的“数据罗盘”，以便于读者快速锁定高价值情报，见表 8.2。

表 8.2 不同行业的常见数据来源

行业	数据类型	获取渠道	价值密度
汽车	政策法规	工业和信息化部装备工业发展中心	★★★★☆
	技术专利	国家知识产权局	★★★★☆
	用户舆情	懂车帝口碑分析系统	★★★☆☆
金融	监管动态	中国人民银行货币政策报告	★★★★★
	行业风险	银保监会处罚信息公开库	★★★★☆
电商	消费趋势	商务部电子商务司监测平台	★★★☆☆
	用户画像	阿里妈妈达摩盘	★★★★☆
运营商	5G 建设	工业和信息化部运行监测协调局	★★★★☆
	套餐渗透率	中国移动梧桐大数据平台	★★★☆☆
互联网	产品迭代	七麦数据 ASO 监控	★★★★☆
	流量分布	SimilarWeb 行业报告	★★★☆☆

8.2.2　结构化分析：不同视角下的提示词设计

想做好竞品分析，笔者不建议直接对着 DeepSeek 说“帮我做竞品分析”，这种需求过于笼统和发散。为了更有针对性地完成竞品分析，我们需要从不同角色、不同维度来设计提示词。笔者根据不同角色，分别从战略层、产品层、运营层、财务层设计了对应提示词，具体见表 8.3。

表 8.3　不同角色在不同分析维度中常用的 DeepSeek 提示词

分析维度	提示词结构	分析模型	示例
战略层	“作为[角色]，解析[竞品][时间周期]的[战略要素]，运用[模型]输出……”	PESTEL 模型	“作为商业分析师，解析字节跳动 2020～2023 年的全球化战略，运用 PESTEL 模型输出地缘政治风险应对策略”
产品层	“对比[产品线]在[维度]的差异，突出[关键指标]……”	Kano 模型	“对比小鹏 G6 与特斯拉 ModelY 在智能座舱功能方面的差异，突出 NPS 评分与研发投入的关联性”
运营层	“基于[数据源]，建立[指标]的[关系模型]……”	AARRR 漏斗	“基于七麦数据建立竞品用户增长漏斗，分析从获客到留存的转化断层”
财务层	“提取[指标]同比 / 环比数据，识别[风险类型]……”	杜邦分析法	“提取理想汽车 2023Q4 毛利率同比数据，识别供应链成本控制风险点”

同样，为制作思维导图，我们需要在所有发给 DeepSeek 的提示词的结尾处添加“输出 Markdown 格式的思维导图，要求 Markdown 层级（#/##/###）实现自动结构化”。

我们用手机版做一个演示，这次以新能源汽车的产品经理视角来进行竞品分析。

首先，我们登录想要分析的竞品新能源汽车的官网，在“财务信息”那一栏可以看到“业绩公告”，然后选择想要的业绩报告，将其下载到 PC/ 手机上。

打开 DeepSeek，依次上传这两份财务报告，输入提示词，并打开深度思考（R1）模式。

> 问：作为新能源汽车的产品经理，基于附件小米和蔚来 2024 年 Q3 的财报经营和销售数据，运用 Kano 模型识别潜在风险点，注意输出 Markdown 格式的思维导图，要求 Markdown 层级（#/##/###）实现自动结构化。

DeepSeek 手机版界面如图 8.6 所示。

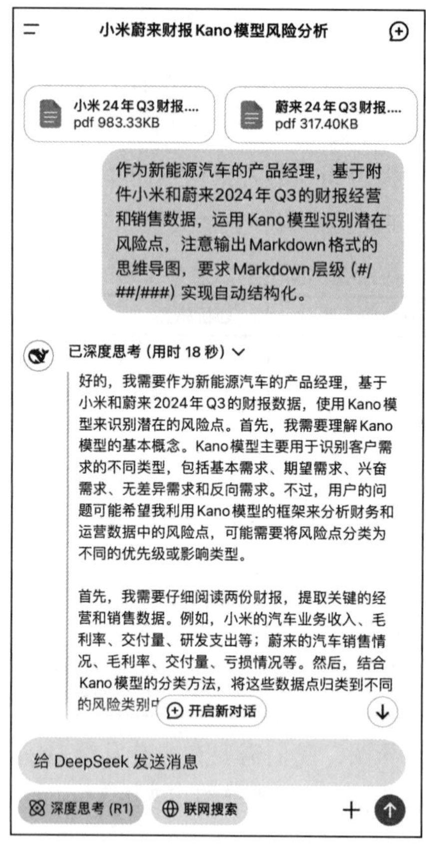

图 8.6 DeepSeek 手机版界面

DeepSeek 答：

```
# 基于 Kano 模型的新能源汽车潜在风险点分析
## 一、小米集团（1810.HK）Q3 财报风险点
###1. 基本需求风险（Must-be）
❑ ** 供应链成本压力 **
❑ 手机 ×AIoT 毛利率同比下降（22.7%→20.8%），核心零部件成本
  上升（财报 P14）
❑ ** 研发投入持续增加 **
❑ 研发支出同比 +19.9% 至 60 亿元（财报 P3），可能挤压短期利润
###2. 期望需求风险（One-dimensional）
```

- ** 智能汽车业务亏损 **
- 创新业务经调整净亏损 15 亿元（财报 P2），依赖手机业务输血

……（中间略）

- ** 用户社区运营成本高 **
- 销售及行政费用同比 +13.8% 至 41.1 亿元（财报 P6），用户服务边际效益递减

三、跨企业共性风险

###1. 政策依赖风险

- 补贴退坡影响（如中国新能源购置税减免政策于 2025 年到期）

###2. 技术迭代风险

- 固态电池 / 自动驾驶技术突破可能颠覆现有产品竞争力

###3. 供应链韧性风险

- 芯片 / 锂资源供应波动（小米 SU7 芯片依赖高通，蔚来电池依赖宁德时代）

当然，我们可以根据实际情况对该部分内容进行优化，比如生成的结果不理想，可以随时在 Markdown 格式的内容中编辑。

8.2.3 可视化呈现：竞品分析助力知己知彼

思维导图框架优化完成后，我们可以继续按照 8.1.3 节的步骤一步步生成思维导图，最终结果如图 8.7 所示。

8.3 营销策划头脑风暴增效方案

8.3.1 创意激发：好的营销方案也需要提示词

营销策划的成功离不开创新思维，而创新思维的产生往往依赖于有效的头脑风暴。在这一过程中，思维导图作为一种强大的思维工具，能够帮助团队成员系统地梳理想法和思路，从而激发更多创意。通过构建思维导图，可以将营销策划的各个环节进行可视化呈现，使团队成员能够更清晰地看到各个创意之间的联系和逻辑关系，进而促进创意的产生和优化。

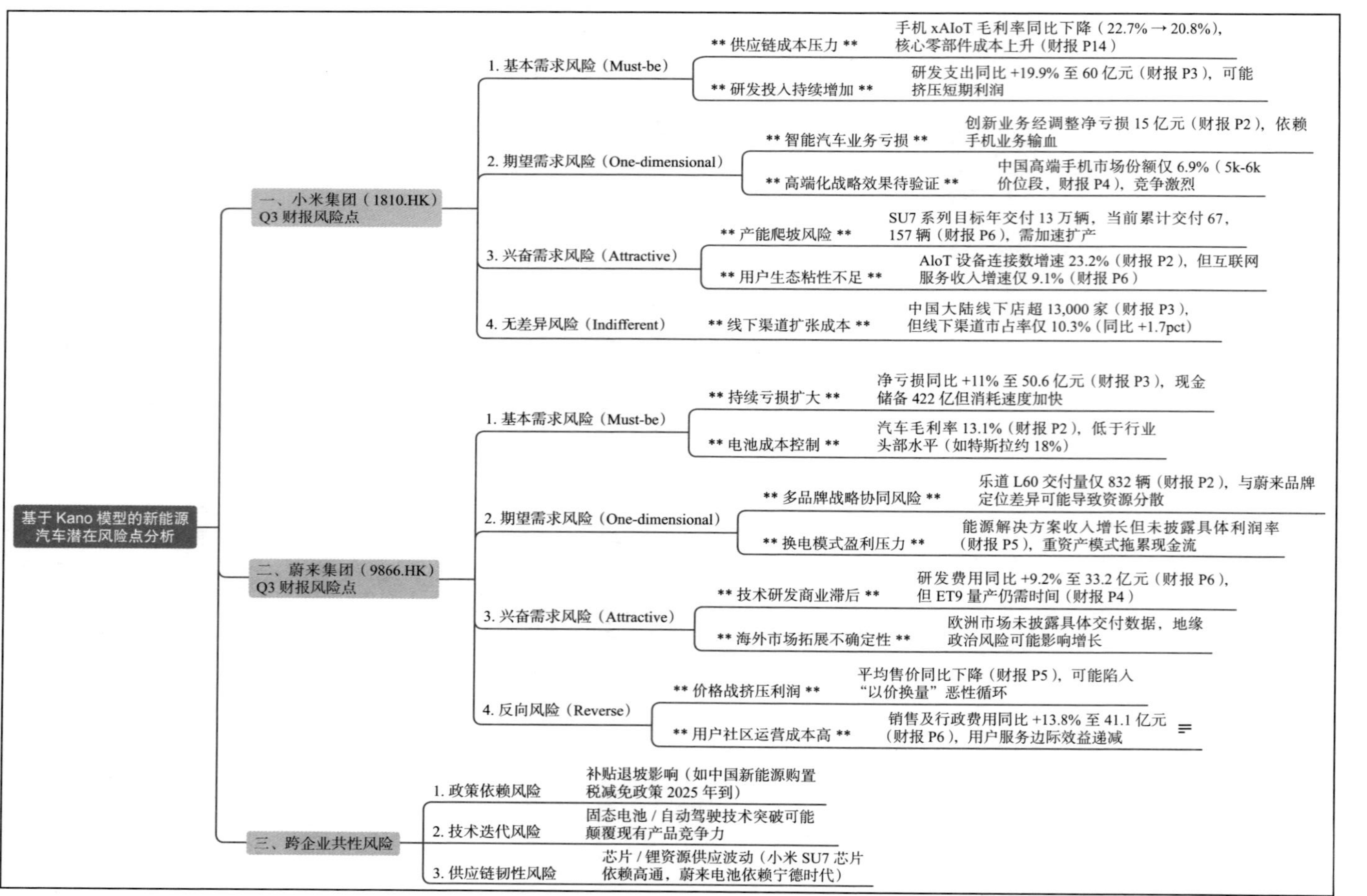

图 8.7 竞品分析思维导图

思维导图在营销策划中的应用，不仅有助于激发创意，还能提高团队的协作效率。在头脑风暴阶段，团队成员可以将各自的想法添加到思维导图中，通过分支结构的不断扩展和细化，形成一个全面的创意网络。这种可视化的方式，使得每个成员都能直观地了解其他人的想法，从而促进团队成员之间的沟通和协作，进一步提升创意的质量和可行性。

在这里，我们要充分发挥 DeepSeek 深度思考（R1）强大的开放功能来激发营销创意。一方面，我们要通过好的提示词，让 DeepSeek 帮我们设计出好的营销创意，并用思维导图可视化呈现；另一方面，实际产出的方案也可以直接借鉴使用。

这时候读者可能会有困惑，既然 DeepSeek 深度思考（R1）功能如此强大，那直接说"我是 ×× 品牌，想做 ×× 活动，帮我想一个 ×× 创意"类似的话不就可以了吗？这个问法，我们可以先试试。

问：我是珠宝品牌，想做女神节活动，帮我想一个吸引客户的创意。

DeepSeek 答：

针对珠宝品牌的女神节活动，以下是一个结合情感价值、互动体验与品牌传播的创意方案，旨在提升客户参与感并促进销售。

活动主题：

「你的光芒，由自己定义」——寻找 1001 位宝藏女神

创意亮点

1. 沉浸式故事盲盒体验

线上 H5 互动：设计一款视觉精美的 H5 测试，用户通过选择代表不同性格的关键词（如"坚韧 / 温柔 / 果敢"），生成专属的"女神光芒报告"，并解锁对应的珠宝款式推荐（如钻石象征坚韧，珍珠代表温柔）。

线下快闪店盲盒：在商场设置女神主题快闪店，顾客可抽取"光芒盲盒"，内含随机珠宝小样（锆石耳钉、项链等）及故事卡片（真实女性用户的故事），扫码可观看视频，增强情感共鸣。

2. 定制化"光芒勋章"计划

活动期间购买指定系列珠宝，可免费镭刻专属符号或短句（如姓名首

字母、座右铭）。

公益联动：每售出一件“光芒系列”，品牌将以顾客名义捐赠50元至女性创业基金会，顾客获得电子勋章及实体感谢卡，强化品牌社会责任感。

3. 用户共创内容裂变

话题挑战#我的光芒时刻#：鼓励顾客在社交平台发布佩戴品牌珠宝的照片/视频，讲述自身高光故事（职场晋升、母亲身份等），点赞量TOP10的用户将获赠限量版手链。

UGC素材复用：优秀内容经授权后，用于品牌后续广告及门店数字屏展示，提升用户荣誉感。

4. 私域流量深度运营

VIP闭门沙龙：邀请高净值客户参与“女神私享会”，提供珠宝保养课堂、星座穿搭顾问，穿插设计师讲解新品灵感，现场下单享独家刻字权益。

分层礼遇：根据消费金额赠送阶梯式赠品（如满5000元赠定制珠宝盒，满20 000元加赠品牌联名下午茶体验券）。

执行节奏

预热期（3月1日～3月5日）：通过悬念海报、KOL剧透和H5测试，强调“测出你的专属光芒珠宝”。

爆发期（3月6日～3月8日）：线下快闪店开放，同步推出限时3天的满赠（赠品：联名香氛卡）和直播间抽奖免单活动。

长尾期（3月9日～3月12日）：公布UGC获奖名单，发布活动纪录片（用户故事+捐赠仪式），延续话题热度。

核心优势

情感驱动消费：将珠宝从“装饰品”升维至“女性精神符号”，契合节日内核。

低成本高传播：H5测试、UGC内容均具备自发传播属性，有利于扩大品牌声量。

长效价值留存：通过公益联名和定制化服务，增强客户对品牌的文化认同感。

效果预估：活动期间销售额预计提升30%～50%，社交媒体曝光量增加10万以上，新增私域会员2000名以上。

可见，基于 DeepSeek 强大的推理能力以及制造出的 AI 幻觉，方案显得大而全，这种过于宽泛的问法，往往可以给我们启发，但是无法得出想要的结论。

笔者结合营销策划的核心要素，以及对别具一格的营销方案特征的提炼，整理了如下提示词：

> 请你为 [×× 品牌] 打造一款别具一格的推广创意理念，聚焦于 [具体产品 / 服务]，满足以下要点后生成一份完整的创意概念方案：
>
> - ❑ 核心创意要将 [品牌所属领域] 与 [另一个看似毫不相干的领域] 的元素相融合，构思出独特创意，可借鉴类似 ××× 的案例。
> - ❑ 阐述该创意怎样彰显品牌的 [核心价值 1] 与 [核心价值 2]，实现品牌 DNA 的融入。
> - ❑ 设计一个朗朗上口的口号或标语，运用双关、押韵等语言技巧。
> - ❑ 依据 [目标受众画像] 的 [核心情感需求]，打造能引发强烈情感共鸣的创意元素。
> - ❑ 把创意和 [当下热门社会话题或现象] 相联系，凸显时效性。
> - ❑ 提出 2 ～ 3 种创意呈现形式，其中至少包含 1 种创新或非传统媒体形式。
> - ❑ 解释该创意为何具备病毒式传播的潜力。
>
> 同时，不仅要保证创意在突破常规时，不会引发争议或负面解读，还要思考如何将其拓展为长期营销主题，考虑其可持续性。

我们重新问：

> 请你为 [某珠宝] 打造一款别具一格的推广创意理念，聚焦于 [蛇年金手镯]，满足以下要点后生成一份完整的创意概念方案：
>
> 1. 核心创意要将 [珠宝] 与 [果汁] 的元素相融合，构思出独特创意，可借鉴瑞幸茅台案例。
>
> 2. 阐述该创意怎样彰显品牌的 [高端] 与 [独一无二]，实现品牌 DNA 的融入。
>
> 3. 设计一个朗朗上口的口号或标语，运用双关、押韵等语言技巧。
>
> 4. 依据 [目标受众画像] 的 [核心情感需求]，打造能引发强烈情感共鸣的创意元素。

5. 把创意和[当下热门社会话题或现象]相联系，凸显时效性与热度。

6. 提出2～3种创意呈现形式，其中至少包含1种创新或非传统媒体形式。

7. 解释该创意为何具备病毒式传播的潜力。

同时，不仅要保证创意在突破常规时，不会引发争议或负面解读，还要思考如何将其拓展为长期营销主题，考虑其可持续性。

帮我输出一份Markdown格式的内容，要有123分级，方便我做成思维导图，再生成一份完整的方案。

DeepSeek答：

以下是完整的创意概念方案及Markdown结构化版本。

「金萃凝华」蛇年金手镯整合营销方案

一、核心创意概念

1.1 珠宝 × 果汁的跨界融合

- ❑ 液态黄金概念：以「鲜榨黄金果汁」为灵感原型，打造可流动的黄金手镯造型
- ❑ 工艺创新：采用微晶镂空技术，在蛇形镯体内部填充橙色液态树脂（模拟果汁动态）
- ❑ 联名背书：与高端NFC果汁品牌「斐素」合作推出限定礼盒，内含同款石榴汁（象征财富与生命力）

1.2 高端价值诠释

- ❑ 稀有原料：每克黄金含0.01%真实石榴提取物（通过纳米镀层技术实现）
- ❑ 定制服务：购买者可录制榨汁声波，转化为专属镯体纹路
- ❑ 限量机制：全球2024件，每件附带NFT数字证书

……（中间略）

八、长期战略

8.1 主题延续

- ❑ 生肖系列化：龙年「熔岩金浆」、兔年「月光琼露」

8.2 体验升级

❑ 建立「黄金鲜榨工坊」线下体验店

❑ 开发「人生纯度」年度评测系统

（以下为 Markdown 结构化版本）

#「金萃凝华」蛇年金手镯创意方案

一、核心创意

###1.1 跨界融合

❑ 液态黄金概念

❑ 微晶镂空技术

❑ 斐素联名礼盒

……（中间略）

八、长期规划

8.1 主题延续

❑ 生肖系列开发

8.2 体验升级

❑ 鲜榨工坊

❑ 纯度评测系统

该方案通过工艺创新突破珠宝行业的常规营销模式，将“液态黄金”概念打造为品牌独家记忆符号。利用果汁的鲜活意象破解黄金制品的厚重感，精准契合年轻高净值人群既要文化底蕴又要生活美学的双重诉求。系列化延展设计确保营销主题的持续生命力，NFT 与实体产品的虚实结合构建新型消费生态。

对应的思维导图如图 8.8 所示。

可以看到，该方案明显更加聚焦，从品牌和产品的真实需求出发，创意十足。

8.3.2 方案细化：换个提示词，打造出彩、可落地的营销方案

8.3.1 节中的方案目前仅是营销创意，还未达到可落地执行的程度。本节将重点介绍如何通过提示词定制一份专属落地方案。

如果直接问“请为 ×× 品牌的 ×× 活动，针对 ×× 人群和渠道设计营销方案”，就会过于宽泛，缺少定位，也缺乏对目标人群和市场渠道的分析。

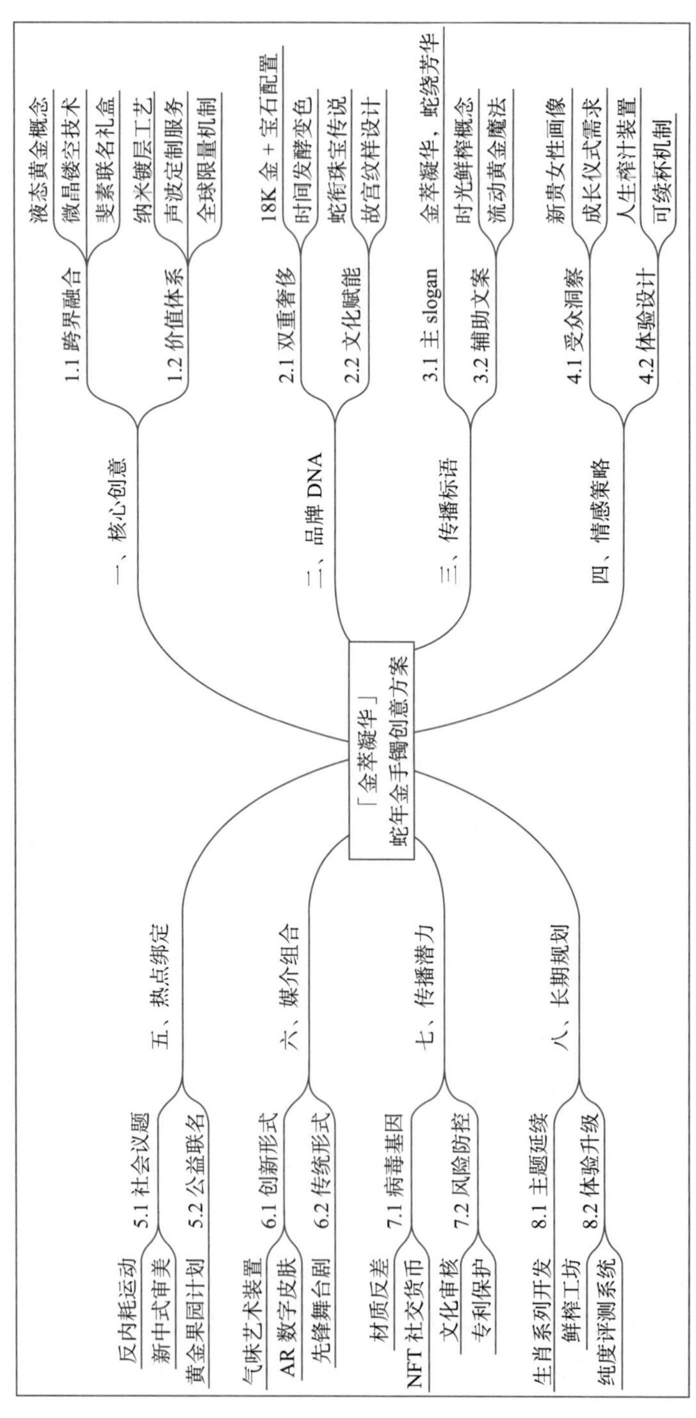

图 8.8 营销创意思维导图

这里从全方位的营销方案要素出发，可参考提示词如下：

> 请为 ×× 品牌的 ×× 营销活动，结合 ×××× 创意方向，设计一个全方位的传播策略，该策略应能在多元化的媒体环境中精准触达目标受众，并实现品牌传播目标，请遵循以下要求。
>
> 1. 市场洞察
>
> 基于最新的市场研究数据以及竞品情况，总结目标市场的 5 个关键趋势和 3 个主要痛点。
>
> 2. 受众画像
>
> 描绘 2 ～ 3 个核心目标受众群体，包括人口统计特征、行为习惯、价值观和媒体使用偏好，为每个群体设定一个吸引人的昵称。
>
> 3. 传播目标
>
> 设定 3 个涵盖品牌知名度、参与度和转化率的 SMART 目标，每个目标都应有具体的数字指标和时间框架。
>
> 4. 核心信息点
>
> 根据前面的营销创意，提炼 1 个总体信息点和 3 ～ 5 个支持性信息点，这些信息点应与品牌调性一致，并能引起目标受众的共鸣。
>
> 5. 全渠道矩阵
>
> 设计一个至少涉及 5 个渠道的传播矩阵，渠道包括但不限于社交媒体、KOL、线下活动、传统媒体等。说明每个渠道的具体作用和预期效果，并分清主次。
>
> 6. 内容策略
>
> 为 3 个主要渠道设计差异化的内容策略。每个策略应包含内容形式、主题方向和互动元素，并解释如何与用户参与的不同阶段匹配。
>
> 7. 创新传播手法
>
> 提出 1 个创新的或非常规的传播方式，这个方式应能显著提升活动的话题性和参与度，参考 ××× 的爆款视频 ×××。
>
> 8. KOL 合作计划
>
> 设计一个多层次的 KOL 合作策略，包括头部 KOL、中腰部 KOL 和 KOC 的不同运用方式。

9. 传播节奏

绘制一个为期[具体时间]的传播时间表，横坐标包括预热期、启动期、爆发期和长尾期，纵坐标包含各阶段传播重点、对应渠道和相应内容。

10. 效果评估

按传播阶段设定5～7个关键绩效指标（KPI），涵盖曝光度、参与度、转化率和品牌健康度等方面，并说明数据来源。

11. 危机预案

列出2～3个可能的传播风险，并为每个风险提供简要的应对策略。

12. 预算分配建议

按渠道和阶段列出预算分配比例，确保资源的最优化使用。

请基于以上要求，生成一份全面、创新且可执行的传播策略方案。

我们还是基于之前的问题，问：

请为某珠宝品牌的跨界营销活动，结合金蛇献汁创意方向，设计一个全方位的传播策略，该策略应能在多元化的媒体环境中精准触达目标受众，并实现品牌传播目标，请遵循以下要求。

1. 市场洞察

基于最新的市场研究数据以及竞品情况，总结目标市场的5个关键趋势和3个主要痛点。

2. 受众画像

描绘2～3个核心目标受众群体，包括人口统计特征、行为习惯、价值观和媒体使用偏好，为每个群体设定一个吸引人的昵称。

3. 传播目标

设定3个涵盖品牌知名度、参与度和转化率的SMART目标，每个目标都应有具体的数字指标和时间框架。

4. 核心信息点

根据上述的营销创意，提炼1个总体信息点和3～5个支持性信息点，这些信息点应与品牌调性一致，并能引起目标受众的共鸣。

5. 全渠道矩阵

设计一个至少涉及5个渠道的传播矩阵，渠道包括但不限于社交媒体、

KOL、线下活动、传统媒体等。说明每个渠道的具体作用和预期效果，并分清主次。

6. 内容策略

为3个主要渠道设计差异化的内容策略。每个策略应包含内容形式、主题方向和互动元素，并解释如何与用户参与的不同阶段匹配。

7. 创新传播手法

提出1个创新的或非常规的传播方式，这个方式应能显著提升活动的话题性和参与度，参考抖音的爆款视频《科目三》。

8. KOL合作计划

设计一个多层次的KOL合作策略，包括头部KOL、中腰部KOL和KOC的不同运用方式。

9. 传播节奏

绘制一个为期3个月的传播时间表，横坐标包括预热期、启动期、爆发期和长尾期，纵坐标包含各阶段传播重点、对应渠道和相应内容。

10. 效果评估

按传播阶段设定5～7个关键绩效指标（KPI），涵盖曝光度、参与度、转化率和品牌健康度等方面，并说明数据来源。

11. 危机预案

列出2～3个可能的传播风险，并为每个风险提供简要的应对策略。

12. 预算分配建议

按渠道和阶段列出预算分配比例，确保资源的最优化使用。

请基于以上要求，生成一份全面、创新且可执行的传播策略方案。

DeepSeek答：

某珠宝品牌「金蛇献汁」跨界营销传播策略方案

——基于液态艺术珠宝与果汁跨界融合的全渠道渗透计划

一、市场洞察

5大关键趋势

生肖文化热潮：2025年蛇年营销以“智慧与蜕变”为核心，故宫、茅台等品牌通过文化叙事与稀缺性绑定实现破圈。

情感价值驱动消费：观夏“走弯路＝逍遥游”案例显示，消费者更愿为情绪共鸣买单。

国潮复兴与跨界联名：故宫日历、宝格丽红绳等案例验证“传统符号＋现代设计”的吸引力。

……（中间略）

八、预算分配建议

项目	占比	用途
社交媒体 /KOL	40%	内容制作与达人合作
线下快闪店	25%	场地搭建与体验装置
传统媒体	15%	高端杂志广告与户外投放
应急预留	10%	舆情监控与危机处理
数据监测	10%	第三方工具购买与分析

策略亮点：通过“液态艺术”颠覆传统生肖设计，以多感官体验强化记忆点，结合抖音挑战赛与快闪巴士实现“破圈—转化—沉淀”闭环，参考“瑞幸 × 茅台”联名逻辑，兼顾高端调性与大众参与。

8.3.3 创意可视化：Xmind 策划全景图

DeepSeek 每次最多只能输出 3000 字，所以有时候无法完成思维导图大纲的生成，这时候可以继续问：请把上述内容梳理为 Markdown 格式，要包含 123 级，方便我做成思维导图。

此时选择 DeepSeek（V3）即可轻松完成任务。最终输出的营销策划思维导图如图 8.9 所示。

竞品分析如左手画方，需严谨拆解 SWOT 框架；营销创意似右手画圆，求天马行空的破界融合。本章以周伯通绝学为喻，揭示“理性与感性并存”的商战真谛：思维导图是连通左右的经脉，Kano 模型诊断需求痛点，液态黄金创意打破品类边界。当 AI 生成的竞品星图遇见跨界联名方案，当 XMind 呈现的战略图谱碰撞抖音挑战赛，左右互搏之术便升维成“正奇相生”的商战哲学。在红海市场中，唯有此道方能劈出属于品牌的蓝海航道。

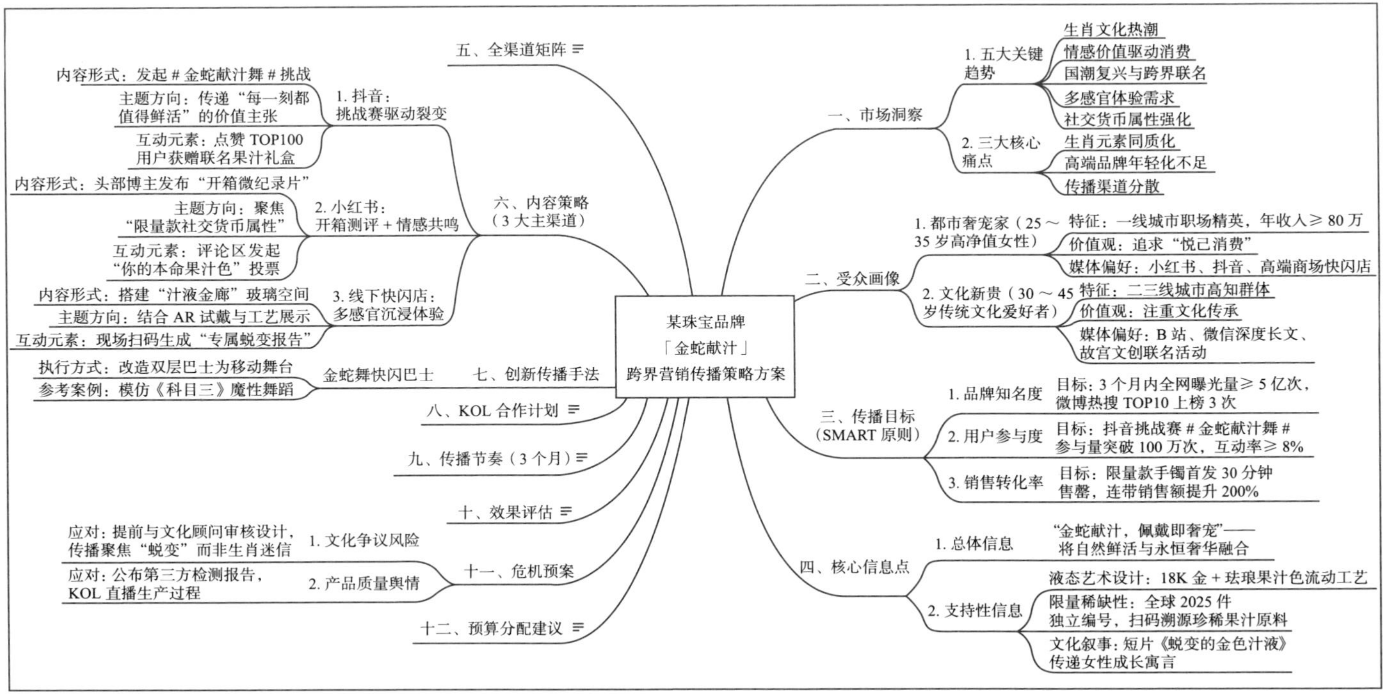

某珠宝品牌
「金蛇献汁」
跨界营销传播策略方案

一、市场洞察
1. 五大关键趋势
生肖文化热潮
情感价值驱动消费
国潮复兴与跨界联名
多感官体验需求
社交货币属性强化
2. 三大核心痛点
生肖元素同质化
高端品牌年轻化不足
传播渠道分散

二、受众画像
1. 都市奢宠家（25～35 岁高净值女性）
特征：一线城市职场精英，年收入≥ 80 万
价值观：追求“悦己消费”
媒体偏好：小红书、抖音、高端商场快闪店
2. 文化新贵（30～45 岁传统文化爱好者）
特征：二三线城市高知群体
价值观：注重文化传承
媒体偏好：B 站、微信深度长文、故宫文创联名活动

三、传播目标（SMART 原则）
1. 品牌知名度
目标：3 个月内全网曝光量≥ 5 亿次，微博热搜 TOP10 上榜 3 次
2. 用户参与度
目标：抖音挑战赛 # 金蛇献汁舞 # 参与量突破 100 万次，互动率≥ 8%
3. 销售转化率
目标：限量款手镯首发 30 分钟售罄，连带销售额提升 200%

四、核心信息点
1. 总体信息
“金蛇献汁，佩戴即奢宠”——将自然鲜活与永恒奢华融合
2. 支持性信息
液态艺术设计：18K 金 + 珐琅果汁色流动工艺
限量稀缺性：全球 2025 件独立编号，扫码溯源珍稀果汁原料
文化叙事：短片《蜕变的金色汁液》传递女性成长寓言

五、全渠道矩阵 ≡

六、内容策略（3 大主渠道）
1. 抖音：挑战赛驱动裂变
内容形式：发起 # 金蛇献汁舞 # 挑战
主题方向：传递“每一刻都值得鲜活”的价值主张
互动元素：点赞 TOP100 用户获赠联名果汁礼盒
2. 小红书：开箱测评 + 情感共鸣
内容形式：头部博主发布“开箱微纪录片”
主题方向：聚焦“限量款社交货币属性”
互动元素：评论区发起“你的本命果汁色”投票
3. 线下快闪店：多感官沉浸体验
内容形式：搭建“汁液金廊”玻璃空间
主题方向：结合 AR 试戴与工艺展示
互动元素：现场扫码生成“专属蜕变报告”

七、创新传播手法
金蛇舞快闪巴士
执行方式：改造双层巴士为移动舞台
参考案例：模仿《科目三》魔性舞蹈

八、KOL 合作计划 ≡

九、传播节奏（3 个月）≡

十、效果评估 ≡

十一、危机预案
1. 文化争议风险
应对：提前与文化顾问审核设计，传播聚焦“蜕变”而非生肖迷信
2. 产品质量舆情
应对：公布第三方检测报告，KOL 直播生产过程

十二、预算分配建议 ≡

图 8.9　营销策划思维导图

第三部分

自媒体实战——每个普通人都可以是博主

“天下武功，唯快不破，唯准不破。”

——笔者按

在自媒体的江湖中，快是算法迭代的速度，准是洞悉用户痛点的锐利。本部分将以《九阴真经》《北冥神功》《一阳指》三部武学为喻，拆解普通人从零破局、借势登顶的实战心法。

第 9 章《九阴真经》重“心法”——定位即内功。普通人若盲目挥拳，终将湮没于流量洪流，唯有精准锚定赛道、细分差异化人设，方能在红海中凿出蓝海。从“趋势—优势—兴趣”的定位口诀，到 DeepSeek 赋能的赛道评分与对标拆解，本章将“选择大于努力”的理论化作可复制的行动地图。

第 10 章《北冥神功》修“招式”——爆款即招式。视频号商业化闭环的每一步，皆需“吸他人内力”：拆解爆款标题的四大情绪杠杆，设计文案的黄金结构，甚至无需拍摄即可生成创意短视频。从标题的情绪钩子到直播话术的六大转化链，本章将把偶然爆款转化为必然公式，助你在算法浪潮中借力打力。

第 11 章《一阳指》凝“一击”——精准即绝杀。小红书的爆款笔记，需如段氏绝学般专注核心：封面即“指风”，标题即“穴位”，内容即“内力”。通过 DeepSeek 的爆款拆解、批量图文生成与数据迭代，普通人亦可练就“一击即中”的爆款本能。

这 3 章环环相扣，将“流量焦虑”转化为“流量掌控”。若自媒体是江湖，此三部曲便是普通人破局的 3 把密钥——以定位定江山，以爆款筑壁垒，以精准破桎梏。

|第 9 章| CHAPTER

九阴真经：DeepSeek+ 自媒体，普通人的新红利

天之道，损有余而补不足，是故虚胜实，不足胜有余。其意博，其理奥，其趣深，天地之象分，阴阳之候列，变化之由表，死生之兆彰……

——笔者按

正如《九阴真经》以心法为根基，自媒体的成败亦始于“定位”与“流程”两大心法。本章以视频号、小红书为例，拆解从赛道选择到内容策划、运营优化的全链路，直指商业化本质。若将平台规则比作招式，定位便是内功——唯有认清自身优势、精准对标、高效执行，方能避开“没流量、不涨粉”的陷阱。正如郭靖习武，先悟心法再练降龙十八掌，普通人做自媒体，亦需以 DeepSeek 为“武学秘籍”，借 AI 之力扫清盲区，在算法洪流中练就“一招制胜”的底气。

9.1 DeepSeek 让普通人做自媒体变简单

9.1.1 90% 的人都会踩的坑：没流量、不涨粉、不变现

截至 2024 年底，抖音月活跃用户突破 8.52 亿，微信视频号月活跃用户达 9 亿、日活达 4.5 亿，小红书则达到了 3.2 亿的月活和 1.2 亿的日活（数据来

源：QuestMobile）。“闲来无事刷刷短视频 / 小红书”越来越成为每一个普通人的生活日常，这也意味着自媒体平台就是普通人的新红利——人们的时间在哪里，流量就在哪里，有流量就意味着有机会。

而如今的自媒体平台早已不再是“入场即躺赢”的蛮荒时代，虽然人人都可以去做抖音、视频号、小红书，只要注册了账号，人人都有发视频和笔记的权利，可是这不代表你做了就能获得结果。播放量太低，账号不涨粉，从而与变现无缘。

笔者曾亲眼见证无数普通人怀揣热情冲进赛道，却在选题迷茫、内容同质、数据玄学、变现无门的泥潭中挣扎。有人花数万元购买“爆款公式”，却只得到几句正确的废话；有人照搬头部博主的模板，却因缺乏人设辨识度淹没在算法洪流中。更讽刺的是，有些教你“三天起号”的导师，往往自己的账号数据惨淡。这是一场信息差构筑的“认知税”，而普通人总在“交学费”。

好在 AI 的出现让普通人做自媒体的机会多了那么一点点，不管是愿意做的人，还是能做成的人。在过去的一年，我们可以用 Kimi 和豆包快速写文案，用度加做视频，用即梦做精美图片，用剪映做数字人，用可灵做老照片修复……让普通人可以更简单地做事、做成事，正是 AI 的魅力所在。

2025 年 DeepSeek 的到来，让普通人做自媒体的成功概率大大提高了。就像你身边突然多了个新媒体领域的专家，不管懂不懂视频号和小红书的运营方式，你都可以问问装在手机里的它“小白该怎么做短视频？”；不管有没有网感，你都可以让它告诉你“怎么才能拍出中老年人会点赞的视频？”；不管做没做过直播，你都可以看看它回答你的“从零做到万人场观的步骤和方法”。

下面，笔者将结合近 3 年自媒体方面的实战经验，详细拆解如何让 DeepSeek 在各环节发挥作用。

需要强调的是，有了 DeepSeek，我们可以在尝试做自媒体的道路上少踩很多不必要的坑，少花一些冤枉钱，但并不意味着可以有一套“用 DeepSeek 独立起号”的万金油式的方法。DeepSeek 可以帮助我们在学习过程中扫盲、答疑和提效，但没有业务经验，它无法独立完成。

自媒体的平台和渠道有很多，本书选取了当前平台活跃人数多、发展空间较大的视频号和小红书进行逐一讲解。

9.1.2 视频号和小红书零基础起号全流程

很多人误认为做自媒体只要发视频、发好看的视频就能够获取流量和变现，这些人往往从开始就走进了失败的误区。不考虑大 V，普通人做自媒体，除了少部分是为扩大自身影响力和品牌宣传外，绝大多数人的初衷是获得可观的收益。所以接下来讨论的所有流程和环节，也都聚焦在最终如何能成功地实现商业化。目前视频号和小红书的商业化模式见表 9.1。

表 9.1 视频号和小红书的商业化模式

商业化模式	视频号（微信生态）	小红书（内容社区）
广告分成	流量主广告（需达到粉丝门槛）；品牌定制广告（需账号垂直度高）	品牌合作人计划（粉丝≥ 5000 可申请）；笔记植入广告（需与内容自然融合）
直播打赏	用户打赏虚拟礼物，主播与平台分成；直播会员专区	直播带货中观众打赏，但占比低于电商转化
电商带货	视频挂商品链接；直播带货（需绑定微信小店或合作供应链）	笔记挂商品链接；直播带货（需绑定店铺或合作供应链）
知识付费	课程、咨询等服务通过私域转化（如微信群）；公众号付费阅读联动	付费专栏（如美妆教程、健身计划）；私域引流至知识星球等平台
私域转化	通过视频号主页添加企业微信，沉淀用户至私域；结合小程序提供额外服务	谨慎引导至微信 / 公众号（需规避平台审核）；通过“群聊”功能建立粉丝社群
平台激励	官方活动奖励（如流量券、现金补贴）；创作者分成计划（需内容优质）	参与官方任务（如话题活动）获得流量扶持；优质内容获得推荐位奖励

从商业化的目标出发，我们以终为始，倒推出来两大平台的完整起号流程如下。

1）视频号起号全流程如图 9.1 所示。

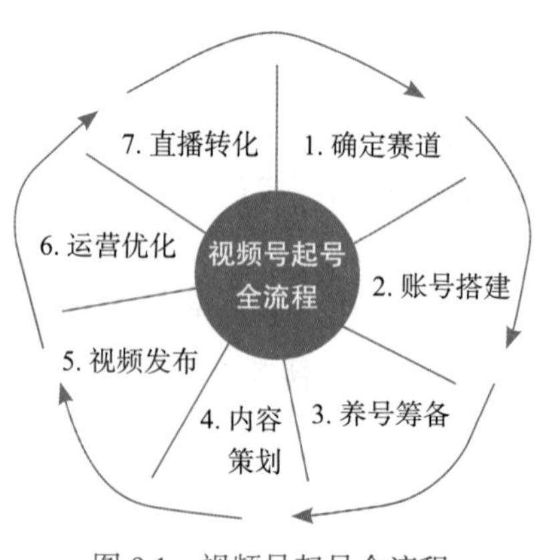

图 9.1 视频号起号全流程

具体每个阶段的核心步骤与操作细节详见表 9.2。

表 9.2　视频号起号的核心步骤与操作细节

流程阶段	核心步骤与操作细节
确定赛道	领域选择：综合评估擅长领域（理财、教育、生活技巧等）、资源能力（供应链、人脉）及用户需求（高客单价商品种草），优先选择微信生态内易转化的赛道
账号搭建	注册认证：通过微信公众平台注册，完成实名认证（个人身份证 / 企业执照）。 基础信息：名称简洁易搜索（如“ ×× 教育规划”），简介明确价值主张，头像需清晰且与定位相关，背景图突出主题（如旅行账号用风景图）
养号筹备	活跃度提升：每日浏览同领域视频，点赞 / 评论 / 转发优质内容，关注对标账号（粉丝数 1 万以下、近期有爆款）。社交链激活：通过朋友圈、微信群分享视频，引导好友互动提升初始权重
内容策划	选题库搭建：结合热点（如春节副业机会）、用户痛点（如职场技能）及平台趋势（长视频崛起），储备至少 30 个选题。脚本模板：使用反转模型（“月薪 3 千到 3 万的逆袭”）或操作模型（“3 步学会 ××”）提升爆款概率
视频发布	剪辑标准：使用剪映 / 秒剪完成基础剪辑，确保画质清晰，视频时长控制在 30 秒～ 3 分钟（知识类可延长至 10 分钟）。发布策略：固定时间发布（如早 7 点～ 9 点 / 晚 7 点～ 9 点），前 3 条视频需高频互动（引导点赞评论）
运营优化	数据分析：通过视频号后台监测完播率（如＞ 40% 为佳）、转发率（如＞ 5% 为佳），优化选题与形式。流量撬动：参与官方活动（如春节任务）、评论区引导用户点击主页，利用“视频号推广”功能付费加热
直播转化	直播准备：搭建场景（背景简洁、灯光充足），设计排品策略（引流款 + 利润款），准备话术脚本（痛点挖掘 + 限时优惠）。私域转化：直播中引导用户添加企业微信，后续通过社群、小程序复购

2）小红书起号全流程如图 9.2 所示。

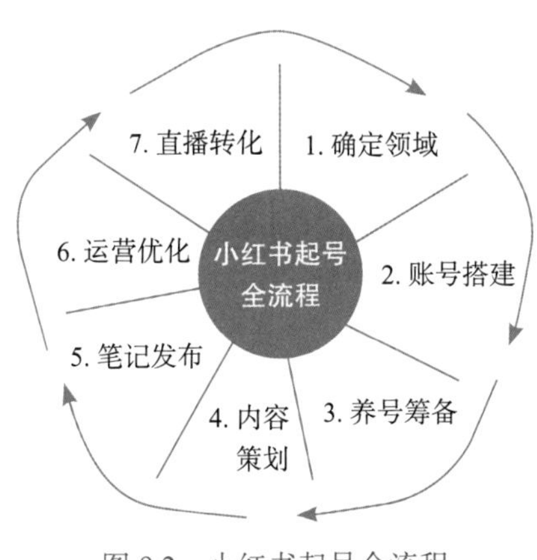

图 9.2　小红书起号全流程

具体每个阶段的核心步骤和操作细节详见表 9.3。

表 9.3 小红书起号的核心步骤与操作细节

流程阶段	核心步骤与操作细节
确定领域	赛道细分：在美妆、美食等大类下选择细分方向（如“油痘肌护肤”或“低卡零食”），避开红海赛道
账号搭建	注册规范：一机一卡一号，实名认证提升权重。人设设计：昵称公式 = 领域关键词 + 个人特色（如“×× 学姐”），头像需真实可信（如真人出镜），简介应突出专业价值（如“10 年护肤研发经验”）
养号筹备	活跃行为：每日浏览同领域笔记 30 分钟以上，点赞 / 收藏 / 评论优质内容，关注 50 个以上对标账号。规避风险：前 7 天不发布营销内容，不用同一设备登录多个账号
内容策划	爆款拆解：分析对标账号的标题结构（如“救命！这套水乳真的能换脸！”）、封面风格（多图拼接 + 文字标注）及内容框架（痛点 + 解决方案 + 效果对比）。 选题库：准备 100 个以上的选题，按热度排序（如从“早 C 晚 A”延伸至“早 P 晚 R”）
笔记发布	内容形式：图文笔记需采用 3∶4 竖图 + 高清实拍，视频笔记需添加字幕与 BGM（节奏轻快）。发布技巧：添加 5 ～ 8 个相关标签（2 个热门 +3 个精准 +3 个长尾），联动官方账号或话题主持人增加曝光
运营优化	数据复盘：通过薯条推广测试内容，优化点击率（如＞ 10% 为佳）与互动率（如＞ 5% 为佳）。矩阵联动：主账号引流至小号（不同细分领域），或跨平台导流（如公众号导流至小红书）
直播转化	人货场设计：场景贴合人设（如家居博主在客厅直播），选品以高频低单价为主（如 50 元内美妆小样），话术侧重体验分享（“自用 3 年无限回购”）。 粉丝群运营：直播中引导观众加入群聊，定期发放福利提升复购率

注意，小红书也可以发布视频，为减少内容重复，发布视频的步骤和环节可参考视频号的“内容策划”和“发布视频”阶段，这里重点讲解“发布笔记”相关内容。

相信即使是一个自媒体纯新手，当对以上两个平台的商业化模式和起号流程有了初步了解之后，也会有一个整体的概念和思路。

那么 DeepSeek 如何助力自媒体人做好视频号和小红书，它究竟能发挥什么样的作用呢？我们来逐一进行讲解。

9.1.3 DeepSeek 引爆视频号 / 小红书的全链路一览通

由于两个平台的起号流程都是 7 个环节，因此我们合并在一起介绍。

1）确定赛道。DeepSeek 可以协助你从兴趣、爱好、优势等角度制定账号定位表，并基于赛道定位、人设定位和内容定位做好整体的商业模式，我们将在下一节对此展开详细实操。

2）账号搭建。这里包括名称、头像、简介和视觉，DeepSeek 可以扮演一个免费的起名大师、摄影师、设计大师、文案大师，尽可能地为你提供参考素材，直到满意为止。

3）养号筹备。可以用前文教的“小白人设法”问问 DeepSeek 怎么才是正确的养号，“一机一号一网”怎么用，每天刷多长时间同类视频才达标。

4）内容策划。前 3 步准备工作做好后，第 4 步开始进入到重头戏。需要强调的是，前 3 步看似可有可无，但其实是成功起号的必要前提，就如同不看说明书直接使用复杂电器一样——你可以打开电器，但很难体验到核心功能。这一步包含找对标、选题、文案、脚本、短视频制作、剪辑。DeepSeek 和其他 AI 工具将会在其中发挥巨大的作用，我们会在下一章逐步指导。

5）内容发布。这里会涉及作品的发布时间和发布地点等内容，从实际情况看，只要每条作品的发布时间间隔在 2 小时以上即可。

6）运营优化。这里涉及很多事务性工作，包括运营技巧、数据复盘、内容优化，DeepSeek 可以帮我们制作很多 SOP，让复杂事情简单化。

7）直播转化。这里笔者将会结合自己超过 1000 小时的视频号直播经验，为你还原从个位数在线到万人场观的心路历程。

当然，要记住最关键的一点：在做自媒体的日子里，遇事不决就问 DeepSeek，结果不对也问 DeepSeek，跨越阶段再问 DeepSeek，这将是你和 DeepSeek 共同成就的自媒体账号。

9.2 起号靠定位，定位定江山

笔者遇到过很多想做自媒体的人，一般分成两波。一波人开头的第一句话一般是“我想做视频号 / 抖音 / 小红书，你觉得怎么样？”笔者会问“具体做什么？”此时一大半人会沉默，剩下一小半会说“就是做一个娱乐博主 / 知识博主 / 美食博主……”笔者再追问具体计划怎么做，基本上就没有人能回答了。

另一波会问笔者“为什么我的视频总不火？”“为什么我的账号涨粉慢？”“为什么我做自媒体挣不到钱？”笔者常常要跟他们聊很久，后来发现里面的绝大多数账号都是因为没做定位。而定位往往是做自媒体最容易被忽视却又最至关重要的一环，它就像一个生意的顶层设计一样，直接决定了后续能做多久、做多大，所以才叫“定位定江山”。

不管是笔者亲眼见证的，还是在网上看到的，无数人都在用自己的行动说明着“有时候选择比努力更重要”。而在做自媒体这件事情上，“选择”无疑是指定位。

9.2.1 掌握四句口诀：普通人也能轻松做定位

我们把做自媒体的人简单分成三类：有长板和优势的、没有长板但有兴趣爱好的、两者皆无的。选择赛道的方法也给大家整理了四句口诀：“有趋势的找趋势，没趋势的找优势，没优势的找兴趣，三者皆无靠分值。”

1. 有趋势的找趋势

以时间趋势为例，如果你在刷短视频的时候，发现有些账号的做法很新奇（比如小猫做饭），但是爆款率很高（高赞视频 / 总视频数）。这时候你就去研究下这种视频的制作门槛高不高，如果门槛不高且首条视频发布的时间距今不超过 3 个月，那这种就属于有趋势（比如 AI 老外育儿号），应该用最短时间找到做法，抓紧时间做。

2. 没趋势的找优势

职业优势：如果你是一名厨师，可以定位为美食领域的博主，分享烹饪技巧、美食制作过程等。例如，一位有多年经验的西点师，可以分享各种西点的制作方法，从简单的饼干到复杂的蛋糕，让粉丝能够跟着学习制作美食。

学校背景或专业优势：如果你是心理学专业的毕业生，可以定位为心理健康领域的博主，分享心理学知识、心理测试、情绪管理等内容。例如，可以制作一些关于如何应对压力、如何改善人际关系的视频或图文，帮助粉丝解决心理问题。

经历优势：如果你曾经成功戒烟，可以定位为健康生活领域的博主，分享戒烟经验和方法。例如，可以分享自己戒烟过程中的心理变化、遇到的困难以及如何克服，为正在戒烟或想要戒烟的人提供帮助和鼓励。

3. 没优势的找兴趣

多年兴趣直接做：如果你喜欢旅游，可以定位为旅游领域的博主，分享旅游攻略、景点介绍、旅行趣事等。例如，可以制作一些如何在有限的预算内玩转一个城市、如何找到当地的特色美食等攻略，为喜欢旅游的人提供实用的信息。

刚感兴趣“养成系”：如果你对摄影感兴趣，但刚开始学习，可以记录自己学习摄影的过程，分享学习心得和作品。例如，可以从最基础的摄影知识开始，逐步学习构图、光线运用等技巧，将自己的学习过程和作品分享出来，让粉丝见证你的成长。

4. 三者皆无靠分值

当然，很多人可能也不知道自己的优势是什么，不会定位。这时可以先选很多个你觉得还不错的方向，比如旅行、美食、商业分享等，然后直接问DeepSeek：“我是一个短视频新手，想做视频号，我该怎么做定位，告诉我具体可执行的方法，给我生成打分表”。

将 DeepSeek 生成的结果整理后见表 9.4。

表 9.4 整理后的 DeepSeek 生成结果

赛道	赛道变现能力		赛道擅长程度		赛道热爱程度		预计耗时情况		合计
	自我评估	得分（1～10）	自我评估	得分（1～10）	自我评估	得分（1～10）	自我评估	得分（1～10）	
旅行									
美食									
商业分享									
影视解说									

然后对照着自己的情况进行打分，哪个得分高就优先做哪个。这相比于毫无计划地直接做，显然科学多了。

当然，有人会说这是大赛道，做美食的账号那么多，为什么我的账号能做起来，这时候就得进入到另一个环节——用差异化细分赛道。

9.2.2 用 DeepSeek 做细分赛道：让别人一秒记住你

下面为大家整理了下普通人在三无（无趋势、无优势、无兴趣）情况下可以直接去做的赛道，门槛较低，且都可变现，见表 9.5。现在说一下如何用 DeepSeek 帮助在大赛道下做细分赛道。

表 9.5 普通人可选的赛道

赛道方向	特点	操作建议	DeepSeek 如何用	变现路径 / 合作机会
生活技巧与科普类	分享实用生活小技巧，满足用户搜索需求	内容形式：展示操作步骤并配以解说。内容灵感：参考抖音“生活小妙招”类热门视频，或结合季节热点	DeepSeek 改文案去重；出分镜脚本	商品橱窗带货
情感故事与文案类	以情感共鸣为核心，简单场景搭配原创文案或故事	文案来源：从网易云热评、随笔网等平台获取灵感，但需避免抄袭。制作方式：使用免费素材叠加文字和配音，用剪映等工具合成	DeepSeek 改文案去重；出分镜脚本	视频插入软广用来带货
实用技能教学	分享办公软件、手机操作等基础技能，适合现学现卖	内容形式：录屏教学，搭配步骤讲解。学习路径：通过 B 站免费教程自学后制作短视频	DeepSeek 出操作步骤	后期可销售付费课程或接品牌推广
本地化内容与探店	聚焦本地生活，吸引同城流量	拍摄场景：下班后探店或记录城市街景，突出真实体验	DeepSeek 出差异化建议	积累粉丝后可接本地商家推广
美食领域	分享家常菜制作方法、特色美食制作过程、美食探店经历	拍摄美食制作过程，可加入厨具使用技巧、食材推荐等内容	DeepSeek 出差异化建议	推荐厨具、食材等
手工制作	分享手工制作过程、创意手工灵感来源、传统手工艺传承	拍摄手工制作过程，展示作品细节，介绍工具材料	DeepSeek 出操作步骤	销售手工制品教程或成品
宠物护理	分享宠物喂养经验、训练方法、美容技巧	拍摄与宠物互动及护理相关的视频，可添加背景音乐和拟声词	DeepSeek 出差异化建议	推荐宠物用品
读书分享	分享读过的书籍、读书心得、阅读技巧和方法	通过视频或图文分享书籍内容及读书感悟心得，可加入紧张推理或悬念	DeepSeek 出差异化建议	推荐书籍、线上读书会

比如我想去做实用技能教学，但是怎么做才能和众多教学账号区分开呢？很简单，把问题抛给 DeepSeek。

问：我现在想做视频号，准备去做实用技能教学方向的。但是这类账号太多了，我想有辨识度，做差异化，能给我一些具体的建议吗？给我想想那种一句话的口号，最好让别人听完就能记住。我可以给你点启发，我这个人长得还行，比较幽默，讨厌说教，别人说我看起来挺正派的，我现在能想到的就是这些。

DeepSeek答：

结合你的个人特质和差异化需求，我为你设计了以下3个方向+配套口号，既符合你幽默正派的形象，又能打破传统说教感。

【反差萌教学法】

口号："正经人教不正经技能，包教包笑不包会"

- 玩法：用西装革履的严肃形象演示荒诞技能（如"三步让Excel震惊老板""微波炉烤袜子的正确姿势"），每期最后5秒必出搞笑翻车镜头
- 优势：视觉形象与内容形成强烈反差，西装道具可复用性强

【梗百科教程】

口号："3步学会新技能，5秒收获新段子"

- 玩法：把热门梗融入教学内容（如用"九转大肠"教烹饪技巧），每个知识点配一个魔性表情包
- 记忆点：每期结尾固定台词"学废的同学请把学费打在我脸上"

【生存狂学院】

口号："这技能没用算我输，没用你来找我"

- 玩法：一本正经地教看似离谱但真实有用的应急技能（"如何用奶茶杯种香菜""用表情包做PPT模板"），配合你正气的脸说出搞笑的台词
- 差异化：建立"人间清醒急救员"人设，用蓝色工装服+工具箱作为视觉符号

额外建议：

1. 设计标志性开场动作：比如推眼镜变出教具/突然从口袋掏出道具
2. 内容结构采用"一本正经开头→逐渐跑偏→神转折收尾"的三幕式
3. 埋梗技巧：把专业术语改成网络用语（方差分析→"数据狼人杀"）

怎么样，是不是差异化的技能教学就摆在你眼前？

我们已经完成账号定位，下一章就会进入视频号的正式实战环节，通过用

DeepSeek 在内容策划的各个环节发挥作用，帮助正在做自媒体的朋友们理思路、找出路、降难度。

9.2.3 用 DeepSeek 模仿对标账号

当确认了大赛道和细分赛道后，关于后续具体如何做，很重要的一个环节就是“找对标”——寻找优秀对标账号进行模仿学习。

在这里需要强调一下，对于本身自带光环，已经有较大影响力的博主（比如名人明星或者各领域的大 V、KOL 等），他们做自媒体时难度很小，不需要太关注内容创作的形式，也不需要过多做“找对标”的事情。这里主要讨论在自媒体平台上缺乏经验、优势较少的普通人如何去“找对标”的事情，以及如何用 DeepSeek 帮你像素级学习模仿。

在任何平台，模仿优秀对标账号都是非常有效的做法，这里的优秀对标账号不仅是粉丝多的账号，也可能是粉丝少但内容好（粉丝数较低、视频数据点赞 / 转发 / 评论数据好），或是粉丝、内容都不好，但是变现好（视频号小店销量高、加私域后调研发现高价产品销量好）的账号。

视频号优质的对标账号和优质视频选择大致有如下标准：

- ❑ 低粉，1 万粉以内（视频号未显示粉丝数，可观察账号有无升级金 V 标识，以及视频整体播放量。一般而言，视频号 1 个赞对应 100 的播放量）。
- ❑ 高赞，尤其是视频点赞数突然达到了 500 及以上，而且多条均出现类似爆款。
- ❑ 刚火，最早一条视频的发布时间距今不超过 3 个月，最长不超过半年。
- ❑ 洼地，比如抖音和小红书上的该类账号已满足以上 3 条标准，但是视频号上还未出现。

这类账号的内容策略和运营方法更具可复制性，也可以避免头部大 V 因资源差异过大而难以对标。

实话实说，找对标是一个苦力活。如果满足上述要求的账号实在找不到，不妨把这 4 个维度的标准逐一放宽，比如找到了火了 1 年以上的低粉高赞账号，或者刚火不久的高粉高赞账号。可以说，找到了合适的对标账号，就可以少花大量的冤枉钱和少走无数的弯路。

如果还是不知道怎么做，就把具体的问题交给 DeepSeek，让它给我们建议。

问：我现在想做AI学习领域的视频号，目前在寻找优秀对标账号环节，怎么样才能找到合适的对标，能给我一些具体的建议吗？

笔者已将DeepSeek的回答整理汇总，见表9.6。

表9.6 找对标账号的具体方法或工具

章节	关键点	具体方法或工具
一、明确自身定位与关键词	确定垂直领域和内容方向	细分AI学习领域（如“AI工具教学”“AI编程实战”），提炼核心关键词（如“AI教程”“DeepSeek使用”），扩展近义词（如“人工智能学习”“AI提示词”）
	筛选达人等级	选择粉丝量适中（如1万以内）、近期成长快的账号，避免选择头部大V账号
二、利用平台功能与工具高效搜索	关键词搜索法	在视频号、抖音等平台搜索核心关键词，按“点赞量”或“发布时间”排序，优化搜索词（如“教你用AI”“AI绘画教程”）
	标签与话题追踪	查看热门视频标签（如#AI学习、#DeepSeek技巧），进入聚合页挖掘优质账号，关注平台推荐页
	第三方数据分析工具	使用新视、蝉妈妈、飞瓜等工具筛选“科技教育”或“AI”领域账号榜单，分析粉丝增长、内容互动及变现模式
三、筛选与分析对标账号的标准	账号质量与内容形式	选择视频剪辑专业、画面清晰、文案结构清晰的账号，优先选择日更或周更的账号
	粉丝画像与互动数据	查看粉丝年龄、性别、地域分布，关注“赞粉比”（高于5%说明内容吸引力强）
	变现模式参考	分析账号的变现方式（如知识付费、带货、品牌合作），选择与自身规划一致的账号
四、深度拆解对标账号策略	内容选题与爆款分析	收集高赞视频，总结选题规律（如“AI工具测评”“实战案例解析”），模仿结构（如“痛点引入—操作演示—总结福利”），使用AI工具生成脚本初稿
	人设与视觉风格	拆解账号人设定位（如“技术极客”“新手导师”），模仿昵称、头像、简介中的关键词布局，统一封面设计
	互动与引流技巧	学习评论区运营（如高频回复、引导关注），跨平台引流（如引导用户关注公众号或加入社群）
五、持续优化与创新	避免同质化	在模仿中融入个人特色，如加入实际案例或行业洞察
	数据监测与迭代	定期复盘内容数据（播放量、完播率），对比对标账号调整策略，关注AI领域动态（如新模型发布）
六、工具与资源推荐	免费教程平台	B站、知乎有高质量的AI技术教程
	数据分析工具	新视（视频号）、蝉妈妈（抖音）、飞瓜数据（跨平台）
	内容生成工具	剪映（AI成片）、可灵（AI视频生成）

我们还可以在此基础上让它帮我们制订找对标计划，然后按照步骤一步步去找到合适的对标。

定位是自媒体的“命门”，亦是普通人破局的第一道关卡。本章从“趋势、优势、兴趣”三轴出发，借 DeepSeek 之力扫清盲目试错的迷雾。赛道选择并非赌局，而是基于数据与资源的理性推演：职业背景可转化为垂直内容，兴趣热爱可孵化为养成系 IP，甚至“三无”的普通人亦能通过赛道评分找到破局点。差异化人设的塑造，更需如郭靖练降龙十八掌般“稳扎稳打”——从对标账号的像素级模仿，到个人特色的渐进融入。记住，定位不是口号，而是持续验证的动态过程。当你的内容与人群需求精准咬合时，流量自会如洪流奔涌。

|第 10 章| CHAPTER

北冥神功：DeepSeek 带你从视频号小白到完成商业化闭环

“内力既厚，天下武功无不为我所用，犹之北冥，大舟小舟无不载，大鱼小鱼无不容。”

——笔者按

本章以《天龙八部》中的“北冥神功”为喻，恰如短视频创作之道——欲成爆款，必先“吸他人内力”。正如段誉借北冥神功化敌力为己用一样，视频号运营者亦需深研优秀的对标账号，汲取其爆款标题、文案、分镜之精髓，反复锤炼“爆款套路”。从标题的情绪杠杆、认知缺口，到文案的黄金结构、镜头语言，皆需如北冥神功般“兼容并蓄”，将已验证的“流量密码”融为己用。唯有持续吸收—转化—迭代，方能在算法江湖中立于不败之地。

10.1 内容为王，DeepSeek 爆款内容创作全流程

10.1.1 点开即停留：用 DeepSeek 三步生成爆款标题

1. 优质内容好过海量视频

笔者和许多自媒体人进行过交流，发现大家往往会陷入一个误区：先用 DeepSeek 写标题、写文案、做数字人，然后就可以发布作品了。网上也充斥

着很多诸如此类的教程和方法，坦诚地说，其实这是和做自媒体的初衷背道而驰的，就如同为了出版一本小说，每天通过写日记来练习一样，不管写多少年，都很难有真正的提升。做自媒体，缺乏系统性的认知和刻意练习很难真正做成功。

推荐的顺序是：先确定赛道，然后找合适的对标账号，再根据对标账号的内容来考虑挑选题、写标题、写文案、做视频的事情。也就是说，我们通过广撒网的方式来确定我们的赛道，当确定好赛道后，我们只针对该赛道中优秀的对标账号的内容进行学习模仿。换言之，如果我们做的是不出镜的视频，我们没有必要去学习拍口播视频的方法和技巧，不管我们用不用得上 DeepSeek。

确定了对标账号后，如何创作优质内容呢？以下是创作优质内容的核心公式：

优质内容 = 抓人的标题 + 到位的内容 + 有效的呈现

注意，不是说只要是优质内容就一定会爆，优质内容也不一定有精美的拍摄和制作。我们在做自媒体时，除了必要的坚持和可遇不可求的运气外，我们更多追求的是确定性。而产出优质内容，就是在提高我们的内容爆款率。一切在合法合规要求下能持续做出爆款的知识都是自媒体人应该学习的。

2. 爆款标题的 4 种设计方法

首先来说“抓人的标题”，爆款标题一般有如下 4 种设计方法：

（1）情绪杠杆法：调动人的情绪

恐惧和贪婪始终是流量的底层燃料。比如很多账号打出标题“这 5 种早餐正在摧毁你的胃（尤其第 3 种）”时，前半句用“摧毁”制造健康焦虑，括号内的补充则像钩子般钩住观众好奇心。这种“恐惧前置 + 解决方案后置”的结构，本质是利用了心理学中的“损失厌恶效应”——人们对失去健康的恐惧，远大于获得知识的欲望。

但设计情绪杠杆需要把握分寸。有母婴号曾因标题“再不补钙孩子永远长不高”遭医学专家声讨，而有的老年号的“儿女必看！父母跌倒前的 3 个征兆”则示范了正确分寸：既点出潜在风险，又提供预防价值，成为养老机构争相转发的模板。近期平台算法升级后，赤裸裸的恐吓式标题（如“看到这种菜赶紧扔！全家致癌”）已被限流，取而代之的是“雨季来临前检查家里这 4 处（物业不会提醒你）”这类建设性警示标题。

当然，最高明的情绪杠杆往往包裹着价值外衣。知识博主常用的标题“停止无效努力！3 个被低估的学习方法”，先用“无效努力”引发焦虑，再用“被低估”制造稀缺感，最终用数字承诺解决方案，三重情绪叠加使视频完播率提升多倍。这种策略在职业教育领域尤为奏效，例如，“35 岁前不掌握这 3 个技能，迟早被淘汰”的标题，已成为职场赛道的流量密码。

（2）认知缺口法：制造信息不对称

反常识类标题正在重构流量逻辑。当有视频号打出“这 3 个‘好习惯’正在毁掉你的肾”时，观众认知首先被颠覆——晨起 1 杯蜂蜜水、每天 8 杯水等常识竟是健康杀手？点开后观众会发现该内容来自三甲医院医生解读，用专业背书完成“推翻—重建”的认知升级。这种策略的精妙之处在于：用非常规观点撕开认知裂缝，再用权威内容填补缺口。

三农领域更是将此技法玩到极致。抖音里很多爆款标题叫作“越勤快的农民越穷？”，表面看是反智言论，实则揭示农业经营的本质规律。视频中老农抽着旱烟说道：“整天埋头锄地不如会看天气预报。”用反差感打破刻板印象，很容易完播。更极端的案例来自一些财经号，它们惯用“月薪 3000 比 3 万更该买保险”这样的标题，用矛盾逻辑吸引点击，内容却严谨分析不同收入人群的风险承受能力差异，结果这些账号涨粉很快。

（3）数值锚定法：用数字建立确定性预期

短视频标题中嵌入数字的本质，是为观众提供可量化的预期管理。当用户看到“3 个动作让会议纪要升值 10 倍”这类标题时，大脑会本能地计算投入产出比——只需记住 3 个动作就能提升 10 倍效率，这种“低成本高回报”的暗示让人难以划走。有个职场教学视频号的一条爆款视频正是用的此逻辑，标题“5 页 PPT 模板搞定年终汇报（附模板）”精准击中职场人的痛点，评论区高频出现“终于等到这种干货”的评论。

但数字的使用需克制。短视频的黄金数字通常为 3 ～ 5，3 次重点呈现既能满足信息密度，又留有惊喜余韵。我们之前测试过知识类账号，发现标题“小红书起号 7 个必做步骤”的完播率远低于“小红书起号 3 个核心动作”，证明 7 个步骤会触发用户的心理疲惫。更需警惕的是虚假数据，例如“1 周减 20 斤”这类违背生理常识的标题，极易引发举报潮。

精准数据带来的信任感不容小觑。营养类视频号的标题“300 份体检报告总结：这 4 类人最该戒奶茶”，用“300 份”强化调研真实性，用“4 类人”划定目标人群，成功将一条科普视频推上热榜。而失败的案例往往输在数据模糊，例如，“几个提升记忆力的方法”播放量惨淡，改为“神经学家验证的 3 个记忆宫殿法”后，播放量暴涨。

（4）信任嫁接法：借力权威破除心防

当所有博主都在说“亲测有效”时，绑定权威才是突围关键。有教育号的视频标题“牛津大学最新发现：孩子睡不够的真正元凶”，将睡眠问题与顶级学府挂钩，即便内容只是基础科普，也足以在家长群形成裂变传播。这种策略的精髓在于：把“牛津大学”变成信任通行证，让观众自动降低心理防线。

同时，隐性背书往往比直白宣传更有效。法律号的标题“法院朋友私下教的 3 个离婚自保技巧”，用“法院朋友”替代生硬的“根据《民法典》”，既保留专业感又增添人情味。这种“圈内人爆料”的叙事方式，很容易激发大家好奇心，同时增强信任感。在美妆领域，成分党博主们深谙此道：“某实验室泄露的护肤公式”这类标题，通过模糊信源制造神秘感，反而比直接标注“中国科学院研发”更具吸引力。

3. DeepSeek 写爆款标题实操

如果你不会写爆款标题，那就让 DeepSeek 协助完成，如果你直接问“帮我写 10 个爆款标题”，它的回答往往是不够精准聚焦的，为此，下面介绍两大场景的共 9 种提问方式。

第一种场景，对完全不会写标题的人来说，可以直接用爆款标题生成场景提问结构，具体操作见表 10.1。

表 10.1 DeepSeek 爆款标题生成场景提问结构操作表 1

场景分类	核心要素	提问结构示例	实际案例
基础生成	角色+目标人群+核心产品+预期目标	“作为[××领域专家]，请为面向[××人群]的[产品/内容]设计 10 个[涨粉/带货]向的抖音视频标题，要求使用[痛点/悬念/数字]技巧”	“作为美妆博主，请为面向 25～35 岁女性的抗衰精华设计 10 个带货向抖音视频标题，要求使用痛点+解决方案结构”
元素组合	指定爆款公式（如数字法/疑问法/冲突法）+领域关键词	“用[数字+结果导向]公式生成 5 个健身教学视频标题，关键词：减脂、新手、21 天”	“用‘3 个动作+暴瘦 10 斤’结构生成 5 个居家健身标题，关键词：马甲线、懒人、7 天见效”

（续）

场景分类	核心要素	提问结构示例	实际案例
热点结合	近期热点事件＋领域关联点＋情绪价值	“结合端午节热点，为手工粽子教程设计3个带‘非遗’关键词的标题，要求引发文化自豪感”	“用‘央视推荐’＋端午节元素，为妈妈厨房账号设计5个传统美食教学标题”
A/B 测试	同一内容多版本标题对比（侧重不同心理诱因）	“为宠物猫洗澡教学视频设计3组对比标题：A组用悬念提问，B组用数字攻略，C组用情感共鸣”	“针对同一款扫地机器人，分别用‘黑科技’‘价格对比’‘明星同款’角度各生成一组标题”
平台差异化	区分视频号（偏熟人社交）与抖音（偏兴趣推荐）的标题策略	“为同一亲子游 vlog 分别设计适合视频号（强调家庭情感）和抖音（突出景点亮点）的两版标题”	“视频号：以‘老公看到最后流泪了’为开头设计亲子游 volg 标题；抖音：以‘99%人不知道的云南免费秘境！’为开头设计亲子游 volg 标题”

比如我们以一个家庭教育规划博主的身份，用第一种场景的提示词向 DeepSeek 提问。

问：我现在在做教育规划赛道视频号，主要的产品是针对6～12岁孩子的AI编程课程，视频目标人群是孩子的家长或者其他长辈，能不能帮我想20条爆款标题，能让目标用户看到后愿意点赞、停留、互动。

DeepSeek 答：

以下是为6～12岁孩子AI编程课程设计的20条爆款视频标题建议，结合家长关注的教育焦虑、未来竞争力、课程效果等核心需求，融入当前热点和用户痛点：

一、家长教育焦虑与未来趋势类

1.“为什么说不会AI编程的孩子，未来可能被淘汰？”——引用国家政策支持AI教育、科技行业高薪案例，强调AI时代必备技能。

2.“雷军劝孩子学AI，但90%的家长踩了这些坑！”——结合名人背书＋避坑指南，揭露市面AI课程乱象。

3.“985高校录取‘科技特长生’比例暴增！学编程能加分？”——用蓝桥杯、信奥赛等竞赛升学案例吸引家长关注。

二、课程效果与孩子成长故事类

4.“8岁孩子用Python写游戏！他的学习路径全公开！”——展示真实

学员案例，拆解学习阶段和成果。

5.“学编程后，孩子数学成绩从 60 分到 95 分的秘密!”——结合逻辑思维提升与学科成绩关联性，用数据说话。

6.“孩子沉迷游戏？不如让他学会‘创造游戏’!”——用趣味编程项目（如《飞机大战》《智能玩偶》）转变家长对游戏的负面认知。

三、课程特色与技术优势类

7.“AI 老师比真人更懂孩子？揭秘 AI 编程课黑科技!”——展示 AI 个性化学习路径、实时纠错功能（如编程猫 +DeepSeek 案例）。

8.“不用写代码也能学 AI？编程描启蒙全解析!”——降低家长对编程难度的顾虑，强调图形化编程的趣味性。

9.“机器人编程 vs 纯代码课，哪种更适合孩子?”——对比课程类型，帮助家长选择（结合硬件操作与软件编程差异）。

四、免费资源与课程性价比类

10.“ MIT 免费 AI 课 vs 付费课程，差距竟然这么大?”——对比 MIT 的 Day of AI 平台与系统课程的价值差异。

11.“1 元体验课送编程工具包！薅羊毛攻略来了!”——用低价引流课吸引试听，搭配实物赠品提高转化率。

五、趣味互动与亲子场景类

12.“亲子编程挑战：和娃一起做个会说话的 AI 宠物!”——设计家庭合作项目，增强课程情感价值。

13.“孩子用 AI 给爸妈写诗？看完泪目了!”——展示编程与情感表达结合的创意作品（参考 DeepSeek 案例）。

14.“暑假别报补习班！这 10 个 AI 编程项目让孩子玩到停不下来!”——推荐游戏化学习项目（如动画制作、智能家居模拟）。

六、权威背书与教育理念类

15.“教育部官宣：AI 课即将进校园！现在学就是抢跑!”——引用政策文件，强化课程必要性。

16.“斯坦福大学教授：会用 AI 的孩子才是未来赢家!”——借权威专家观点提升说服力。

七、痛点解决与避坑指南类

17.“编程课机构不会告诉你的 3 个真相！”——揭露课程时长、师资资质、虚假宣传等内幕。

18.“6～12 岁学编程，除了 Python 还有什么？”——按年龄分段推荐课程，解决家长选择困难。

八、热点借势与节日营销类

19.“春节红包别浪费！用 AI 教孩子做个电子红包程序！”——结合节日热点设计趣味项目，提升传播性。

20.“开学季福利！ AI 编程课 5 折，加送定制机器人！”——限时促销 + 实物奖励，刺激家长决策。

互动设计技巧

- ❑ 标题多用数字和疑问句：如用“3 个误区”“哪种更适合？”引发好奇。
- ❑ 封面突出对比与成果：如孩子操作机器人、获奖证书、成绩对比图。
- ❑ 评论区引导话术：
- ❑“你家孩子学过编程吗？留言聊聊体验！”
- ❑“扫码领 AI 编程学习规划表，一对一定制！”

可见，这要比直接提问明确多了。

第二种场景，对于已经找到了对标账号的爆款标题，想写出同类型的优质标题的情况，可以先把想学习的视频标题记下来，统一发给 DeepSeek，然后使用爆款标题生成场景提问结构，具体操作见表 10.2。

表 10.2　DeepSeek 爆款标题生成场景提问结构操作表 2

分析目标	解析维度	提问结构示例	实际案例
元素拆解	高频词 / 情绪倾向 / 句式结构统计	“分析这 20 个美妆爆款标题，列出前 5 个高频词、主要情绪类型（如焦虑 / 向往）及最常用句式”	“分析结果：‘悄悄’出现 12 次，‘震惊体’占 60%，70% 使用‘××竟然……’疑问句式”
模式提炼	推导可复用的内容公式	“从这组母婴爆款标题中提炼 3 个通用公式，示例：‘千万别××！’+ 后果警示 + 解决方案”	“提炼公式：‘××天养成××习惯’（时间量化）+‘亲测有效’（信任背书）+‘后悔没早看’（损失规避）”
竞品对标	同领域头部账号标题策略分析	“分析‘陈翔六点半’近 30 个爆款标题，总结其搞笑类视频的标题设计套路”	“发现：87% 的标题含夸张对比（‘以为 vs 实际’）、每条标题平均 3 个感叹号、必带话题 # 反向带货 #”

（续）

分析目标	解析维度	提问结构示例	实际案例
优化迭代	原标题问题诊断 + 改进建议	“请诊断标题‘手机摄影技巧分享’的问题，并用‘痛点 + 解决方案 + 好奇缺口’结构改写 3 个版本”	“改写后：‘不会构图？ 3 招让你的废片点赞破万！第 2 招摄影师都在用’”

这里不展示实操了，读者可以用参考提问结构或者实际案例直接问 DeepSeek。

10.1.2 观看即完播：爆款文案生产流水线

完成标题后就会进入文案环节，短视频文案脚本并不像标题一样直接输出即可，而是有它对应的结构。我们要结合这个合理的结构来设计文案，才能有效提升短视频的爆款率。

大部分赛道的短视频都按照“4321 原则”设计，即 10 条视频中有“4 条泛流量视频（提高曝光拉权重）+3 条干货视频（建立信任感涨粉）+2 条营销视频（介绍产品带货或转直播）+1 条人设视频（建立信任感涨粉）”。当然很多人刚开始做号，而人设视频需要有一定的背景和设计，可以先不管。

对应的爆款文案也应该结合选题，根据视频类型来设计。最主要的一点是，爆款文案的核心并不是文案本身，而是这条视频对应的“爆款套路”。什么是“爆款套路”？就是抽象化的爆款结构。

别人拍完数据好的视频，我们不能直接拿过原版来重拍一遍，那会涉及抄袭违规，而且重复度过高，也会被平台降低账号权重。但是学“爆款套路”是没问题的，内容是你的，具体文案也是你的，甚至结构也可以变成你的。

举个例子，笔者之前给一个做流量的朋友做规划，从他找的对标视频中提炼的“爆款套路”如下：

- ❑ 类型：60 秒内的流量 + 短视频的账号制作拆解。
- ❑ 开头：点赞过 10 万的账号拆解。
- ❑ 主要话术：其实很简单，一共分 2 步。
- ❑ 中间：制作演示。
- ❑ 结尾：抓紧行动吧。
- ❑ 拍摄形式：自拍晃动、背后计算机屏幕。

这里的第 2、4、5、6 项都可以换成自己的内容，不涉及违规的问题。

把爆款视频中的“爆款套路”提炼出来，再写文案，才是输出爆款文案的正确方法。但是注意，“爆款套路”不是靠一条视频可以总结完的，最好是多条视频，这样才能找到真正的共性。

下面介绍如何用 DeepSeek 帮助生成爆款文案，主要步骤如下：

1）可以通过录屏或者其他方式把对标的爆款视频转成本地素材。

2）把视频素材上传飞书妙记或者通义听悟等软件，把视频素材直接转成文案。

3）上传文本，让 DeepSeek 帮助拆解短视频“爆款套路”，参考表 10.3。

表 10.3　用 DeepSeek 拆解“爆款套路”表

分析目标	解析维度	提问结构示例	实际案例
结构拆解	5 秒停留点 / 高潮节奏 / 转化钩子	“分析这 10 条百万赞美食视频：①前 3 秒用了什么技巧；②每 15 秒的信息爆点分布；③结尾引导策略”	“发现：82% 用‘食材特写 + ASMR 音效’开场，平均每 12 秒有价格 / 功效提示，89% 用‘截屏抽奖’作钩子”
话术公式	高转化话术模式提炼	“从这 20 个带货视频中总结 3 个开单话术公式，如‘痛苦场景 + 权威数据 + 限时福利’”	“提炼：‘你不会还不知道……吧？→ 实验室实测数据 → 今天破价还送 × ×’”
镜头语言	运镜方式 / 景别切换 / 文字锚点	“分析美妆教程爆款视频：①产品展示的运镜逻辑；②近景 / 特写使用频率；③关键信息文字标注位置”	“规律：60% 采用‘产品旋转 + 成分表弹窗’，每步骤必用特写，价格信息始终固定在左下角”
背景乐使用策略	前奏使用节点 / 副歌高潮匹配点 / 音效强化位	“总结穿搭赛道的背景乐使用规律：①前奏几秒切入；②换装瞬间用什么音效；③卡点节奏与产品展示的关系”	“数据：73% 的视频在第 2 秒切入背景乐，‘叮’音效配合价格露出，换装必用重低音鼓点”

4）上传文本，让 DeepSeek 帮助生成爆款文案，见表 10.4。

表 10.4　用 DeepSeek 生成爆款文案场景表

场景分类	核心要素	提问结构示例	实际案例
黄金结构生成	痛点开场 + 信息密度 + 行动指令	“作为 [健身教练]，为新手博主设计减肥视频文案：①用 [10 秒痛点提问] 开头；②中间插入 [3 个反常识知识点]；③结尾用 [挑战体] 促互动”	“母婴博主文案：‘90% 的妈妈都喂错了！（痛点）→ 3 个冲泡误区演示（悬念）→ 点赞收藏跟练正确手法（行动）’”
情绪曲线设计	情绪峰值分布（好奇 / 共鸣 / 惊喜）	“设计宠物食品测评文案：开头制造好奇（检测仪数据），中间引发愤怒（劣质原料），结尾惊喜反转（自家产品）”	“美妆文案：震惊开头→专业解析焦虑→解决方案感动 → 限时福利紧迫感”

（续）

场景分类	核心要素	提问结构示例	实际案例
模板化生产	指定爆款模板（如SCQA，即现状—冲突—问题—答案模型）	“用‘现状—冲突—问题—答案’结构写职场沟通教程文案，加入具体案例对话”	“数码测评模板：‘花5000块买的××竟……（冲突）→实测3大槽点（痛点）→没想到这个功能救了它（反转）’”
热点借势	热点事件+领域关联点+价值升华	“结合《热辣滚烫》减肥热，为健身课程设计：①电影金句开场；②对比贾玲饮食法；③升华女性成长主题”	“中秋热点+烘焙教程：‘王维诗里的月饼→复刻唐朝古法→文化传承使命’”
平台特化	区分视频号（深度内容）与抖音（高密度信息）	“同一款扫地机器人，视频号侧重‘技术解析+家庭故事’，抖音侧重‘效果对比+促销机制’”	“视频号：‘婆婆终于夸我会买了……’；抖音：‘3秒吸净钢珠！点击看拆机’”

这样，就可以让 DeepSeek 帮我们总结出对标账号的“爆款套路”，并生成相应的爆款文案了。

当然，想生成更好、更有差异化的爆款文案的读者可以参考下一步。

5）组合进阶指令让 DeepSeek 升级爆款文案，具体包含 3 种方法，下面分别举例说明。

方法 1：元素杂交法。

问：将美妆教程的‘成分解析’与情感赛道的‘故事共鸣’结合，生成 200 字的文案及结构。

DeepSeek 答：

[开头——故事共鸣]

“27 岁生日那晚，闺蜜突然拉住我说：‘你的脸怎么比实际年龄老 10 岁？’

镜子里的自己：法令纹能夹纸、毛孔粗大还脸色暗沉……那一刻我才明白，护肤不是玄学，是科学。（镜头特写检测仪数据：肌肤年龄 37 岁）

[中间——成分解析]

实验室扒出真相：90% 抗老失败，是因为没抓住‘黄金三角’！

① 玻色因：不是浓度越高越好，3% 才能穿透角质层（贴成分结构图）

② 维 A 醇：用错时间 = 烂脸！教你建立耐受的时间表（展示对比实验）

③ 胜肽：这 3 种才是真抗皱，其他都是智商税（撕包装特写 + 打假动画）
[结尾——情感升华 + 转化]
现在每天被同事追问是不是偷偷医美了，其实只是学会了和成分对话。
点赞收藏领取抗老成分自查表，评论区抽 3 人送正装精华！
记住：30 岁后的美丽，是智慧和坚持的勋章。"

方法 2：数据增强法。

问：基于这些数据：① 完播率 >40% 的视频前 5 秒必有"数字 + 问句"；② 点赞高的文案含 3 个以上"你"字，生成符合规律的带货文案及结构。

DeepSeek 答：

[开头——恐惧唤醒]
（悬疑音效）"正在看视频的你，知道埋进脸的线雕线多久会崩吗？"
上周面诊的客户：线体移位导致面部凹陷，修复费高达 8 万元！
这不是个例，数据显示，68% 的线雕失败是因为选了假材料！
[中间——专业拆解]
（手术室场景）用镊子展示真假线体差异：
√ 正品 PPDO 线：遇光透红，拉扯弹性均匀（紫外灯验证）
× 假货：一拉就断，浸泡后释放有毒物质（实验慢镜头）
三招避坑指南：
① 扫码验真不是万能！要看防伪涂层反光
② 拒绝'院长定制线'等话术陷阱
③ 术后出现这 3 种情况立即取出
[结尾——信任构建]
（对比案例视频）"这个客户按我的方案修复后，现在成了我们的代言人。
点预约领《医美避坑手册》，前 10 名送价值 1980 元的皮肤检测！
记住：变美的前提，是安全。"

方法 3：人格化塑造。

问：为数码测评账号设计"毒舌但专业"的人设文案：①用吐槽金句

开场；② 穿插行业黑话；③ 结尾神反转。

DeepSeek 答：

[开头——争议性吐槽]

“花 6999 元买安卓机皇？我看你是在做慈善！

（摔手机音效）这就是我刚拆完的 ×× 手机 14 Ultra——

散热堆料猛如虎，跑分还不如三年前的苹果？（跑分对比表冲击弹出）

[中间——硬核验证]

但为什么摄影师都在吹？暴力测试见真章：

① 连续 4K 拍摄 1 小时：温度比上代低 8℃（热成像图）

② 淋雨测试：IP68 防水竟能抗住高压水枪？（实验快剪）

③ 拆机惊现：索尼定制 CMOS 比硬币还大！（显微镜镜头）

[结尾——神反转 + 精准种草]

所以这手机该买吗？如果你：

- 是摄影发烧友 → 买！镜头包值 3000 元。
- 只想刷抖音 → 省 5000 元买 Note12 Turbo。

点左下角看省流版总结图，评论区抽送同款摄影套装！

记住：没有垃圾产品，只有不合适的选择。”

这就是用 DeepSeek 打造爆款文案的全流程。注意，爆款的秘诀就在于重复。之前爆过的之后肯定还能爆，所以先重复别人的爆款，然后不断测试，直到自己产生爆款，然后就重复自己的爆款，尤其是要遵守“爆款套路”。

10.1.3 傻瓜式拍摄：DeepSeek 智能生成分镜脚本与流程

有了选题和文案脚本，具体拍摄该如何做？其实拍摄和镜头感靠的是多实践，DeepSeek 能帮忙的部分很少，重点在于分镜脚本。换言之，当你想规划一个有不同场景的视频时，可以让 DeepSeek 协助你。

这一环节比较简单，直接在 DeepSeek 生成文案时提需求。“文案分镜化”的具体含义如下：

- ❑ 分解文案结构：将文案拆解为“开头吸引、卖点展示、场景化体验、总结引导”等段落。

- 划分场景与镜头：根据内容逻辑分配镜头类型（如特写、中景、全景）、时长和画面描述。
- 补充技术细节：添加字幕、音效、转场特效等元素，增强画面表现力。

举例来说，如果你想拍一个去三亚旅行的 vlog，但是你没什么思路。

问：请为三亚旅行 vlog 设计分镜脚本，包含海滩日出、海鲜美食体验、水上项目游玩。

要求：

1. 按时间顺序划分清晨、中午、傍晚场景；
2. 每个场景包含 1 个全景镜头和 2 个特写镜头；
3. 添加轻松的背景音乐。

DeepSeek 的回答整理后见表 10.5。

表 10.5　短视频分镜脚本

场景	时间	背景音乐	全景	特写 1	特写 2	转场设计
场景1	5:30-7:00	Max Richter《Spring 1》钢琴变奏版	延时摄影：凤凰岛天际线渐亮，橙粉色朝霞浸染云层，海面碎金摇曳的 180° 横摇镜头	GoPro 第一视角：赤脚踩过退潮沙滩，细腻白沙从趾缝溢出的慢动作（环境音：潮汐白噪音）	无人机俯冲：浪花在礁石炸裂成水晶皇冠，逆光中捕蟹人剪影挑起渔网（焦距：200mm 长焦压缩）	浪花飞溅化作海鲜市场水族箱气泡（匹配剪辑）
场景2	12:00-14:00	小野丽莎《Garota de Ipanema》，Bossa Nova 改编版	一镜到底：第一市场海鲜区，跟拍摊主用俚语砍价，彩色塑料盆里青龙虾钳舞动	微距镜头：蒜蓉粉丝在蒸汽中逐渐变得透明，扇贝肉渗出琥珀色汁液的烹饪过程	手持镜头：夹着椰子饭的筷子悬停在斑节虾上方，酱汁滴落慢镜头（加入 ASMR 收声）	筷子敲击餐盘节奏转接摩托艇引擎轰鸣（声音桥梁）
场景3	17:00-19:00	ODESZA《A Moment Apart》混搭海浪采样	航拍环绕：尾波冲浪者画出银色弧线，落日恰在人体旗帜造型时吞海	防水相机：透明桨板下热带鱼群闪避脚蹼划水，珊瑚影子在皮肤上流动	动态跟焦：从湿发甩动的水珠（前景虚化）切换到海岸线暮色船影（背景实焦）	手持烟花棒在沙滩写字“See Ya, Sanya”，光绘长曝光

这部分的提示词可以结合拍摄者的实际情况来调整，比如时长、场景等。当然，很多想做自媒体的读者不愿意出镜，甚至不愿意拍摄，DeepSeek 同样能帮上忙，下一节来详细介绍。

10.2 不拍摄，DeepSeek 辅助轻松制作短视频

10.2.1 如何用 DeepSeek 一键制作短视频

如果你不想拍摄，但也想做短视频，下面我们将会介绍几种方法。但是需注意，这些方法需要和你选择的赛道以及对应的视频内容有很大关系。比如，如果你想做的视频比较依靠个人 IP，属于口播类视频，那么仍然建议通过上一节的内容自行完成拍摄，或者可以参考 10.1.3 节来实现。

如果你想做一些美食、旅游、影视解说或者读书等只用视频素材即可完成的视频，本节内容将会对你有帮助。

用 DeepSeek 辅助制作短视频的全流程见表 10.6，本节所介绍的相关功能均可通过 AI 工具免费实现。（软件都有手机和 PC 版，可以直接在手机应用商店或者 PC 端网页浏览器中搜索表 10.6 最后一列“ AI 工具”后自行免费下载。软件本身有付费会员功能，但本节介绍的功能均可通过每日登录软件领取积分后免费完成。）

表 10.6 用 DeepSeek 辅助制作短视频全流程

步骤	主要事项	AI 工具
第 1 步：标题及文案	输入简单指令，DeepSeek 自动生成标题和文案	DeepSeek
第 2 步：一键成片	复制完整的文案，打开“度加剪辑”的“AI 成片”，自动生成短视频，配音、背景乐、画面和字体可编辑、可替换，完成 1.0 版本短视频	度加剪辑
第 3 步：替换素材	对于不喜欢的素材片段，在通义或海螺 AI 中重新生成，下载后替换，完成 2.0 版本短视频	通义 / 海螺 AI
第 4 步：自行优化	如对生成的内容不满意，可将所有导入剪映或秒剪，自行编辑优化，完成 3.0 版本短视频	剪映 / 秒剪

其实目前有很多国产 AI，比如豆包、Kimi、文心一言，可以生成文案，至于为什么选择用 DeepSeek 生成标题和文案，我相信已经不言而喻了。从实际体验来看，DeepSeek 基于它强大的深度思考和中文理解能力，对普通人的适配性最强，哪怕我们没有系统性地学过上一节，只是提最简单的写文案需求，它生成的效果也会比其他 AI 工具更好一些。

下面把全流程演示一遍，为了方便读者实操，这里全程使用手机版应用程序进行演示。

从完成视频角度而言，只需要根据表 10.6 的第 1 步和第 2 步进行操作，不

需要你自行写文案、拍摄、找素材、配音、剪辑，都可以交给AI工具帮你实现。但如果希望视频更有差异化和区分度，可以再结合第3步和第4步进行优化完善。

比如你刚从北京旅游回来，现在想做一个北京市的旅游宣传视频，帮助其他想去的朋友更好地认识北京，具体操作如下。

1）DeepSeek 生成文案标题。直接向 DeepSeek 发指令，让它帮你生成对应的标题和文案。这一步很简单，如果你没有学习上一节的内容，可以直接参考下方提示词。

问：我是一个旅游博主，请帮我写一篇面向60岁以上的游客的介绍北京的短视频文案，要介绍3个北京经典的旅游景点，还有老北京特色的美食，文案要精彩，打动人，200字左右。写完再帮我生成一个爆款标题。

DeepSeek 答：

爆款标题：

60+ 专属京韵之旅

短视频文案：

镜头缓缓推开朱红的宫门，阳光洒在斑驳的石阶上——这里是北京，一座承载千年历史的城市，更是长辈们心中向往的"诗与远方"。

第一幕：故宫——触摸皇家的岁月余温

"走进故宫，每一步都是历史的回响。"镜头掠过太和殿的金瓦，定格在慈宁宫旁的冰窖餐厅。这里曾是皇家避暑的秘地，如今您可以倚窗小憩，点一份宫廷烤鸭卷，酥皮裹着鲜嫩鸭肉，您仿佛在品味紫禁城的繁华旧梦。

第二幕：颐和园——泛舟湖上，邂逅皇家夏韵

"长廊如画，荷风送香。"镜头切换至昆明湖的游船上，远处佛香阁倒映碧波。推荐您移步颐和园南门的花家怡园，古色古香的露台上，一口外酥里嫩的干炸丸子，蘸着椒盐，京味儿十足。

第三幕：八达岭长城——登高望远，豪情不减

"雄关漫道，壮心依旧。"缆车徐徐升顶，镜头俯瞰巨龙蜿蜒。下山后，别忘了去老字号聚宝源涮一锅鲜嫩羊肉，铜锅炭火，配麻酱韭花，暖胃更

暖心。

老北京美食彩蛋：

南锣鼓巷的文宇奶酪红豆香甜，护国寺的驴打滚豆香绵软，每一口都是胡同里的烟火故事。

北京，不仅是地图上的坐标，更是岁月馈赠的礼物。这里的一砖一瓦、一餐一饭，都在等您细细品味。

2）度加剪辑一键成片。将生成的文案进行复制，然后打开度加剪辑，点击“AI 成片”选项，如图 10.1 所示。

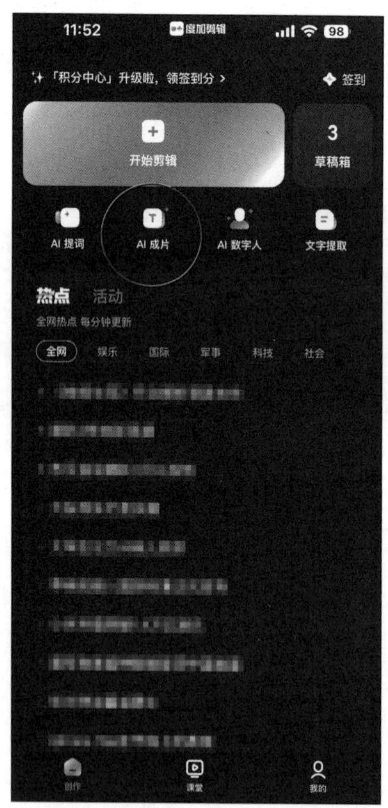

图 10.1 度加剪辑的 AI 成片

在 AI 成片中将刚刚复制的文案粘贴进去，把不必要的部分删除，点击右上角的“生成视频”按钮，如图 10.2 所示。

稍等片刻，一条有关北京特色景点和特色美食的视频就生成了。这就是我们说的 1.0 版本短视频，这里的字体、配音、画面尺寸、背景音乐、视频素材等的所有内容都可以修改，比如可以把视频的标题替换为刚刚 DeepSeek 为我们生成的爆款标题，如图 10.3 所示。

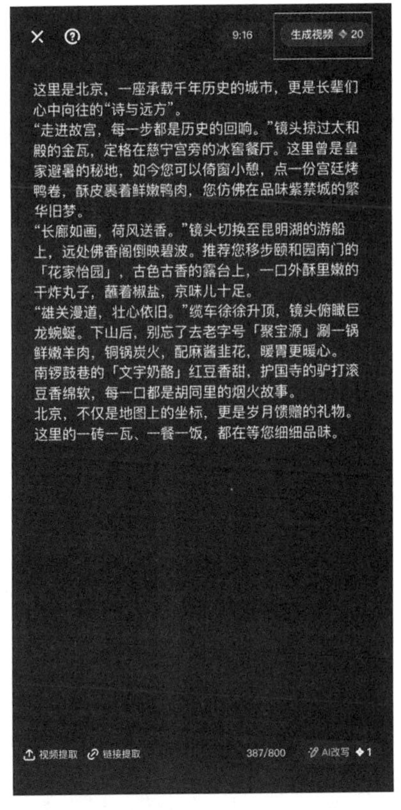

图 10.2　用度加剪辑生成视频

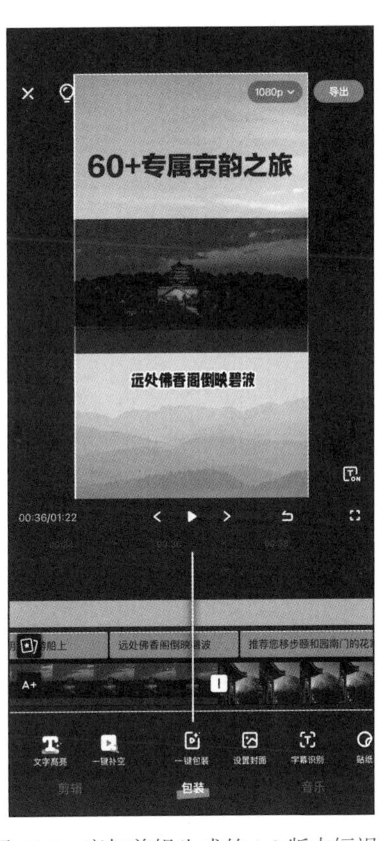

图 10.3　度加剪辑生成的 1.0 版本短视频

3）通义 / 海螺 AI 替换短视频素材。如果你对制作的短视频里面的素材不满意，比如素材与文案匹配度不高，或者觉得开头视频素材不够精美，可以借助通义和海螺 AI 制作短视频素材。我们以海螺 AI 操作为例。

如果你不会写海螺 AI 的提示词，没关系，让 DeepSeek 帮你生成。方法很简单，比如对刚刚开头那段文案的视频不满意，就可以告诉 DeepSeek。

问：帮我生成一段海螺 AI 文生视频的提示词，主要画面是：镜头缓缓推开朱红的宫门，阳光洒在斑驳的石阶上——这里是北京，一座承载千年历史的城市，更是长辈们心中向往的“诗与远方”。

这里的“主要画面是”之后的内容就是刚刚 DeepSeek 生成的文案。

DeepSeek 答：

画面描述：

【开场镜头】晨雾中朱红的宫门被苍老的手缓缓推开（特写鎏金雕花的门环），阳光如金箔洒在斑驳的汉白玉石阶上，琉璃瓦折射出流转的光晕，镜头随飘落的银杏叶抬升——俯瞰故宫层层叠叠的金顶红墙（航拍运镜）。

此时打开海螺 AI，点击界面中间的“海螺视频”，如图 10.4 所示。

点开后选择“文生视频”，粘贴刚刚 DeepSeek 生成的内容，点击右下角按钮，如图 10.5 所示。

图 10.4 海螺 AI 操作界面

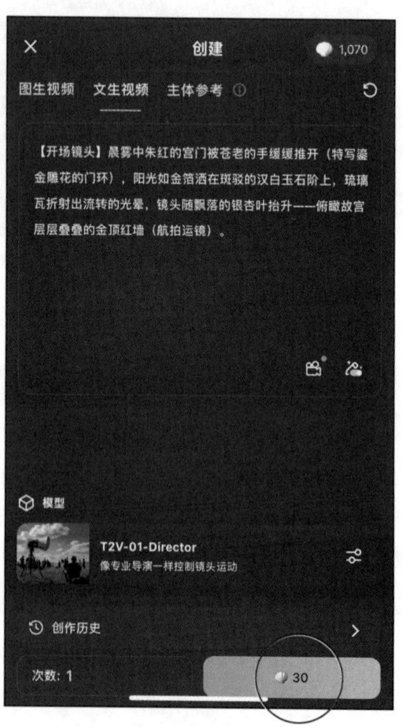

图 10.5 海螺 AI 文生视频

稍等片刻，对应的视频片段就生成了，还是很精美的，如图 10.6 所示。可以下载后导入度加剪辑中，替换掉原有素材，这就完成了 2.0 版本短视频。

图 10.6 海螺 AI 视频效果

当然，如果对 2.0 版本还是不满意，可以把整个视频导入剪映中，进行二次加工，这样就完成了 3.0 版本短视频。

以上就是用 DeepSeek 辅助制作短视频的全流程。

10.2.2 如何用 DeepSeek 制作创意短视频

如果你不想做简单的现实场景的视频，想尝试一些其他模式，比如老照片修复的视频，以及在互联网上很火的“小猫咪做饭”“太乙真人打碟”之类的视频，其实也可以让 DeepSeek 辅助完成。这里我们需要用到以下 AI 工具：即梦 AI 和通义或者可灵 AI。即梦 AI 和通义都可以免费领取积分或者直接免费使用，可灵 AI 生成视频的效果会更好些，但未付费充值会员生成视频的速度太慢，不推荐想免费使用的读者使用。

这两款软件具体怎么用，可以不用掌握，让 DeepSeek 教你就可以。具体步骤如下：

1）DeepSeek 生成提示词。告诉 DeepSeek 你最终想要的效果，让它生成分镜的提示词。

问：我想用即梦 AI 制作大橘猫做红烧肉的全流程图片，然后用通义的图生视频功能将每张图片生成一小段的视频，最终组成一个完整的视频。

请帮我拆解大橘猫做红烧肉的流程，并为制作每张图片生成对应的即梦提示词，同时，也为每张图片制作视频生成对应的通义提示词。

整个画面要可爱、卡通。

DeepSeek 答：

根据你的需求，结合搜索结果中红烧肉制作流程和卡通化视觉呈现要求，我为你拆解以下全流程方案（含即梦 AI 图片生成提示词和通义图生视频提示词），整体采用 3D 卡通渲染风格，突出大橘猫的可爱动作与厨房互动细节：

流程拆解与提示词设计

1. 准备食材（全景引入）

- 即梦 AI 提示词“3D 卡通大橘猫穿着厨师帽站在明亮厨房，尾巴卷着葱段，肉垫爪扶着案板，案台有五花肉 / 冰糖 / 酱油瓶，暖黄灯光，柔焦效果，Q 版日漫风格”。
- 通义视频提示词“镜头从厨房全景推进到猫咪特写，猫耳抖动，尾巴摇摆，爪子举起五花肉时肉块轻微弹动，背景食材冒出卡通蒸汽特效，循环动作 2 秒”。

2. 焯水去腥（趣味互动）

- 即梦 AI 提示词“大橘猫踮脚站在灶台前，用木勺搅动沸腾的锅子，锅内漂浮姜片和冒泡的五花肉，猫咪皱眉捂住鼻子作嫌弃状，锅边浮现粉色骷髅头气泡表示腥味，场景采用低饱和度水彩风”。
- 通义视频提示词“锅子持续沸腾冒出夸张的螺旋状蒸汽，猫咪用勺子搅动时肉块上下浮动，骷髅气泡破裂后变成星星消失，镜头轻微晃动模拟热气效果”。

3. 炸制食材（动态表现）

- 即梦 AI 提示词“橘猫系着围裙，用长筷子夹起金黄色的五花肉块，油锅溅出卡通化的油花（圆形带闪光），背景有炸好的土豆块堆成小山，猫咪眼睛瞪圆嘴角流出口水，画面加入速度线特效”。
- 通义视频提示词“油锅持续冒泡，肉块入油时触发金色光芒特效，筷子夹肉时油花溅出并伴随‘滋滋’音效符号，镜头360度环绕展示炸肉过程”。

4. 炒糖色（紧张时刻）

- 即梦 AI 提示词“猫咪双手握锅柄，紧盯锅中融化的琥珀色糖浆，糖浆泛起密集泡泡，灶火呈现心形火焰，猫咪额头流汗，背后浮现‘危险！’的警示牌，画面用暖色调突出焦糖光泽”。
- 通义视频提示词“糖浆在锅中缓慢流动并逐渐变红，警示牌随泡泡膨胀不断闪烁，猫咪尾巴紧张地竖立，镜头特写糖色变化过程”。

5. 炖煮收汁（温馨场景）

- 即梦 AI 提示词“橘猫趴在砂锅旁，锅盖半开露出红亮的红烧肉和土豆，蒸汽形成猫爪形状上升，猫咪闭眼陶醉闻香气，背景有漂浮的星光和胡萝卜云朵，柔和的阴影渲染”。
- 通义视频提示词“蒸汽猫爪缓缓上升并消散，锅内汤汁咕嘟冒泡，猫咪耳朵随着冒泡节奏抖动，镜头从锅具特写拉远到全景”。

6. 成品展示（高潮结局）

- 即梦 AI 提示词“橘猫头顶餐盘，盘中盛放油光发亮的红烧肉，肉块挂着晶莹酱汁，土豆呈现金棕色，背景有绽放的烟花和‘完成！’对话框，猫咪咧嘴大笑竖起大拇指，画面采用高对比度霓虹色”。
- 通义视频提示词“餐盘旋转展示红烧肉纹理，酱汁缓慢滴落形成拉丝效果，烟花连续绽放并与猫咪眨眼节奏同步，结尾镜头缩放到猫咪瞳孔中的菜品倒影”。

2）即梦 AI 文生图。打开“即梦 AI”，单击中间的“想象”界面，再单击正下方的对话框，就会进入到图片提示词设置环节。然后粘贴 DeepSeek 生成的第一条提示词，下方可以更改生成图片的模型，也可以不更改，单击右下角的“生成”按钮，如图 10.7 所示。

大概几秒钟，即梦 AI 就可以一次性生成 4 张图，如果不满意，我们还可以让它重新生成 4 张，如图 10.8 所示。如果对某一张满意，单击下载保存到手机相册即可。

3）通义 AI 图生视频。我们再打开“通义”，单击右上角进入到 AI 广场，这里选择“视频生成”→“AI 视频”，如图 10.9 所示。

然后选择右上角的“图生视频”，上传刚刚下载的小猫咪图片，再把 DeepSeek 生成的第一段通义提示词粘贴上，单击“立即生成”按钮，如图 10.10 所示。

图 10.7 即梦 AI 提示词

图 10.8 即梦生图效果

图 10.9 通义 AI 视频入口

大概几分钟，视频就生成了，然后将生成好的视频下载到手机上。这就是第 1 段视频。

4）汇总视频。按照以上的 1）～ 4）依次把 6 个场景的视频都制作完，然后统一放到“剪映”中，配上音乐和说明文字（可加可不加），一条创意视频就完成了，然后发布即可。

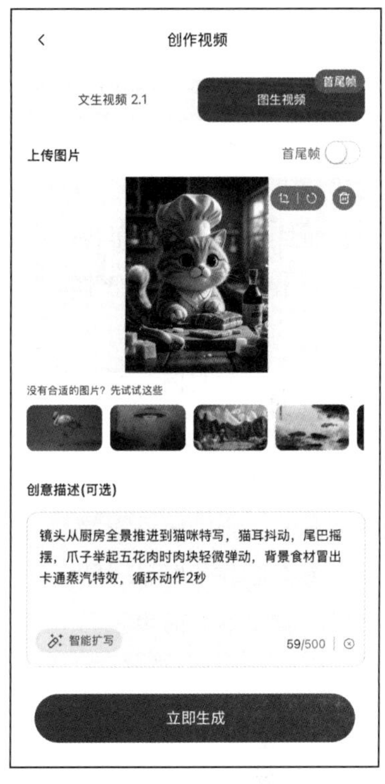

图 10.10　通义 AI 视频生成

10.2.3　DeepSeek+ 数字人，不出镜轻松搞定口播短视频

如果你想做口播视频，但是不愿意出镜，可以选择用数字人来做视频。目前市面上有很多的数字人软件，有公有数字人（数字人模板，由 AI 生成），也有定制数字人（根据自己的脸定制或者根据要求生成一个专属的）。由于公有数字人用的人太多，很容易被平台判定违规，一般建议选用定制数字人。

从笔者实际测试的情况来看，目前生成效果最好的是 Heygen，面部表情的变化和阴影状态都能生成，非常逼真。去年笔者所在团队用这样的数字人生成的一条视频很容易就能达到 10 万以上的播放量。很多数字人软件比如闪剪、飞影、蝉镜（剪映的会员版也有数字人功能）的效果也不错。不过目前还没有发现好用的免费定制数字人，所以这里不做推荐。

想强调的是，其实选择哪家的数字人不重要，包括拍摄的设备是手机还是相机也不是关键，视频最终能否是爆款的关键在于你的选题、脚本是否具备了爆款元素。很多人在使用数字人做口播视频时，内容没有仔细打磨，哪怕是用高清相机录完再用 Heygen 生成数字人，数据也一样很糟糕。相反，有的人就是用手机拍摄，因为选题好，脚本也具备了爆款逻辑，虽然制作不精美，数据还是很好。

工具只是辅助，逻辑对了才是前提。

10.3 DeepSeek 助力高人气直播，每个人都可以是主播

10.3.1 DeepSeek 出脚本，直播小白也能有话可说

当我们已经发布了一段时间的视频，有了一定量的粉丝积累，就可以准备直播了（粉丝达 100 人）。一般而言，视频号变现 80% 的收入来自于直播，因为接广告的前提是粉丝基数大，一般人很难达到；而视频挂链接带货的路径很长，而且不适合高客单价。所以为了商业化的闭环，直播是必经之路。

如果你从未做过直播，或者直播的效果不好，DeepSeek 可以辅助你做好工作。

首先你要明白，所有的新主播一定要有一套完整的直播节奏，或者直白一点，直播脚本。千万不要开播以后随便说，那样在线人数一定很少。

而直播不像演讲，不需要全程讲新内容，因为每场直播的观众是随时进来和离开的。所以你只需要准备一套直播节奏，说完以后循环一遍又一遍即可。

怎么制作直播脚本呢？很简单，交给 DeepSeek。直接说需求，让它帮你生成一套完整的话术。

问：我是一名视频号家庭教育的博主，我没做过直播，请帮我生成一套完整的直播脚本，方便我直播的时候看，字数 1000 字左右。

DeepSeek 答：

【家庭教育直播脚本】主题：3 个方法让孩子主动学习 + 亲子沟通秘籍

直播时长：60 分钟

目标观众：3 ～ 12 岁孩子家长

核心目标：提供实用方法 + 建立信任感 + 引流私域

【开场暖场】(10 分钟)

话术：

“大家好呀！欢迎来到 ×× 的家庭教育直播间！第一次直播有点小紧张，但看到屏幕前这么多家长朋友，感觉特别温暖！咱们今天不聊大道理，只分享我亲身验证过的 3 个让孩子主动学习的秘籍，还有解决亲子沟通难题的绝招！”

动作：

- 挥手微笑，展示手写欢迎板（提前准备）
- 引导点赞："家人们动动小手点亮右上角的小爱心，到 500 赞咱们就抽奖送《21 天亲子沟通打卡表》！"
- 引导关注："新朋友点个关注不迷路，每周二四晚 7 点分享带娃干货！"

暖场互动：

"咱们先做个调查哈！孩子写作业拖拉的扣 1，顶嘴叛逆的扣 2，玩手机停不下来的扣 3，我看看今天重点解决哪个问题？"

【主题内容】（30 分钟）

板块一：让孩子主动学习的 3 个魔法（15 分钟）

方法 1：游戏化目标管理

"比如背古诗，不要说'今天必须背 3 首'，换成'恭喜你解锁唐代副本！通关条件是找到李白的 3 个秘密武器'，我女儿用这个方法一周背了 15 首诗！"

……（中间略）

结束语：

"感谢家人们 1 小时的陪伴！下播后我会在粉丝群发今天所有的资料，大家有任何问题随时留言。教育路上，咱们一起成长！晚安啦～"

有了这套脚本，再熟悉一下直播框架，然后在直播时但凡有遗忘就看一下直播脚本提醒一下自己，就能做到开播不慌了。

10.3.2　优化 6 大直播话术，在线人数不再是个位数

很多读者已经开始尝试直播了，有话术，直播也不慌，可是除了刚开播那几分钟，在线人数始终不到 10 个人，一场直播下来场观 100 多人，几次播完就想放弃了。遇到这种情况该怎么办？也可以借助 DeepSeek。

首先大家要知道，任何一场（尤其是知识服务类产品）带货直播的直播脚本都有 6 大核心结构，见表 10.7。

表 10.7 直播话术 6 大核心结构

话术类型	作用
流量话术	吸引用户停留、互动（点赞、评论、转发）
人设话术	建立专业性和信任感（身份 + 故事 + 成果）
痛点话术	引发家长共鸣（场景化描述问题）
塑品话术	展示产品价值（解决方案 + 权威背书）
营销话术	制造紧迫感（限时 + 限量 + 赠品）
带货话术	直接引导下单（降低决策门槛）

也就是说，你的直播之所以不吸引人，不是说你不适合做直播，而是因为你直播的某些环节没做好，比如主播状态、直播脚本、中控配合、直播间权重等。我们以直播话术为例，如果你的场观低、销售额少，那就说明你直播话术中的某一类或者某几类话术不合格。

所以，我们要做的事情是：

- 用 DeepSeek 帮你生成具备 6 大结构的直播脚本，方便后续复盘哪一部分直播做得不好（如何复盘，也是用 DeepSeek，下面会详细讲解）。
- 针对做得不好的，要么让 DeepSeek 帮你继续优化，要么直接参照对标（同类大直播间），去学习模仿优秀话术。

用 DeepSeek 生成带 6 大结构的直播脚本，也很简单，直接提需求。

问：我现在想做视频号直播，请按照完整的话术类型和结构，以一个家庭教育的博主身份做直播，直播主要面向 3 ～ 12 岁的孩子家长，销售一个家庭教育规划的线上训练营课程，请帮我设计一套直播脚本。

DeepSeek 答：

家庭教育训练营直播脚本（完整结构）

【开场 10 分钟】——流量话术 + 人设话术

主播状态：热情、亲切，语速稍快

话术设计：

1. 吸引停留

“欢迎所有 3 ～ 12 岁孩子的家长！今天直播间会送 3 份《0 ～ 12 岁儿童成长规划手册》实体书！只要在公屏上打出你家孩子的年龄，比如‘6 岁’，就有机会免费领取！”

2. 建立人设

（举手机照片）“我是 ×× 老师，北师大教育学硕士，也是两个孩子的妈妈。过去 5 年我帮助了 3000 多个家庭解决育儿难题，很多孩子从写作业拖拉、顶嘴叛逆，到主动学习、情绪稳定，甚至考上重点中学！（展示学员感谢信 / 成绩单）”

3. 引发好奇

“今天我会分享一个‘3 步规划法’，不用打骂、不用催作业，让孩子主动学习，还能培养亲子关系！这个方法已经让 200 多个家庭验证有效，** 最后 10 分钟会开放 19.9 元锁定训练营名额，原价 699 元，只有今天！** 现在扣‘666’让我看到你们的热情！”

【痛点挖掘 15 分钟】——痛点话术 + 互动话术

主播状态：语气共情，放慢语速

话术设计：

1. 场景化描述

“有没有家长经历过这样的崩溃时刻：孩子写作业半小时，喝水上厕所玩了 8 次？你忍不住吼他，结果他哭着说‘妈妈我讨厌你’…（停顿）那一刻你是不是又后悔又无助？”

……（中间略）

“最后 3 分钟！现在下单再加赠《3 ～ 12 岁分龄能力评估表》，帮你精准发现孩子天赋！还剩最后 5 个名额！”

2. 人设收尾

“我知道家长们的焦虑，我也是妈妈，所以才把课程压到最低价。教育不能重来，但改变可以从今天开始。点击下方购物车，我陪你们一起培养自信独立的孩子！”

这样就可以生成一份结构清晰、有画面感、能打动人的直播脚本。

但是需要注意，直播时一定要注意违规风险，有些词、有些话不能讲，DeepSeek 生成的结果建议大家一定要仔细检查后再使用。

10.3.3　DeepSeek 做直播复盘，逐步打造万人直播间

老主播经常会讲一句话：“直播不复盘，不如不直播”。直播复盘怎么做

呢？简单来说就是把本场直播的视频下载下来，转成文字稿（带时间戳），然后对照着该场直播的数据大盘进行分析，数据好的（在线涨 / 销量高）留下，数据差的（在线低 & 销量差）优化。

但是很多人会觉得一点点对照看很麻烦，没关系，DeepSeek 可以帮我们。具体流程如下。

1）把待分析的直播视频从视频号后台下载下来，然后上传到飞书妙计，生成含时间戳的脚本文档。

2）打开视频号后台，找到该场直播的数据大屏，把主页面的趋势图截图保存，如图 10.11 所示。

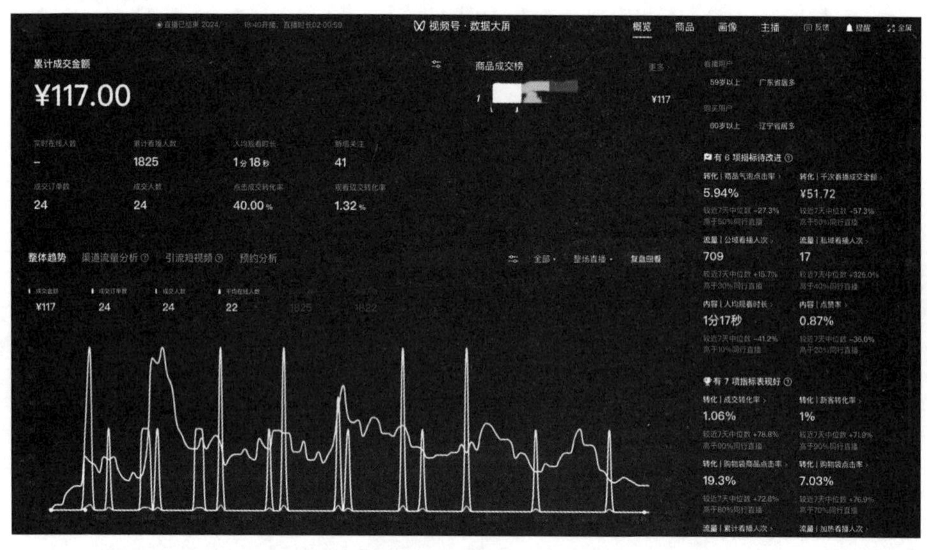

图 10.11 直播视频号后台趋势图

3）把图和文档发给 DeepSeek，让它帮你分析。这里选择了一场之前一名学员的直播数据和脚本，然后发给 DeepSeek。

> 问：我是一名视频号主播，现在正在做直播复盘，请帮我结合附件图片里的直播数据和 Word 版直播脚本，分析这场直播的问题，并告诉我优化建议，目标是能够提升停留和交易额，要落地。

DeepSeek 答：

直播问题分析

1. 低转化率与停留时间不足

- 成交金额¥117，成交人数24人：累计观众1825人，转化率仅1.32%，说明大部分观众未产生购买兴趣或中途流失。
- 直播脚本冗长重复：内容多次重复“5元课程”“扣3个6登记”等话术，缺乏节奏变化，容易让观众疲劳。

2. 信任感不足与价值传递模糊

- 低价策略引发质疑：反复强调“课程含直播+25节视频+真人助教”，但未清晰说明课程具体价值（如案例展示、成果证明），观众可能怀疑真实性。
- 目标人群局限：过度聚焦“40岁以上人群”，忽略年轻用户需求，导致潜在受众范围狭窄。

3. 互动设计低效

- 频繁指令干扰体验：多次要求观众“扣6”“打实在”“打刚来”，但未与内容深度结合，观众易产生抵触心理。
- 缺乏即时反馈：脚本中提到“助理老师登记”，但未实时展示登记进度或名单，互动缺乏透明性。

4. 商品展示与促单乏力

- 商品信息不清晰：未通过案例演示（如试某频制作效果）直观展示课程效果，仅停留在口头描述。
- 紧迫感不足：虽多次强调“限量名额”，但未结合倒计时、库存显示等工具刺激下单。

优化建议（落地执行）

一、提升停留时长与内容吸引力

1. 精简脚本结构

- 前3分钟黄金时间：开场直接展示课程成果（如AI生成的美食动画案例），吸引观众停留。

……（中间略）

2. 用户分层运营

- 未成交用户：直播后通过私信推送“专属优惠券+案例集”，二次转化。

- 已购用户：引导加入社群，发布“作业打卡活动”，为后续复购铺垫。

这肯定比不会复盘的人做得好吧？

需要强调一点的是，由于 DeepSeek 目前只能识别上传文件中的文字部分，因此上传图片并不能精准识别。这里大家可以更换为“腾讯元宝”，也已经接入了 DeepSeek 满血版，支持深度思考，也支持图片识别，在直播复盘环节的效果会更好。

视频号的商业化闭环本质是一场“内力转化”的修行。爆款标题的四大设计法是激活用户情绪的“北冥漩涡”；文案的黄金结构与分镜脚本是将流量沉淀为信任的“化功大法”；而数字人与 AI 成片的组合则是无须苦练外功的“逍遥秘术”。本章揭开了从内容创作到直播转化的完整链路：爆款非玄学，而是可拆解、可复制的标准化流程。无论是“吸睛标题库”的搭建，还是“6 大直播话术”的打磨，核心皆在“重复”——重复验证的爆款套路，重复优化的数据反馈。当你的内容生产线如北冥般海纳百川时，商业化闭环自会水到渠成。

|第 11 章| C H A P T E R

一阳指：DeepSeek 赋能小红书账号起号

“食指颤动，嗤嗤嗤连点三下……凌空指力所及，三丈外烛火应声而灭，墙上青砖竟现出三孔细若针尖的深洞。”

——笔者按

本章以《射雕英雄传》中的“一阳指”为喻，揭示小红书素人破局的关键：爆款笔记的打造与复刻。正如段氏绝学需千锤百炼、心志专一，小红书的成功亦需聚焦核心——选题、标题、头图、内容四者环环相扣，缺一不可。通过 DeepSeek 的赋能，素人可精准对标、模仿爆款结构，再以“广撒网、多敛鱼、择优而从之”之法，将爆款能力化为本能。若一阳指以“专注”破敌，爆款笔记则以“重复”制胜：锁定有效模式，持续输出，终能在流量江海中练就“一击即中”的功力。

11.1 用好 DeepSeek，0 粉丝也能做小红书爆款笔记

11.1.1 爆款笔记的秘密是什么

由于小红书和视频号在起号流程上存在很多共性，所以和视频号雷同的环节暂且抛开不提，我们重点关注小红书的特色内容——小红书笔记。

小红书笔记有三种类型：

- ❑ 图多文少的。比如教程类、旅游类；
- ❑ 图少文多的。比如干货类、心得类；
- ❑ 图文并茂的。比如攻略类。

对于普通人，用 DeepSeek 寻找小红书爆款选题、制作爆款标题和爆款笔记，我们还是用相同的逻辑——找对标，要相信优秀同行的力量。

1. 0 粉丝账号选对标的标准

小红书优秀对标账号和视频号的对标账号有所区别，想要从零开始快速起号，建议参考符合以下标准的账号：

- ❑ 粉丝少：粉丝数不高于 1 万。
- ❑ 点赞高：获赞与收藏数高于粉丝数。
- ❑ 格式稳：点开首页后发现笔记每一页的格式几乎一致，用同一套模板。

以上三个要求，同样还是建议优先选择三者都具备的，实在不行至少具备其中两条，这样零粉丝做账号时才能大概率在短时间内快速提升笔记浏览量。

2. 爆款笔记的秘密

爆款笔记的核心公式如下：

爆款笔记 = 爆款选题 + 爆款标题 + 爆款头图 + 爆款内容

- ❑ 爆款选题：依托于我们的定位和赛道选择。比如我们想做教育领域，那么具体是学前、小学、初中、高中、大学、考研还是具体学科，或是亲子教育、财商规划等，就比较重要了。可以参考第 9.2 节介绍的选赛道的具体内容和方法，同样借助 DeepSeek 辅助我们完成。
- ❑ 爆款标题：就是笔记的标题。我们刷小红书或者搜索时，主要是通过标题、内容、标签进行推荐的，接下来的内容中会重点讲解如何使用 DeepSeek 生成爆款标题。
- ❑ 爆款头图：不管笔记是属于图多文少的还是图少文多的，笔记的封面都是产生爆款的重要元素。我会教大家如何用 DeepSeek 直接生成小红书封面，下一节还会教大家如何用 DeepSeek 一次性生成上百条小红书封面。
- ❑ 爆款内容：结合对标笔记创作出的自己的笔记内容。接下来的内容会教大家如何用 DeepSeek 批量生成爆款笔记内容。

11.1.2　用 DeepSeek 制作小红书标题，阅读量超乎想象

接下来我们先讲讲如何用 DeepSeek 制作爆款标题。

虽然说 DeepSeek 的中文理解能力足够强大，你直接问它“请帮我制作小红书爆款标题”之类的问题已经可以获得较好的答复，但是这样显然只能制作出最基础版本的标题，最多是让 DeepSeek 帮助那些不会写标题的人自动写标题。标题的精准度、爆款率都会大打折扣。

比较行之有效的步骤就是那句话：广撒网，多敛鱼，择优而从之。

1）广撒网。利用结构化提问的方式明确领域定位和目标人群，让 DeepSeek 输出较精准的标题。

2）多敛鱼。通过投喂对标爆款案例的方式，让 DeepSeek 模仿学习，输出符合爆款要求的标题。

3）择优而从之。对发布后的笔记数据进行复盘优化迭代，只选择数据最好的那一类，直到寻找到适合本账号标题的爆款结构，然后重复。

按照从易到难的场景顺序排列的提问结构及示例如表 11.1 所示。

表 11.1　小红书爆款标题场景分类及提问结构

场景分类	提问结构	具体示例	适用性说明
1. 基础生成	角色 + 目标人群 + 核心内容 + 预期效果	“作为母婴博主，请为 30 岁新手妈妈群体设计 10 个关于‘母乳喂养技巧’的标题，要求带 emoji 符号，侧重涨粉效果”	适用于从零开始创作，需要明确领域定位和目标受众
2. 元素分析	提供爆款案例 + 分析维度 + 生成要求	“分析这组标题的爆款元素：‘挑战 7 天马甲线’‘95 后女生副业月入 5w’‘租房改造清单’请提取 3 个核心公式，生成美妆领域同类标题”	适合竞品分析场景，需提供真实案例数据
3. 热点结合	领域 + 热点话题 + 创意方向 + 平台特性	“针对 618 大促热点，为家居博主设计 5 个‘智能家电选购指南’类标题，要求带‘绝了’‘闭眼入’等小红书热词”	结合时下热点提高流量，需关注平台热词和用户偏好
4. 标题优化	原始标题 + 优化方向 + 目标效果	“请优化这个标题：‘护肤步骤分享’ 要求：增加紧迫感，使用‘建议收藏’类引导词，符合 25+ 职场女性审美”	针对已有标题进行升级改造，需明确优化方向
5. 系列策划	主题方向 + 系列结构 + 差异化设计	“设计‘健身打卡 7 日’系列标题，每天突出不同训练部位，要求标题间有编号关联，使用统一 emoji 前缀”	适合连载内容规划，需保持风格统一的同时制造延续性
6. 数据驱动	历史数据 + 改进方向 + 验证机制	“分析我上月阅读量 top3 的标题（附后）的优势，并生成 10 个同类型但更具冲击力的新标题，预测可能的点击率提升幅度”	基于账号历史表现迭代优化，需提供具体数据支持

举例说明，我们现在作为一名美妆博主，想要写出 10 条爆款标题。

（1）结构化提问

让 DeepSeek 根据表 11.1 中的【基础生成】类提示词，按照“角色 + 目标人群 + 核心内容 + 预期效果”的结构来输出标题，具体如下。

> 问：我是一名美妆博主，请为 40 岁的职场精致白领设计 10 个关于“抗皱效果逆天的 10 大技巧”的标题，要求自带 emoji 符号，侧重涨粉效果。

DeepSeek 答：

> 以下是为 40+ 职场女性精心设计的 10 个高传播性抗皱技巧标题，结合痛点营销与 emoji 视觉锤，助你快速涨粉💼✨：
>
> 1. 💼✨40+ 女高管抗皱机密：3 个医美级按摩手法🖐法令纹原地消失！
> 2. 🌙社畜自救指南｜996 垮脸急救公式💧1 瓶面霜用出热玛吉效果
> 3. 🧙妆前抗皱黑科技！3 步打造「熨斗肌」底妆服帖度暴涨 200%💥
> 4. 📊成分党硬核拆解！这 5 个抗皱冷门成分💊40+ 用对年轻 10 岁 +
> 5. 🚫停止无效抗老！职场女强人私藏的「黄金抗皱时刻表」⏰
> 6. 💻电脑肌克星｜办公室抽屉必备的 3 件抗皱神器✨同事偷学系列
> 7. 🧘♀️深夜赶 PPT 必看！5 分钟「筋膜抗皱法」🧛♀️拯救熬夜垮脸
> 8. 💸不交智商税！打工人私房抗皱清单💰百元单品用出万元效果
> 9. 🍱便当盒里的胶原蛋白！职场妈妈的抗皱食补秘籍☕吃出少女肌
> 10. 💥抗皱玄学终结者！10 年柜姐揭秘「逆龄金字塔」法则🔝错过后悔十年

这些标题人群清晰、目标确定，使用结构化提问自然相对于“帮我生成小红书爆款标题”的问法更好，这属于“广撒网”，让 DeepSeek 尽可能多地给你爆款标题。

当然，这属于通用型的，如果你想针对自己找到的对标账号的爆款笔记进行模仿，此时就需要进入到下一步。

（2）投喂后提问

首先，你可以在网上找到想要进行对标的笔记标题，记住，不要只找 1 个，要找多个，但最好是同类型的，这样生成的效果才会更精准。

问：分析这5组标题的爆款元素：

[不看后悔❗不同年龄段该如何正确护肤

淡化法令纹真不难，学会这一招就够了！

抗皱不绕弯❗手把手教你如何淡化皱纹✅

没再多长一根眼纹的眼周抗老思路

你的法令纹、抬头纹还有救！K老升级！]

请提取3个核心公式，生成10个美妆领域同类标题

DeepSeek答：

通过分析这5组高互动标题，提炼出以下爆款公式及创作思路：

🔥核心爆款公式🔥

1.【痛点冲击＋反常识承诺＋情绪符号】例：”你的××纹还有救！K老升级！”

2.【年龄/场景限定＋专业指导＋获得感承诺】例：”30+/40+必看！保姆级抗皱教程✅”

3.【结果可视化＋步骤极简化＋危机预警】例：”别再浪费钱！1招搞定××纹（附对比图）”

💄10个高点击标题示例💄

1.“25/35/45岁抗老重点大不同！这篇教你精准护肤❗”

2.“颈纹救星！美容师私藏的3步淡纹法（建议收藏）”

3.“熬夜党急救！0成本按摩手法告别泪沟✅亲测有效”

4.“99%的人不知道！抬头纹这样护理年轻5岁（附图解）”

5.“胶原蛋白速回指南！让法令纹消失的黄金3分钟❗”

6.“35+女性必看！抗老弯路我替你走完了（附清单）”

7.“睡前1个动作！让川字纹停止生长的秘密㊙”

8.“美容院不会说！淡化木偶纹的终极方案✅建议截图”

9.“十年纹路有救了！这套按摩公式让苹果肌嘭起来💥”

10.“停止无效抗老！皮肤科医生私藏的皱纹分级护理法”

✨创作技巧延伸✨

1.数字具象化：用年龄/时间量化痛点（“25+/35+/熬夜10年”）

2. 身份代入感：使用”你”字诀 + 身体部位定位（你的眼角 / 你的颈纹）
3. 权威背书：嵌入”皮肤科医生 / 美容师 / 配方师”等专业身份
4. 对比冲击：善用”前 vs 后 / 停用 vs 坚持”的视觉化承诺
5. 信息缺口：制造”99% 的人不知道 / 美容院不说”的好奇驱动

这样就能够快速模仿学习优秀对标账号的爆款标题结构，从而输出同类型的标题，浏览量高、数据好的概率就更大了一点。通过制定规则和要求的方式来实现“多敛鱼”。

这里强烈建议读者自行实操并好好看一下 DeepSeek 的思考过程，这里的思维链对于你自行写标题也非常有启发。

（3）复盘后迭代

比如过了一周或者一个月，你可以看到这段时间你后台账号笔记的数据情况（尤其关注标题的浏览人数和点击率），然后把数据好的标题发给 DeepSeek，让它帮你复盘优化，生成新标题。

问：根据我上月阅读量 top3 的标题
[1. 断崖式衰老 | 别慌！正确抗老的思路💯延缓衰老
2. 没再多长一根眼纹的眼周抗老思路
3. 熬夜党急救！0 成本按摩手法告别泪沟✅亲测有效]
请分析优势并生成 10 个同类型但更具冲击力的新标题，重点是提升点击率。

DeepSeek 答：

根据您提供的标题，我为您分析出以下核心优势及优化方向：
核心优势分析：
1. 危机感制造 -“断崖式衰老”等词触发年龄焦虑
2. 效果可视化 -“0 成本”” 告别泪沟”等具象承诺
3. 解决方案感 -“思路”” 手法”强化方法论属性
4. 人群精准定位 -“熬夜党”直击目标群体痛点
5. 可信度符号 - 表情符号 / 亲测有效增强说服力

基于以上洞察，为您创作更具冲击力的标题（使用符号需根据平台调整）：

🔥年龄逆袭篇

1.“摧毁法令纹！医学生私藏的 5 秒筋膜复位术（36 岁 vs 26 岁）”

2.“泪沟消亡史 | 不花钱按摩法让眼袋 7 天撤退（附真人塌陷对比）”

3.“颠覆性发现！夜间 3 分钟阻断断崖式衰老（胶原蛋白再生实测）”

💥眼周抗老篇

4.“30 秒摧毁眼纹！东京美容教母的按摩秘籍（50+ 无痕眼周秘籍）”

5.“眼袋清零计划 | 哈佛抗老实验室的 3 点定位法（即刻年轻 5 岁）”

6.“永久封印眼纹！全球首发的眼轮匝肌激活术（停止衰老时钟）”

🚫急救焕新篇

7.“熬夜痛苦逆转！NASA 前工程师的面部微电流手法（3 天 vs 3 年）”

8.“面部坍塌急救 | 硅谷抗衰狂人的 3D 提拉术（一夜回春时间表）”

9.“冻龄核武器！柏林皮肤科禁传的淋巴引流术（48 小时抹平 10 岁）”

10.“青春保鲜战 | 剑桥生物博士的抗糖按摩矩阵（细胞年龄倒转指南）”

从步骤（2）到步骤（3），就是“先重复再天赋”的过程。先去重复别人的爆款，别人能火，你大概率也能火；再持续创作，直到能够输出你自己的爆款为止，然后就不停地重复自己的爆款。

11.2 DeepSeek 让你的爆款能力可持续

11.2.1 用 DeepSeek 制作小红书爆款图文，不懂做图也能掌握

很多人不会做图，写完小红书笔记后随便找一张图片发就完事了，其实这是非常有问题的做法。因为你的笔记封面会在用户小红书的首页出现，这直接关系到用户是否愿意点击，从而影响阅读量。

下面我们介绍一种不用做图软件，用 DeepSeek 可以直接生成小红书笔记封面的方法，需要借助网页版的 DeepSeek。我们可以直接用前文提到的制作标题的方法以及第 11.2.3 小节要讲的生成爆款文案的方法制作标题和文案，或者直接按照接下来的方法实操。

本章开头提到过优秀的对标账号主要满足的第三条标准叫“格式稳”，也

就是里面的每一页内容都是用相同模板制作的。

比如我们现在是一名健身博主，想去做减肥相关话题的笔记，可以去小红书上搜“减肥”，找一篇比较火的又满足格式统一要求的笔记。如图 11.1 所示，赞评加起来超过 10 万，有非常好的数据。而且可以看到，每一页笔记的格式都是一致的，统一模板，里面只有文字。

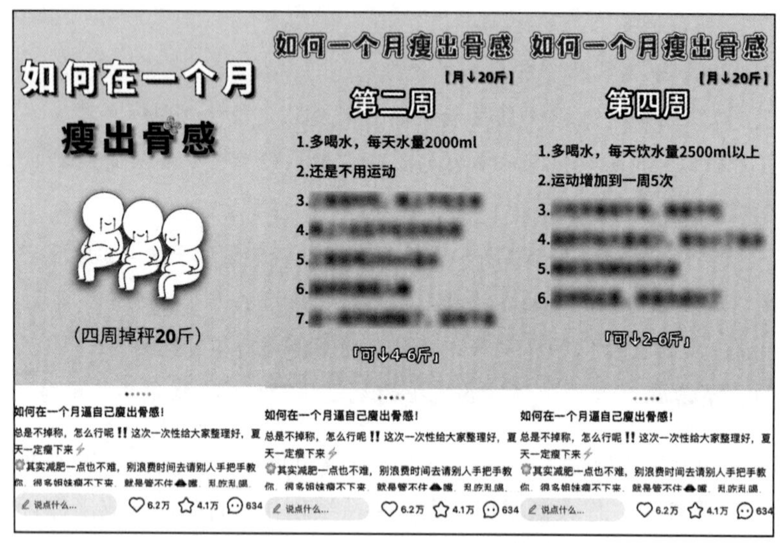

图 11.1　小红书爆款文案示例

1）DeepSeek 生成笔记。我们打开 DeepSeek，可以让它学习这篇笔记，或者直接给它换个要求，让它写一篇关于如何在 35 天掉秤 20 斤的笔记。

> 问：请帮我写一篇小红书笔记的图片文案，主题是如何在 35 天瘦 20 斤，逐条列出每周的具体安排。

DeepSeek 答：

> 封面标题
>
> 🩸「35 天挑战 20 斤」科学瘦身计划表 | 每周干货 + 易坚持小技巧
>
> 内页文案
>
> [Week 1 启动期 | 目标：4 ～ 5 斤]
>
> 🍩饮食：16:8 间歇性断食法

❏ 早餐：2 个水煮蛋 + 黑咖啡

❏ 午餐：150g 煎鸡胸 + 西蓝花不限量

❏ 晚餐：三文鱼沙拉（橄榄油调味）

🏃‍♀️ 运动：每天 30 分钟快走 +10 分钟跳绳

✨ Tips：每天喝够 2L 温水，戒掉含糖饮料

……（中间略）

结尾标语

⚠️ 划重点：

1️⃣ 严格控糖，用零卡代糖解馋

2️⃣ 平台期尝试更换运动模式

3️⃣ 每日睡前泡脚加速代谢

4️⃣ 准备低卡小零食防暴食

🎯「好身材是自律的赠礼」

👉 戳合集看我的对比照 & 食谱大全

2）DeepSeek 生成图片。接下来，我们继续给 DeepSeek 发送指令，就可以得到图片。

注意，这里如果我们只想要一张图，直接给 DeepSeek 发送指令，然后自行截取即可；如果想要多张图，就把笔记内容分开，比如刚刚那篇可以分成封面 +5 周的图，一共 6 张图。我们这里试试一次性生成一张图的方式。

问：请帮我把下面的小红书笔记做成图片，排版符合小红书的审美要求，要 html 格式。

封面标题

💧「35 天挑战 20 斤」科学瘦身计划表 | 每周干货 + 易坚持小技巧

内页文案

[Week 1 启动期 | 目标：4 ～ 5 斤]

🍲 饮食：16:8 间歇性断食法

……（中间略）

🧘‍♀️ 运动：早晨空腹有氧 + 晚间拉伸

✨Tips：用体脂秤记录数据，维度变化比体重更重要❗

结尾标语

⚠划重点：

1️⃣严格控糖，用零卡代糖解馋

2️⃣平台期尝试更换运动模式

3️⃣每日睡前泡脚加速代谢

4️⃣准备低卡小零食防暴食

🎯「好身材是自律的赠礼」

👉戳合集看我的对比照 & 食谱大全

DeepSeek 答：

以下是为您设计的小红书风格 HTML 排版，建议保存为 HTML 文件后用浏览器打开截图使用：

```
<!DOCTYPE html>
<html>
<head>
    <style>
……（中间略）
        <div class="content" style="background:#fff0f0;">
            ⚠划重点：<br>
            1️⃣严格控糖，用零卡代糖解馋<br>
            2️⃣平台期尝试更换运动模式<br>
            3️⃣每日睡前泡脚加速代谢<br>
            4️⃣准备低卡小零食防暴食
        </div>

        <div class="footer">
            🎯「好身材是自律的赠礼」<br>
            👉戳合集看我的对比照 & 食谱大全
        </div>
```

```
        </div>
    </body>
    </html>
    效果特点：
    1. 采用小红书标志性的粉橘色系
    2. 卡片式分层设计
    3. 重点信息高亮提示
    4. 自适应移动端浏览
    5. 使用 emoji 图标增强可视化
    6. 渐变背景提升质感
    7. 阴影效果增加立体感
    建议保存为 .html 文件后：
    1. 在 Chrome 浏览器打开
    2. 按 F12 进入开发者模式
    3. 切换手机预览模式（建议 iPhone X 尺寸）
    4. 截图保存即可使用
```

输出结果见图 11.2

然后我们单击右下角“运行 HTML”，就可以得到小红书图片，如图 11.3 所示。这个时候可以逐个截图选取。

如果你生成的图像图 11.3 一样因为太长而显示不全，我们可以单击刚刚 DeepSeek 生成 html 界面右上角的“复制”，复制代码，然后新建一个文本（不是 Word，是记事本），把代码粘贴进去。

1）对于 Windows 电脑，直接保存，然后将该文本后缀由“.txt”改成“.html”；

2）对于苹果电脑，单击上方编辑栏“格式”→“制作纯文本”，如图 11.4 所示，然后保存，将后缀改为“.html”，如图 11.5 所示。

这样单击刚刚保存的文本，就直接显示小红书全图了，可以直接截图保存，然后发布。

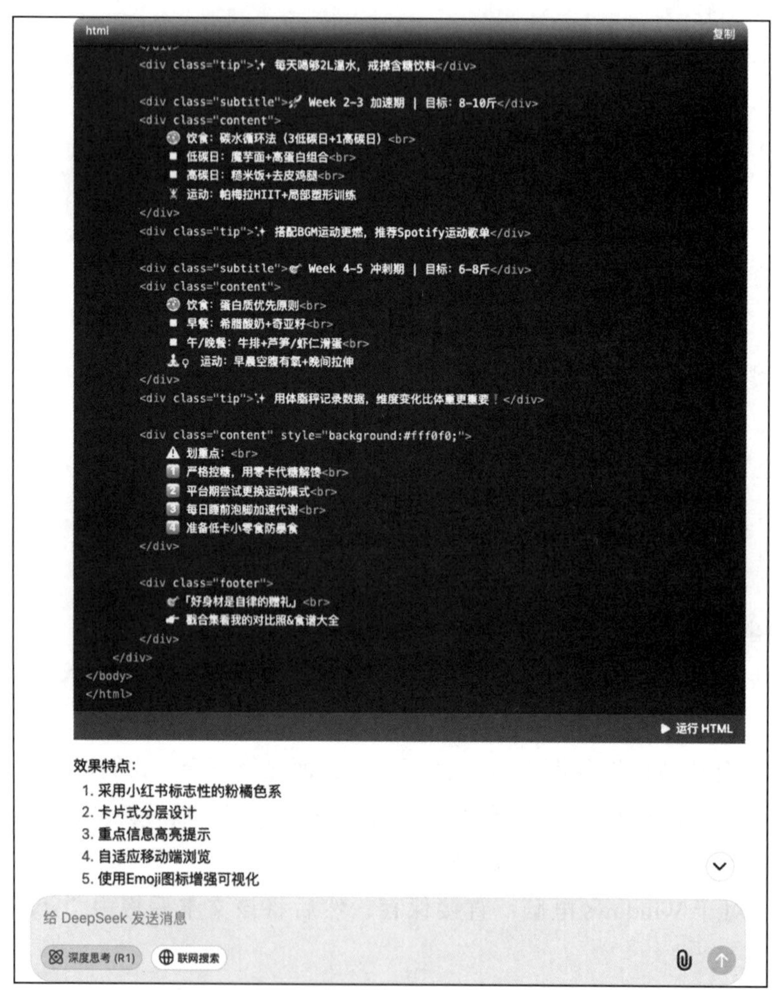

图 11.2 DeepSeek 输出 html 格式小红书图片

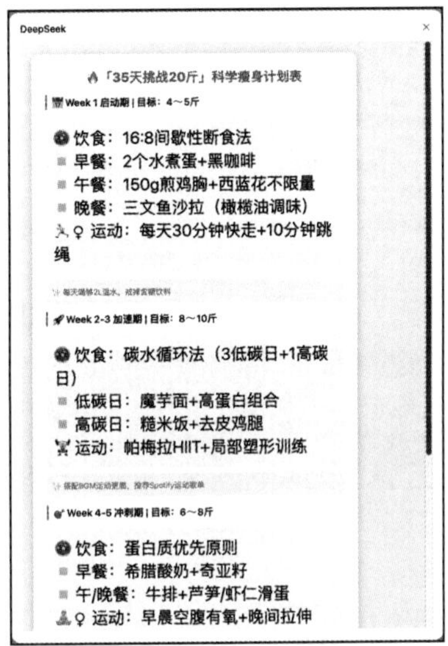

图 11.3　生成小红书图片

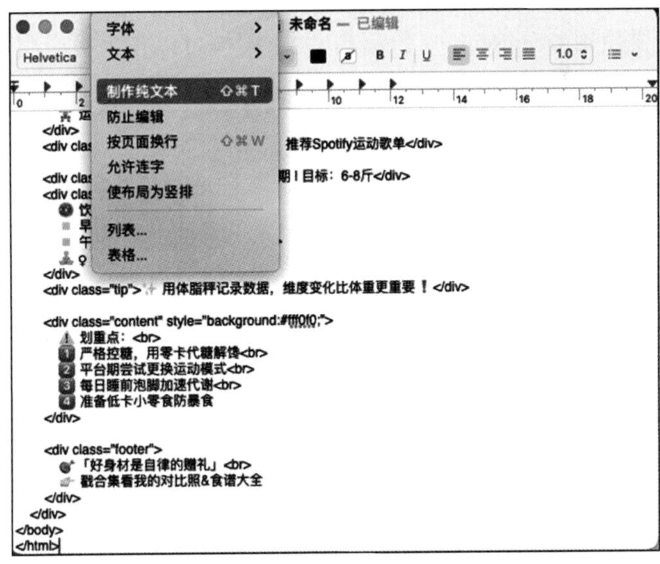

图 11.4　制作纯文本

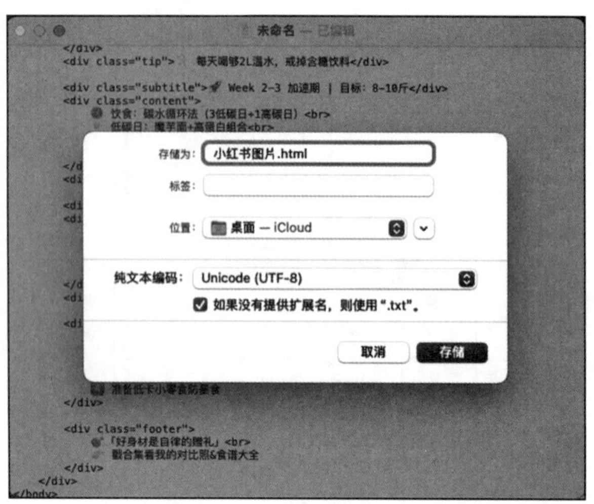

图 11.5 保存为 .html

11.2.2 用 DeepSeek 批量制作小红书图文

以上是简单做法，一次只能生成 1 张图（一篇小红书笔记），下面介绍高阶做法，一次可以生成几十上百篇小红书图文笔记。

这里需要使用 DeepSeek 加 Canva，大家同样可以在手机应用商店或者计算机浏览器上搜索下载。具体步骤如下：

1）Canva 内选择模板，识别模板结构。

我们打开 Canva，在左侧选择"模板"，然后选择"小红书帖子"，随意挑选一款以文字构成的模板，见图 11.6。

这时候注意下，该模板对应的文字一共是 4 部分内容，见图 11.7，有的部分需要调整，有的部分可以不调整，但是需要提前确认清楚，因为会影响到让 DeepSeek 生成什么结构的内容。比如我们这里就让小红书帮我们批量制作电影台词，那就只需要修改③和④，所以 DeepSeek 生成的表格只需要两列。同样，如果这里的 4 个部分都需要修改，那就让 DeepSeek 按要求生成 4 列。

2）让 DeepSeek 按要求生成文案表格。我们直接给 DeepSeek 发指令。

> 问：帮我找 10 部经典电影里的经典台词金句，发人深省的那种，然后汇总成如下格式的表格。第一列是经典台词金句，第二列是"——《电影名称》"

DeepSeek 答：见表 11.2。

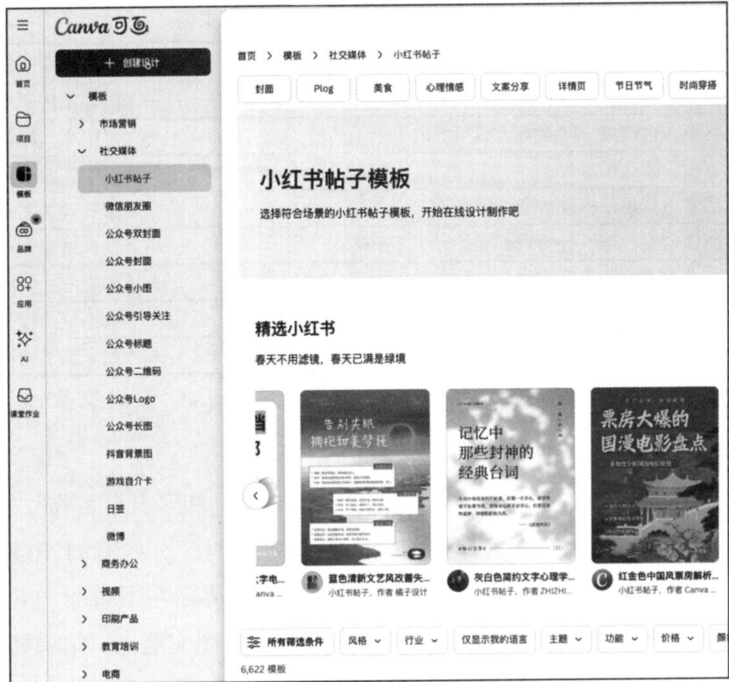

图 11.6　Canva 模板选择

图 11.7　Canva 模板结构

表 11.2　DeepSeek 生成的金句表格

经典台词金句	——《电影名称》
“生活就像一盒巧克力，你永远不知道下一颗是什么味道。”	——《阿甘正传》
“希望是好事，也许是人间至善，而美好的事永不消逝。”	——《肖申克的救赎》
“要么忙着活，要么忙着死。”	——《肖申克的救赎》
“有些人活着，就足以拯救某个人。”	——《嫌疑人 X 的献身》
“人生不能像做菜，把所有的料都准备好了才下锅。”	——《饮食男女》
“你真正是谁并不重要，重要的是你的所作所为。”	——《蝙蝠侠：侠影之谜》
“世界上只有一种病，那就是穷病。”	——《我不是药神》
“有时候你只需要 20 秒疯狂的勇气，就能改变一生。”	——《我家买了动物园》

3）打开 Canva，选择左侧“应用”→“批量创建”，如图 11.8 所示，复制粘贴刚刚生成的表格，如图 11.9 所示。

这时，在模板的左侧就会出现“经典台词金句”和“电影名称”的数据字段，然后单击模板待修改处，并右击，选择“关联数据”，如图 11.10 所示。

我们依次把这两待修改处都做关联，然后单击界面左下角的“继续”，再单击“生成 10 个设计”。这样就一次性完成了 10 篇图文笔记，结果如图 11.11 所示，导出就可以发布了。

我们可以用这样的方式，快速完成多篇图文笔记的制作，相比于自己去做要节省很多时间。

图 11.8　Canva 的批量创建入口

图 11.9　添加数据后的效果

图 11.10　模板关联数据

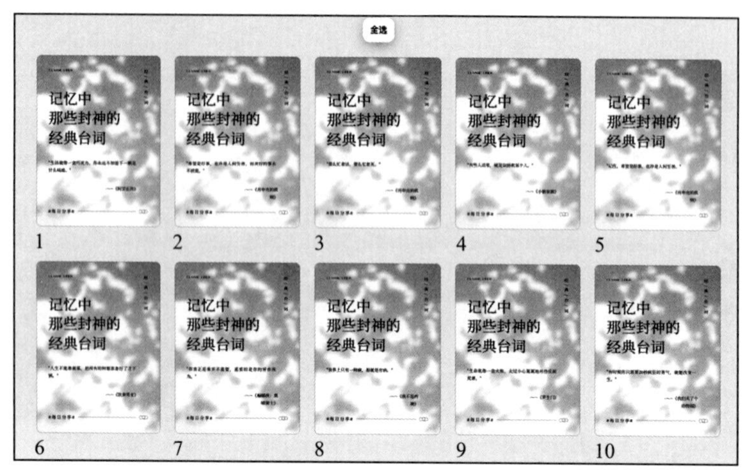

图 11.11 生成结果

11.2.3 用 DeepSeek 打造小红书爆款文案

接下来进入爆款文案的创作环节，这需要和第 11.2.1 小节制作爆款标题的内容相结合，我同样是针对不同场景为读者准备了 8 种打造爆款文案的提示词，见表 11.3。

表 11.3 小红书爆款文案的提示词

场景分类	问法结构	具体示例	核心要点
1. 框架生成	角色定位 + 内容方向 + 呈现形式 + 用户需求	“作为旅行博主，请设计‘厦门 3 日游攻略’笔记框架，要求： ①包含交通 / 美食 / 拍照打卡点 ②使用‘避雷指南’‘本地人才懂’等关键词 ③采用步骤式排版”	先搭建内容“骨骼”，再填充“血肉”
2. 痛点解决	目标人群 + 具体痛点 + 解决方案 + 情绪价值	“针对 996 上班族的颈椎问题，创作办公室拉伸教程，要求： ① 用‘打工人自救指南’作主题 ② 包含真人演示对比图位标记 ③ 结尾引发‘你的颈椎几岁了？’互动”	强化“痛点共鸣－方案演示－效果见证”逻辑链
3. 爆款拆解	提供案例 + 分析维度 + 重构要求	“分析这 3 篇万赞美妆笔记（附链接），总结内容结构规律，生成‘早八伪素颜妆’教程，要求保留‘产品平替清单’板块”	提取“场景化开头 + 干货分层 + 视觉对比 + 福利引导”等爆款元素
4. 热点改编	领域 + 热点话题 + 内容载体 + 转化设计	“结合《酱园弄》电影热点，为复古穿搭博主创作民国风造型教程，要求： ① 关联剧中角色造型 ② 添加‘同款服饰链接’ ③ 设计‘猜电影领好物’互动”	借势热点需自然植入，避免硬广

（续）

场景分类	问法结构	具体示例	核心要点
5. 内容优化	原始文案+修改方向+数据指标	“请优化这篇家居收纳笔记（附原文）： ① 增加‘before-after 对比图’描述位 ② 插入‘收纳神器清单’表格 ③ 强化‘极简生活’价值观输出”	提升信息密度和视觉化呈现
6. 系列策划	主题 IP+内容矩阵+差异化设计	“策划‘30 天极简生活挑战’系列，设计 7 篇笔记内容框架，要求：每日不同主题（如断舍离 / 记账等）统一‘# 极简成长日记’标签并设置阶梯式难度”	制造内容连续性和用户期待感
7. 互动设计	内容类型+互动形式+奖励机制	“为母婴博主设计‘辅食添加知识问答’互动笔记，要求： ① 设置 3 道选择题 ② 答对可领电子食谱 ③ 错误答案用‘小心误区’标注”	提升用户参与感和收藏价值
8. 数据迭代	历史数据+内容诊断+改进方案	“根据近 10 篇笔记的阅读 / 收藏比（附数据），请： ① 诊断内容短板 ② 重构‘家居好物分享’类目结构 ③ 生成 3 个改良版内容框架”	基于“阅读→互动→转化”漏斗优化内容结构

比如，我们以第 3 条——爆款拆解为例。我们先从小红书上找一篇美妆万赞笔记，如图 11.12 所示。

然后提取文字（比如，截图发到微信对话框，长按图片提取文字），或者直接把图发给 DeepSeek，让它帮你分析。

问：分析这篇万赞美妆笔记（附链接），总结内容结构规律，生成“早八伪素颜妆”教程，要求保留“产品平替清单”板块。

附“笔记文案，略”

DeepSeek 答：

一、万赞美妆笔记内容结构规律分析

1. 痛点引入

- 以年龄增长、熬夜、压力等外源性衰老问题为切入点，引发共鸣（如 25 岁后熬夜后修复难）[citation: 用户笔记]。
- 结合科学理论强化说服力（如甲基化水平升高导致衰老），提升专业感 [citation: 用户笔记]。

2. 核心卖点解析

- 技术升级：强调产品迭代与科技突破（如第 9 代黄金双萃的外源抗老科技）[citation: 用户笔记]。
- 成分功效：列出核心成分（如法国巨型芦竹、姜黄酮、胜肽等），说明其抗老、修护、提亮作用 [citation: 用户笔记]。
- 使用体验：突出质地、吸收度、效果（如水油质地吸收快熬夜后气色好）[citation: 用户笔记]。

……（中间略）

四、总结

早八伪素颜妆需兼顾效率与自然感，核心在于：

- 精简护肤：抗老精华打底，提升肌肤状态；
- 多功能产品：防晒 + 润色一步完成；
- 局部修饰：弱化粉感，突出原生质感。

平替产品可大幅降低成本，同时适配不同肤质需求。

以上就是匹配爆款标题的爆款文案打造过程。结合以上，从爆款选题到爆款标题再到爆款图文和爆款文案，相信读者对如何用 DeepSeek 进行小红书实战已经有了新的认识。

自媒体实战篇的核心环节在于实战，希望所有读者朋友、自媒体人多使用工具进行实操，多做，多发，然后不断复盘，数据才是检验工具好用与否的标准。

小红书的爆款笔记，需如“一阳指”般精准狠辣——封面是破开信息洪流的“指风”，标题是直击痛点的“穴位”，内容是沉淀信任的“内力”。本章以素人视角，拆解了从对标分析到批量生产的全流程：DeepSeek 不仅是标题生成器，更是爆款元素的“解剖刀”。通过“广撒网 – 多敛鱼 – 择优而从之”的三段式策略，即使是零基础用户也能快速掌握“爆款复刻”的秘诀。记住，爆款的核心并非灵感乍现，而是对用户需求的极致洞察与高效满足。当你的笔记如段氏绝学般“一击即中”时，流量与转化自会如影随形。

既要抗老又要扛老就选它就对了！

有没有感觉25岁之后
皮肤状态咻咻下降得特别明显
18岁熬夜第二天能马上恢复
但是25岁+熬夜即使后面猛猛睡觉
效果依旧微乎其微
干纹也在脸上开始活跃氛围
而且不只是熬夜问题
像我自媒体的工作特别容易压力大
还有饮食不规律或者暴饮暴食
皮肤肉眼可见的蜡黄粗糙松垮下垂
其实这些都是不良生活习惯
这些外源性因素造成的衰老
-
这可不是我张嘴就来
这些外源性环境因素
是会对我们肌肤造成很大影响的
娇韵诗已经成功证明了
这些外源性因素之所以会造成肌肤衰老
就是因为它们会提高我们人体的甲基化水平
甲基化水平的升高就会造成肌肤各种老态的显现
那到底应该怎么帮助降低甲基化水平
打开我们的肌肤抗衰开关
那就要看一下我最近在用的
娇韵诗第9代黄金双萃了！
这可是娇韵诗39年来在抗老领域
不断探索创新的结晶
让肌肤抗老更扛老

图 11.12　小红书美妆万赞笔记

第四部分

生活赋能——如何让生活更轻松

在纷繁的现代生活中，我们常被琐碎与庞杂裹挟——健康、财务、旅行、职业……每一个命题都如同散落的拼图，看似零散却暗藏关联。若以蛮力强攻，难免顾此失彼；唯有借力智能的经纬，方能织就一张从容的生活之网。DeepSeek 正是这个时代的织网者，它以数据为丝、算法为梭，将个体的需求与海量信息精准缝合。无论是解析体检报告时的冷静洞察，还是规划跨境创业时的全局推演，它总能在混沌中锚定关键节点，将“不可能”拆解为可执行的步骤。

这不是简单的工具迭代，而是一场生活哲学的进化。正如古人观星以定农时、察水以筑城郭，今天的我们正以 AI 为镜，照见生活的深层逻辑。健身计划背后是人体代谢的精密计算，旅行攻略之下是时空资源的最优分配，职业规划之中是风险与机遇的动态博弈。DeepSeek 的智慧，不在于替代思考，而在于将人的意图转化为系统的行动力，让每个平凡个体都能以“指挥官”的姿态，调度资源、预判变数，在生活战场上举重若轻。此部分的章节，正是要揭开这层赋能的面纱，带你看清，所谓高效生活，不过是让技术成为你的第二本能。

|第 12 章| CHAPTER

太极剑法：用 DeepSeek 打造你的生活帮手

“但见剑招圆转如意，似缓实快……每一剑刺出，皆如画圈成环，环环相扣，竟无半分棱角锋芒。敌剑攻至，剑圈微引，便似泥牛入海，劲力尽化无形。”

——笔者按

本章正如《倚天屠龙记》中的“太极剑法”，看似聚焦生活琐事，实则蕴含深远之力。DeepSeek 如同一位隐世高手，以精准的智慧与灵活的策略，助你化解健康、财务、旅行、职业等生活难题。无论是解读体检报告、制订健身计划，还是设计个性旅程、规划职业路径，它皆能以“四两拨千斤”之效，将庞杂信息转化为简明方案。正如太极剑法以简驭繁，DeepSeek 虽从细微处入手，却能为生活注入高效与从容，让每一个平凡日常焕发不凡可能。

12.1 一句话，让 DeepSeek 成为你的私人顾问

12.1.1 健康、财务、法律、教育话题，万能顾问马上答

1.DeepSeek 擅长解答生活困扰

生活中可以用得上 DeepSeek 的场景有很多，比如当我们想去锻炼身体，但是不知道自己的情况如何训练比较好，就可以问问 DeepSeek ；不知道该如

何做好一周的穿衣搭配，也可以让 DeepSeek 来帮你；食材有限的情况下怎么才能做出美食，DeepSeek 同样可以回答你。

比如说，当我们想去健身，准备制订一个健身计划时，如果直接去问 DeepSeek，得到的回答已经比较好了。

问：我今年 30 岁，请帮我制订一个健身计划，主要是为了减肥。

DeepSeek 答：

好的！根据你的年龄和减肥目标，我会为你制订一个适合初学者的健身计划。这个计划将结合有氧运动和力量训练，帮助你有效燃烧脂肪、提高代谢率，并逐步改善体形。以下是一个为期 8 周的健身计划，每周锻炼 5 天，留出 2 天休息或进行轻松的活动（如散步、拉伸等）。

每周健身安排：

- 周一：全身力量训练 + 有氧运动
- 周二：有氧运动（高强度间歇训练 HIIT）
- 周三：下半身力量训练 + 有氧运动
- 周四：休息或轻松活动（如散步、瑜伽）
- 周五：上半身力量训练 + 有氧运动
- 周六：有氧运动（中等强度，如跑步、骑车）
- 周日：休息或轻松活动

详细计划：

周一：全身力量训练 + 有氧运动

1. 热身（5 ～ 10 分钟）：跳绳、慢跑或动态拉伸。

2. 力量训练（每个动作做 3 组，每组 12 ～ 15 次）：

……（中间略）

注意事项：

1. 循序渐进：如果你是初学者，可以从较轻的重量和较低强度开始，逐渐增加。

2. 保持一致性：每周坚持 5 天锻炼，避免中途放弃。

3. 记录进展：每周记录体重、围度变化，观察进步。

4. 休息和恢复：保证每晚 7 ～ 8 小时睡眠，帮助身体恢复。

这里我们可以对比一下其他 AI，发现同样一个问题，DeepSeek 的回答更精准一些。但仍然存在针对性不足，无法直接使用的问题。比如它不知道你的身体基础数据和每天能抽出的运动时间，也不知道你希望通过运动达到的效果和预期。

2. 一句话，让 DeepSeek 变成懂你的生活专家

生活中，想让 DeepSeek 做出精准回应，只需要问清楚，或者只需用一个简单的提问结构即可：

作为 [×× 角色]/ 我是 [×× 角色]，请用 [×× 方式]，帮我 [具体任务]，要求 [1.2.3.]。

比如：请作为资深营养师，用对比表格形式，帮我制订一周减脂食谱，要求：①每日热量 <1500 大卡 ②标注备餐时间 ③适合上班族。

这其实是对于简单生活类场景最全面的一种问法，换言之，大部分生活类场景我们只需要其中部分结构即可回答解决。

关于简单生活类场景该如何提问，可参考表 12.1。

表 12.1 简单生活类场景提问方法及示例

生活场景	提示词结构	具体示例
私人教练	角色设定 + 目标描述 + 限制条件	“作为健身教练，为 30 岁久坐上班族设计一周减脂计划，包含饮食建议和每日 30 分钟运动，无需器械。”
私人医生	症状描述 + 需求明确	“我最近失眠严重，每天只能睡 4 小时，白天乏力。请推荐非药物改善方法。”
穿衣搭配	身体特征 + 场合需求 + 风格偏好	“身高 170cm/ 梨形身材，需要通勤穿搭方案，偏好简约风，预算单件不超过 300 元。”
个性化做饭	饮食限制 + 食材限定 + 步骤简化	“提供 3 步完成的麻婆豆腐不放辣做法，食材仅限豆腐、肉末、豆瓣酱（不辣版）。”
财务梳理	收支背景 + 目标量化	“我月收入 8000 元，房租 3000 元，希望每月存 2000 元。请制定预算表，并推荐理财方式。”
合同协议	场景描述 + 条款需求	“我需要一份个人房屋租赁合同模板，要求包含押金退还条款和违约赔偿细则。”
宠物养护	宠物类型 + 行为问题 + 解决方案	“3 岁布偶猫频繁抓沙发，推荐 5 种低成本纠正方法，需避免伤害猫咪。”
内容创作	主题 + 风格要求	“模仿李白风格写一首关于春雨的七言律诗，押平声韵。”
自我提升	知识点 + 理解层级	“用小学生能听懂的语言解释牛顿第一定律，并举例说明。”

接着刚刚的案例，我们可以采取表 12.1 中的第一个“私人教练”的提示词结构，“角色设定 + 目标描述 + 限制条件”，例如：

问：我今年30岁，之前经常跑步和跳绳，现在每天久坐，肚子赘肉多。请帮我制订一个4周的减脂计划，包含饮食建议和每日30分钟运动，无需器械。

DeepSeek答：

好的！根据你的需求（30岁、曾有一定运动基础、久坐导致腹部脂肪堆积），我为你制订了一个“4周高效减脂计划”，包含每日30分钟无器械训练和“饮食建议”，帮助你针对性减脂（尤其是腹部），同时恢复体能。

4周减脂计划总览

运动频率：每周5天训练，2天休息或低强度活动（如散步）。

每日训练：30分钟（含热身＋训练＋拉伸），无需器械。

核心逻辑：

阶段1（第1周）：激活身体，适应运动节奏。

阶段2（第2周～第3周）：提升强度，加速燃脂。

阶段3（第4周）：强化代谢，巩固效果。

每周运动计划见表12.2。

表12.2 每周运动计划

日期	训练内容	重点目标
周一	全身燃脂HIIT＋核心训练	激活代谢，启动脂肪燃烧
周二	中低强度有氧＋腹部塑形	持续燃脂，针对腹部赘肉
周三	休息或散步/瑜伽	肌肉恢复，防止疲劳累积
周四	高强度间歇训练（HIIT）＋全身复合动作	提升心肺，加速热量消耗
周五	中低强度有氧＋腹部塑形	巩固燃脂，强化核心肌群
周六	全身循环训练（TABATA模式）	突破平台期，提升代谢率
周日	休息或拉伸/泡沫轴放松	全身恢复，减少肌肉酸痛

预期效果

第1周：体重下降1～2kg（主要是水分），腰围减少1～2cm。

第2周～第3周：体脂率明显下降，腹部开始收紧。

第4周：体能显著提升，腰围减少3～5cm（配合饮食严格执行）。

显然，这样的问法更能够获得有效的指导和建议。

其他有关医疗、穿衣、做饭、财务、合同、宠物、创作、教育方面的提示词及示例，读者朋友可以根据上述列出的场景进行自行尝试。

需要注意的是，医疗、法律、金融领域的 DeepSeek 回答内容，大家可参考，但不要盲目相信。DeepSeek 官方也提醒“输出的内容由 AI 生成，医疗、法律、金融等专业领域的内容不构成任何诊疗、法律或投资建议，请注意甄别。”

12.1.2 复杂问题用 DeepSeek，在家就能有答案

倘若我们遇到的问题稍微有些复杂，比如我已经开始自行健身了，一段时间后没有成效，但是又很难直接放弃原有计划，想结合我的实际情况，让专业的健身教练帮我看看问题出在哪里；已经按照小红书上的饮食建议控制饮食了，但是过了一段时间体重还没有减下去；去医院做完检查，发现化验单完全看不懂，想找个懂行的人大概给我解读一下，跑一趟医院太折腾……如果遇到了上述这些情况，直接问 DeepSeek 就不够精准，我们要学会用 DeepSeek 解决复杂问题的方法。

这里对应的提问结构是：数据输入 + 背景信息 + 个性化方案。

这里同样为读者朋友们列举了常见的复杂生活类场景的提问方法和示例（见表 12.3）。

表 12.3 复杂生活类场景提问方法及示例

生活场景	提示词结构	具体示例
健康管理	医疗数据解析 + 个性化方案	“根据血糖监测数据（附件）和饮食记录，生成糖尿病管理方案，输出血糖波动趋势图与食谱调整建议。”
个性化生活	衣柜数据输入 + 场景匹配算法	“分析我的衣柜单品照片（附件），按商务 / 休闲 / 约会场景生成 30 套搭配方案，标注单品复用率。”
营养分析	饮食记录分析 + 营养缺口预警	“解析过去一周饮食照片（附件），计算蛋白质 / 碳水 / 脂肪摄入比例，生成营养补充建议表。”
财务管理	多维度数据分析 + 投资策略	“分析我的年度消费数据（附件），结合 2025 年杭州房产趋势（附件），评估是否适合购房投资，输出 SWOT 分析表。”
法律咨询	法律条文解读 + 风险预警	“请分析这份劳动合同（附件）中的竞业禁止条款是否符合《劳动法》，并标注潜在风险点。”
学习助手	学术数据分析 + 论文辅助	“根据实验数据（附件）生成论文图表，并撰写‘机器学习在医疗影像中的应用’文献综述框架（参考文献按 APA 格式）。”

比如我们可以把一些体检报告发给DeepSeek，笔者找到一张之前体检的螺旋CT图，然后发给DeepSeek，希望它根据CT图的结果，从专业医生的角度进行解读。

当然，目前DeepSeek上传附件后仅支持阅读文字，我们可以直接把文字复制粘贴到问题里，或者可以选择其他能够分析图片且拥有满血版DeepSeek功能的AI工具（例如腾讯元宝等）。

> 问：请从一个医学专家的角度帮我分析一下这个螺旋CT片子的结果。
> （内容略）

DeepSeek答：

> 好的，我现在需要帮用户分析他上传的胸部低剂量螺旋CT结果。首先，用户已经提供了影像描述和放射学意见。我需要从医学专家的角度来解读这些结果，并给出相应的分析和建议。
>
> ……（中间略）
>
> 3. 症状关联性分析：
>
> ❑ 若当前无症状，多为良性陈旧性改变
>
> ❑ 如伴进行性呼吸困难需完善肺功能检查
>
> ❑ 若伴发热/咳痰需排查活动性感染
>
> 四、特别注意事项：
>
> 1. 本报告未发现恶性征象（如毛刺结节、胸膜凹陷等）
> 2. 单发索条影临床意义有限，但多发需警惕间质性肺病早期改变
> 3. 建议保存当前影像作为后续对比的基线资料
>
> 需要强调的是，放射科报告需结合临床资料综合判断。建议携带完整病历资料（包括既往胸片/CT、血液检查等）至呼吸科门诊进一步评估。

从笔者后来去医院复查的情况来看，主要就是呼吸道相关的炎症，DeepSeek的回答还是挺准确的。相比于自己盲猜和上网乱搜，DeepSeek能节省不少时间。当然，有关医疗、法律和金融问题的回答只可参考，不可盲目信任，读者朋友们一定注意。

12.2 为你量身打造一个规划师

12.2.1 用 DeepSeek 有效制订学习计划

除了可以让 DeepSeek 像私人助手一样时刻帮我们解答生活中的问题，它还可以发挥更大的价值。

比如当我们想学一门新技能或者快速进入一个新领域。对于零基础的小白而言，应该去看哪些靠谱的学习资源，买什么样的书，听什么样的课，这些对于外行人来说，都是两眼一抹黑。而此时如果有一个专业的角色出现并给予我们建议，相信一定能让我们少走很多弯路。

1. 用 DeepSeek 制订简单学习计划

下面给大家分享一下如果要为自己制订一个有效的学习计划，该如何让 DeepSeek 帮上你。

1）解决“扫盲”问题。目标需求不清晰时，直接问。这个时候对于 DeepSeek 的预期是：帮我梳理清楚在该方向都该学哪些东西。

对应的提问结构是：“角色” + “目标”。

例如，当我们想提升公开演讲能力，但是以前从来没有学习过。这个时候可以直接问 DeepSeek。

问：我想零基础提升公开演讲能力，请帮我制订一个 3 个月的学习计划。

DeepSeek 答：

零基础公开演讲能力 3 个月学习计划

目标：3 个月内掌握公开演讲基础，能够自信地进行 5 分钟左右的演讲。

阶段一：基础与自信建立（第 1 周～第 4 周）

目标：克服紧张，掌握演讲基础技巧。

第 1 周～第 2 周：

学习：

观看 TED 演讲，分析演讲者的技巧（如肢体语言、语音语调、故事讲述）。

阅读《演讲的力量》等书籍，了解演讲的基本要素。

练习：

每天对着镜子练习 5 分钟，观察自己的表情和肢体语言。

录制 1 分钟自我介绍视频，反复观看并改进不足。

挑战：

在家人或朋友面前进行 2 分钟的自我介绍。

……（中间略）

第 11 周～第 12 周：

学习：

反思自己的演讲表现，总结经验教训。

制订长期演讲能力提升计划。

练习：

持续练习演讲，尝试不同的风格和技巧。

录制演讲视频，进行自我分析和改进。

挑战：

挑战自己，进行更长或更具挑战性的演讲。

可见，这个方案只具备完整性，但缺乏针对性。它没有根据我的实际情况（比如我每天可以投入多少时间，我当前是做什么工作的，能不能在工作中边练边学等）做有针对性的回复。所以这个方案就非常有“AI 味”。

2）消除学习计划的“AI 味”。如何消除“AI 味”？很简单，补充完善你的信息。

对应的提问结构是：“结构化背景”+“需求”+“限制条件”。

例如，我现在想考一级注册建筑师（很难考），而我每天还在上班，只能在上班之余备考，关键是我目前对一级注册建筑师的相关知识还一窍不通，这个时候就可以用上述的提问方法。

问：我是一名上班族，每天仅有 1 小时学习时间，目标是 6 个月内考取一级注册建筑师证书。请根据我的时间安排，推荐适合零基础上班族的学习路径（包括书籍、网站、核心知识点），并设计分阶段任务。

DeepSeek 答：

以下是针对零基础上班族设计的 **6 个月一级注册建筑师备考计划 **（每天 1 小时），结合核心知识点、学习资源和分阶段任务，帮助你在有限时间内高效备考：

一、备考核心策略

聚焦高频考点：优先掌握分值占比高的科目。

真题驱动学习：以历年（近 5 年）真题为导向，精准定位考点。

碎片化学习：利用通勤、午休等碎片时间复习知识点。

模块化学习：将庞杂知识点拆分为可执行的小任务，每天完成 1 ～ 2 个模块。

二、分阶段任务规划

阶段一：基础搭建（第 1 ～ 2 个月）

目标：建立知识框架，熟悉考试大纲。

每日任务：

教材精读（30 分钟）：

按顺序学习《设计前期与场地设计》《建筑设计原理》，标记重点。

配合 B 站视频理解难点（如场地分析、流线设计）。

真题摸底（15 分钟）：

每天做 1 道真题，记录错题类型。

构造图集（15 分钟）：

每天记忆 1 种建筑构造节点图（如屋面防水、墙体保温），手绘简图。

……（中间略）

六、注意事项

放弃完美主义：优先掌握 80% 的高频考点，避免纠结冷门知识。

定期反馈：每月月末做一次模拟考，对比分数进步。

健康第一：保持 6 ～ 7 小时睡眠，避免过度熬夜。

坚持按计划执行，6 个月足够通过考试！如果需要更具体的某科目的学习方案，可以告诉我你的薄弱环节，我会进一步细化。

这样，你会发现方案更加具有针对性，如果按照该方案认真实施，相信成功的概率也会更大。

2. 计划赶不上变化，DeepSeek 即时调整

还有一种情况，假如我们已经按照上述的方法执行了，但是执行得不到位，比如进度落后于计划，这个时候不要沮丧，还可以让 DeepSeek 帮我们优化学习安排。

此时就把它真的当成我们的规划师，它中间能继续给我们做服务。我们此时可以上传计划表或者模拟考成绩，让 DeepSeek 针对我们当前的情况再具体聊一聊。

问：我按照该计划执行了，可是到第 3 个月了，我还没有开始做真题，知识点也没有梳理完，基本上落后 1 个月的进度，具体该怎么调整我的计划，以便达成之前的目标。

DeepSeek 答：

以下是针对你当前进度落后的“高效补救方案”，通过“优先级重构+弹性时间管理”，帮助你在剩余 3 个月内追回进度并达成目标：

一、现状分析与调整原则

核心问题诊断：

知识点未梳理完 →“框架缺失”导致学习效率低

未接触真题 →“缺乏考点敏感度”，精力分散在非重点

调整原则：

“真题驱动”优先：直接通过真题反向定位高频考点

“二八法则”强化：放弃低频细节，主攻占分 80% 的核心模块

“以战代练”提速：用做题替代纯理论记忆，实战中补漏洞

二、具体调整方案（剩余 3 个月）

第一阶段：真题破局（1 ～ 10 天）

目标：通过真题快速定位重点，建立应试思维

每日任务（1 小时）：

真题解剖（40 分钟）：

直接做 ** 近 3 年真题 **（不限时），每套题完成后：☑标出重复考点（如防火分区、构造节点）☑统计错题对应知识点（如结构选型、荷载计算）

……（中间略）

四、关键止损策略

放弃清单：

建筑史、声学光学计算、复杂结构力学公式

保底得分策略：

确保法规＋构造＋设计实务正确率＞70%，其他模块靠排除法拿基础分

心理建设：

每天完成学习后写下 **“今日得分点”**（如“掌握了停车场坡度计算”），强化正向反馈

执行关键：

每天严格按“真题→补漏→记忆”循环，拒绝重新从头学教材

每周日晚上用 30 分钟做 **进度校准**（如“本周完成 3 套真题，法规正确率从 40%→65%”）

即使落后 1 个月，通过这种“精准打击式”备考，完全可能逆袭过关。

你看，这像不像我找了个家庭教师，帮我量身定制的计划，而且随时能根据我的实际情况进行灵活调整，简直不要太方便。

12.2.2 用 DeepSeek 辅助完善个人规划

1. DeepSeek，天生的规划师

笔者最早惊讶于 DeepSeek 的强大，还是因为了解了其深度思考下强大的规划能力。笔者曾针对未来的业务转型做过一次付费咨询，咨询的对象经验丰富，笔者取得的结果也很多，那次咨询收获很大。后来正好 DeepSeek 横空出世，笔者出于好奇，把当时咨询的问题发给了 DeepSeek。出乎意料的是，DeepSeek 给出的建议和好点子与那次付费咨询几乎一样，区别在于更详细、更有条理。尤其是深度思考功能中呈现的 DeepSeek 思考过程和内容，同样能给予笔者很大启发。

笔者在线下培训时，常常会遇到年轻的学员咨询个人未来规划的事情，“我未来不一定在这家公司长久待着，老师有什么建议吗？”“我未来想去某某公司，但是投简历一直没有回信，我现在可以怎么提升？”其实 DeepSeek 都能作答，

DeepSeek 在这里更多的作用是点亮灵感和规划路径，读者朋友可以借鉴和参考。那么用 DeepSeek 辅助做好个人职业规划，具体怎么做？

2. 用 DeepSeek 辅助职业规划

比如一个刚毕业，在校期间从事跨境电商行业仅 1 年的毕业生，想在 3 年后独立创业做跨境电商，但是目前各方面资质经验都不具备，身边的人脉资源也比较少。这个时候如何借助 DeepSeek 帮他梳理个人规划呢？

首先，我们可以直接去问 DeepSeek，这里对应的提问结构同样是："角色" + "目标"。

问：我刚毕业，目前从事跨境电商运营工作 1 年时间，计划 3 年后独立创业，我现在该做哪些准备和积累？

DeepSeek 答：

对于刚毕业且计划 3 年后独立创业的跨境电商从业者，你需要从 ** 行业认知、资源积累、技能提升、资金储备、风险控制 ** 等方面系统准备。以下是分阶段的建议：

一、第 1 年：夯实基础，成为行业专家

1. 深度理解行业全链条

平台规则：精通亚马逊、Shopify、独立站等主流平台的运营逻辑（如 A9 算法、广告投放规则）。

选品逻辑：掌握市场分析工具（如 Jungle Scout、Helium10），学习通过 Google Trends、Ahrefs 挖掘蓝海品类。

供应链管理：从现有工作中接触供应商谈判、库存周转率计算，了解 1688、Alibaba 国际站等采购渠道的优劣势。

物流方案：熟悉 FBA、海外仓、小包专线的成本结构（例如：对比中美快线 vs 海运拼柜的时效与价格）。

……（中间略）

认知升级

研究 Shein 的柔性供应链、Anker 的品牌化路径。

关注新兴市场（如 TikTok Shop 在东南亚的增速）。

关键行动点：从下个月开始，每周分析 3 个竞品店铺的运营策略，每月用个人资金测试 1 个小批量选品。三年后，你将拥有：

完整的供应链资源库

已验证的盈利模型

10 万～20 万启动资金

抗风险能力极强的商业计划

注意，DeepSeek 的回答，尤其是开启深度思考后的输出有很强的“AI 幻觉”，包括里面提到的建议和涉及的具体公司、数据等都需要再重新检索确认。

3. 补充信息，让规划充分细化

如果我们认为这样的方案过于笼统，可以继续问 DeepSeek。

这里对应的提问结构是：“角色定位”+“具体需求”+“资源限制”。

问：我目前是跨境电商运营岗位，工作时间 1 年，擅长数据分析但缺乏供应链管理经验。未来 3 年计划做跨境电商行业的创业，需掌握哪些技能？请按季度拆分学习目标，并推荐低成本学习资源（如课程、行业报告）。

DeepSeek 答：

对于刚毕业且计划 3 年后独立创业的跨境电商从业者，你需要从 ** 行业认知、资源积累、技能提升、资金储备、风险控制 ** 等方面系统准备。以下是分阶段的建议：

一、第 1 年：夯实基础，成为行业专家

1. 深度理解行业全链条

平台规则：精通亚马逊、Shopify、独立站等主流平台的运营逻辑（如 A9 算法、广告投放规则）。

选品逻辑：掌握市场分析工具（如 Jungle Scout、Helium10），学习通过 Google Trends、Ahrefs 挖掘蓝海品类。

供应链管理：从现有工作中接触供应商谈判、库存周转率计算，了解 1688、Alibaba 国际站等采购渠道的优劣势。

物流方案：熟悉 FBA、海外仓、小包专线的成本结构（例如：对比中美快线 vs 海运拼柜的时效与价格）。

……（中间略）

2. 以下是针对你的情况（1 年跨境电商运营经验，擅长数据分析，缺乏供应链管理）制订的 **3 年季度学习计划 **，重点覆盖创业必备技能，并推荐 ** 低成本学习资源 **：

第一年：补齐供应链短板，深化数据驱动能力

Q1 ～ Q2：供应链基础搭建

目标：

理解供应链全流程（采购 – 生产 – 物流 – 库存 – 售后）

掌握供应商筛选与谈判技巧

……（中间略）

关键执行原则

721 法则：70% 时间实战（如用公司资源优化供应链）、20% 向同行学习（如参加线下沙龙）、10% 理论学习。

低成本试错：所有测试控制在月收入的 5% 以内（如月薪 1 万则每月试错预算≤ 500 元）。

人脉杠杆：每季度新增 3 个行业联系人（工厂老板、物流商、服务商），优先用线下见面建立信任。

通过此计划，3 年后你将具备：

☑** 供应链端 **：10 家以上验厂通过的备选供应商，库存周转率提升至行业平均水平的 1.5 倍

☑** 资金端 **：20 万启动资金 +3 个月应急现金流

☑** 数据端 **：已验证的选品模型（ROI>2.5）、私域用户池（>2000 人）

这样，我们就能够根据自己的优劣势和更有针对性的需求来制订适合自己的职业规划。

4. 用 DeepSeek 实现精准规划

其实，DeepSeek 还可以协助制订更加个性化的职业规划。比如我们仅描述了自己 1 年的工作经验，但是无法立体地展现自己的情况，比如教育水平、

所学专业、过往经历，也无法将你当前所在公司对你的帮助做实际放大。换言之，上述方案适合任何一个工作 1 年的职场人。

如何才能制订更属于自己的职场规划呢？可以借助这样一个提问结构去问 DeepSeek："角色定位" + "上传数据" + "多维度分析"。

还是为刚刚的角色制订更个性化的职业规划。首先上传简历和公司宣传材料（或者公司官网的网址）。

问：我目前是跨境电商运营岗位，工作时间 1 年，擅长数据分析但缺乏供应链管理经验，未来 3 年计划做跨境电商行业的创业。附件是我的个人简历和所在公司及业务介绍。请结合我的过往简历和公司业务，分析创业可能的风险点，并帮我制订有针对性的能力提升计划（包括学习、人脉拓展、资金筹备）。

DeepSeek 答：

结合你的背景与公司业务分析创业风险点

你的简历显示 ** 强数据分析能力 **（Python/R 建模）和 ** 国际化视野 **（纳斯达克实习经历），这是跨境电商创业的核心优势。但 ** 供应链管理、市场营销、团队搭建 ** 经验不足，结合你所在公司业务（假设为类似 Shein 的跨境电商平台），以下是主要风险点及针对性的提升计划：

一、创业核心风险点分析

1. 供应链管理风险

痛点：缺乏供应商谈判、库存周转优化、跨境物流成本控制经验（简历中没有直接供应链相关实操）。

案例：若选品失误导致库存积压（如误判美国 Z 世代对汉服的需求），可能占用 50% 以上的启动资金。

……（中间略）

二、针对性能力提升计划

1. 供应链能力补足（第 1 ～ 2 年）

学习目标：

Q1 ～ Q2：掌握跨境供应链全链路（1688 采购→头程物流→ FBA 入

仓→逆向物流)，学习使用 **InventoryLab** 优化库存周转率。

Q3 ～ Q4：实操小批量测款（MOQ ≤ 100 件），通过 **Oberlo** 对接 Dropshipping 供应商，测试 3 ～ 5 个品类。

……（中间略）

四、你的差异化优势与杠杆点

优势复用：

将 ** 金融建模能力 ** 应用于库存优化（例如，用 Monte Carlo 模拟安全库存）。

利用 ** 纳斯达克指数开发经验 ** 设计数据看板，实时监控竞品动态（如价格变动、Review 增长）。

资源杠杆：

通过现有公司接触 Shein 的柔性供应链模式（假设你司为类似企业），学习其“小单快反”流程。

执行检查表（每月复盘）

供应链：是否新增 1 家验厂通过的供应商？

数据：是否完成 1 次选品模型迭代（如加入季节性因子）？

人脉：是否结识 1 位物流商 / 工厂负责人？

资金：储蓄进度是否达标？

这样，我们就可以在发挥 DeepSeek 的规划优势的同时展现自己的独特价值，来共同完成个人职业规划。

12.2.3　用 DeepSeek 快速策划出行方案

当我们需要出行游玩时，往往会选择旅行团或者 DIY 出行方案。旅行团的好处是省心，但相对而言费用就比较高；DIY 的好处是费用较低，但需要自己提前做攻略，机票、酒店、景点都要逐一确认。如果我们想找到既省心又省钱的出行方案，DeepSeek 肯定是你的不二选择。

1. 用 DeepSeek 做旅游攻略时避免“AI 幻觉”的 5 大技巧

如果读者朋友之前尝试用 DeepSeek 做过旅行攻略，相信此时此刻一定持怀疑态度——因为 DeepSeek 的“AI 幻觉”太严重了，要么是推荐与实际不符的航班、车次和酒店，要么就是种草压根不存在的餐厅。对于这种情况，笔者为大家梳理了 5 个使用 DeepSeek 做旅游攻略时的有效提问技巧，帮助避免出现“AI 幻觉”。

技巧 1：提问时明确要求信息来源。示例提问：“请基于搜索结果中的合肥 - 北京旅游报价和行程规划，推荐 3 天行程，并标注引用编号。”主要作用是强制 AI 引用已有数据，避免虚构信息。

技巧 2：限定时间与预算范围。示例提问：“根据搜索结果中 3 天人均 800 ～ 1000 元的报价，规划 3 人 8000 元预算的行程。”主要目的是基于实际报价调整行程规格，避免超预算推荐。

技巧 3：要求具体交通方案验证。示例提问：“请推荐合肥到北京的高铁班次，需参考搜索结果中提到的二等座 300 ～ 400 元票价，并注明是否为真实车次。”主要目的是结合已知票价范围，通过 12306 验证车次。

技巧 4：指定景点和导游联系方式。示例提问：“请推荐搜索结果中提到的导游（如阿洁、小陈）的联系方式，并安排行程路线。”主要用途是直接引用网页提供的资源，避免虚构导游或行程。

技巧 5：要求验证住宿和餐饮信息。示例提问：“请推荐搜索结果中提到的三星级酒店区域（如国贸、西单），并标注人均餐饮预算 100 ～ 200 元 / 天。”主要是为了引用已有住宿和餐饮标准，减少不实推荐。

简单来说：就是要联网（选择联网搜索功能），多追问（提供的信息要求验证）。

同样，我们为读者朋友们准备了用 DeepSeek 策划出行方案时基础、进阶、高阶的提问方法。

2. 简单描述出策划

我们可以先测试一下 DeepSeek 制定旅行攻略的效果。

> 问：请帮我规划一个 5 天的北京自由行攻略。

DeepSeek 答：

> 以下是为您规划的北京 5 日自由行攻略，综合了历史、文化、自然与现代体验，确保行程充实且合理。根据搜索结果中的推荐景点和实用提示，

行程安排如下：

第一天：历史与皇城文化

重点：天安门广场、故宫、景山公园、前门大街

上午

天安门广场：观看升旗仪式（需提前查询当天升旗时间，建议提前1小时到达）。

毛主席纪念堂（需预约，注意闭馆时间）。

中午

前门大街品尝老北京小吃（如炸酱面、豆汁、焦圈）。

下午

故宫博物院（提前预约，建议租导览器或使用小程序讲解，避开周一闭馆）。

傍晚

登 ** 景山公园 ** 俯瞰故宫全景，随后步行至 ** 南锣鼓巷 ** 体验胡同文化，晚餐可选什刹海附近的老北京涮肉。

……（中间略）

实用建议

门票预约：故宫、国家博物馆、天坛等热门景点需提前 1 ～ 7 天在官网或公众号预约。

交通：地铁 + 共享单车为主，长城建议高铁（北京北站 / 清河站→八达岭）。

住宿：推荐前门或王府井附近，交通便利且靠近核心景点。

餐饮：必尝烤鸭（四季民福、大董）、炸酱面（方砖厂 69 号）、铜锅涮肉（东来顺）。

如需更详细的景点开放时间、门票价格或导游服务推荐，可参考搜索来源中的联系方式或当地旅游平台信息。祝您旅途愉快！

读者朋友可以搜索检测一下，开启联网搜索后提供的信息基本都是准确的。但是这个方案只是让我们对北京 5 日游有了大概的了解，要花多少预算，每个地方游览多久，并没有详细的介绍，此时我们可以选择进阶方法。

3. 具体偏好出方案

对应的提问结构为："详细偏好" + "限制条件"。

比如，同样是北京 5 日游。我们用上述结构对 DeepSeek 提问。

问：预算 8000 元，偏好历史文化景点和清淡饮食的餐厅，中年夫妇 2 人带 2 位老人出行，需安排宽松行程。请规划 5 天北京游，包含交通、住宿、景点及餐饮推荐。

DeepSeek 答：

根据预算 8000 元（2 位中年人 +2 位老人，共 4 人）以及偏好历史文化、清淡饮食、宽松行程的需求，结合搜索结果中的实用信息，以下为 5 天北京游规划方案：

行程总览

预算分配：住宿约 2000 元（舒适型酒店）、餐饮约 3000 元（含特色餐厅）、交通约 1500 元（含包车 / 打车）、门票约 1500 元（含景区联票及讲解）。

核心原则：行程宽松（每日 1 ～ 2 个主景点）、景点间交通便捷、餐饮兼顾京味与清淡口味。

每日行程规划

Day 1：抵达北京 + 胡同文化初体验

交通：接机 / 站后入住酒店（推荐前门或王府井区域，交通便利）。

住宿：舒适型酒店（如桔子水晶前门酒店，约 500 元 / 晚，4 晚共 2000 元）。

餐饮：

午餐：** 护国寺小吃 **（豆汁、焦圈、豌豆黄，人均 30 元）。

晚餐：** 四季民福烤鸭店（前门店）**（烤鸭、炸酱面，清淡可选清炒时蔬，人均 100 元）。

景点：

下午：** 南锣鼓巷 **（漫步胡同，体验老北京风情，免费）。

傍晚：** 什刹海 **（湖边散步，可选三轮车胡同游，约 50 元 / 人）。

……（中间略）

其他建议

门票预约：故宫、颐和园等需提前1～7天在官方公众号预约。

交通优化：地铁下载“亿通行”，打车优先选择网约车（避免堵车时段）。

健康保障：随身携带常用药物，景区内设休息区（如故宫冰窖、颐和园长廊）。

以上行程兼顾历史文化与舒适体验，可根据老人体力灵活调整景点停留时间。

这样是不是像我们面对着一个旅游策划师，告诉她我们的需求后给我们定制的一个出行计划？关键是无须等待，快速出结果，而且随时可更改。

4. 上传数据做整合

当然，DeepSeek 能帮我们的还远远不止这些，比如我们在做旅游规划时，在小红书上看到了一些小众但是很吸引人的景点和美食，想在做策划时加进去，还希望 DeepSeek 能够根据我之前旅行时的偏好让这次旅行的安排更加“懂我”。此时，我们还可以上传数据，让 DeepSeek 帮我们整合到一起。

对应的提问结构为：“上传数据”+“详细偏好”+“具体要求”。

例如，我之前曾带着家人去过了上海和杭州，当时有几个旅游景点老人很喜欢，有些地方感受一般，希望这次在北京游玩时能有吸取之前的经验，此时可以将数据都发给 DeepSeek。

问：我准备和妻子一起带2位老人从合肥去北京进行5日游。预算9000元，偏好历史文化景点和清淡饮食的餐厅，我们之前去上海的时候很喜欢静安寺，但是杭州的西湖人太多了，希望这次能够结合之前旅行的偏好进行安排，不要太累。附件是我在小红书上查的几个小众的景点和餐厅，希望能补充到这次的出行计划里。请规划一下，包含交通、住宿、景点及餐饮推荐。

DeepSeek 答：

根据您的需求（预算9000元、偏好历史文化景点、清淡饮食、宽松行程），结合搜索结果中可验证的信息，以下是优化后的5天北京游规划方案，涵盖交通、住宿、景点及餐饮推荐，并融入您提到的小众景点（如法海寺）和餐厅，同时规避热门景区拥挤问题：

行程总览

预算分配：

交通：约 4500 元（含高铁往返 + 市内交通）

住宿：约 2000 元（前门 / 王府井舒适型酒店）

餐饮：约 1500 元（含特色老字号及清淡饮食）

门票：约 1000 元（含景区联票及缆车）

核心原则：每日 1 ～ 2 个主景点，步行距离短，餐饮清淡适口，优先选择人少时段和交通便利区域。

每日行程规划

Day 1：合肥→北京 + 胡同文化初体验

交通：

合肥南站→北京南站（高铁 G2552 次，06:57-11:44，二等座约 459 元 / 人，4 人共 1836 元）。

抵达后打车至酒店（约 50 元）。

住宿：

前门四合院精品酒店（胡同特色，含早餐，家庭房约 500 元 / 晚，4 晚共 2000 元）。

餐饮：

午餐：** 护国寺小吃（前门店）**（豆汁、豌豆黄、小米粥，清淡传统，人均 30 元）。

晚餐：** 南门涮肉（东单店）**（铜锅涮羊肉，麻酱蘸料可选少盐，人均 130 元）。

景点：

下午：** 法源寺 **（北京城区最古老佛寺，人少清幽，免费）[注：法海寺位于石景山，较远，改推同类型小众寺庙]。

傍晚：** 杨梅竹斜街 **（文艺胡同，咖啡店与书局散布，免费）。

……（中间略）

Day 3：长城与郊野风光（避开人流高峰）

交通：包车往返慕田峪长城（7座商务车，含高速费约800元/天）[注：慕田峪人少于八达岭，缆车更便捷]。

餐饮：

午餐：长城脚下**荷塘餐厅**（农家豆腐、清蒸虹鳟鱼，人均60元）。

晚餐：**小吊梨汤（新奥店）

这样就可以得到一份既能融合过往喜好、又满足个性化定制需求，经过智能整合后的出行方案。

从制订一份减脂计划到设计跨境创业蓝图，从解读医疗影像到策划一场承载家庭记忆的旅行，本章以DeepSeek为轴，展现了智能技术穿透生活全场景的锋利与柔韧。它不仅是问题的解答者，更是可能性的开拓者：当你以结构化提问激活它的潜力时，那些曾令人望而生畏的复杂命题，DeepSeek竟能如庖丁解牛般层层展开。

但技术的真正价值，永远在于与人的共舞。本章案例中，既有初学者的试探摸索，也有执行者的动态调整；既强调精准数据的理性支撑，亦不忘人性化需求的温度留存。正如太极剑法的圆融之道，DeepSeek的智慧不在于“全知全能”，而在于以柔化刚、借力打力——它将庞杂信息凝练为行动指南，又将个体经验反哺为系统进化。生活从不缺乏难题，但当工具与心智共振时，每一个问题都成了通向更优解的阶梯。此刻，你手中的AI已不仅是助手，更是照亮前行路的火把。下一步，是握紧它，走向更辽阔的疆域。